2016年广东现代农业发展报告

Reports on the Development of Modern Agriculture in Guangdong

广东省农业科学院

中国农业出版社

图书在版编目（CIP）数据

2016年广东现代农业发展报告/广东省农业科学院
编. —北京：中国农业出版社，2017.12
ISBN 978-7-109-23749-0

Ⅰ．①2… Ⅱ．①广… Ⅲ．①农业经济发展-研究报
告-广东-2016 Ⅳ．①F323

中国版本图书馆CIP数据核字（2017）第326678号

中国农业出版社出版
（北京市朝阳区麦子店街18号楼）
（邮政编码 100125）
责任编辑 闫保荣

中国农业出版社印刷厂印刷 新华书店北京发行所发行
2017年12月第1版 2017年12月北京第1次印刷

开本：889mm×1194mm 1/16 印张：13.75
字数：300千字
定价：80.00元
（凡本版图书出现印刷、装订错误，请向出版社发行部调换）

序 言

　　广东省委、省政府高度重视"三农"发展，采取了一系列强农惠农政策措施支持农业农村经济发展，促进了农业增效、农民增收、农村稳定。"十二五"期末，全省农林牧渔业总产值达5 520.03亿元，居全国第7位，年均增长3.2%；农业增加值3 426.12亿元，居全国第6位，年均增长3.4%；农业科技进步贡献率达62.7%，农产品进出口总额264.93亿美元，其中出口86.45亿美元，进口178.48亿美元；全省农村居民人均可支配收入达1 3360.44元，年均增长9.0%，高于同期城镇居民收入增速7.2%的水平，城乡居民收入比从2010年的3.03 ∶ 1降至2015年的2.6 ∶ 1，为广东省现代农业发展奠定了基础。

　　农业的转型和创新将成为"十三五"农业发展的主旋律。习近平总书记强调，重农强农的调子不能变，要创新体制机制，推进科技进步，优化农业产业体系、生产体系、经营体系，加快实现农业向提质增效、可持续发展转变，推进农业供给侧结构性改革。这是站在战略和全局的高度，准确把握形势作出的科学论断和重大决策，为做好当前和今后一个时期农业农村经济工作指明了方向、提供了遵循。2016年为"十三五"的开篇之年，广东农业牢牢把握农业供给侧结构性改革这一主线，从生产端、供给侧发力，把提高农业供给体系质量效率作为主攻方向，把促进农民增收作为核心目标，突出农业结构调整和深化农业农村改革"两大任务"，调整优化农业的要素、产品、技术、产业、区域、主体"六大结构"，重构现代农业产业、生产、经营"三大体系"，使农业供需关系在更高水平上实现新的平衡。在具体措施上，突出发展特色优势农业，增加绿色优质农产品的供给；统筹抓好土壤污染防治、化肥农药减量等各项工作，向绿色发展转型；大力推进农业科技创新，培育优质农作物新品种，加强科技成果推广应用；促进农业纵深延伸，推动一、二、三产业融合发展，增加农业附加值；培育新型职业农民，提升农业从业人员综合素养，进一步激发农业发展活力。

值此推进农业供给侧结构性改革的关键时期，本书从种植业、畜牧业、农业装备、农业科技、农业信息化和休闲农业等六个产业板块立体呈现广东农业现状，通过与福建、浙江、江苏、山东现代农业比较研究，提出广东农业短板和发展建议，为政府部门、教学科研单位及涉农企业提供了一本较为全面了解广东农业发展情况的工具书，以期对推进广东农业供给侧结构性改革，加快广东农业现代化建设发挥积极作用。由于编者水平有限，偏颇之处在所难免，敬请读者斧正。

广东省农业科学院　　院长

2017年7月10日

目 录

序言

第 1 章

广东现代农业发展概览（2016）

农业是全面建成小康社会和实现现代化的基础。过去5年，广东经济发展率先步入新常态，农业农村发展环境发生重大变化，既面临诸多有利条件，又面临各种挑战。总体而言，全省现代农业生产以市场为导向，以科技为依托，以机制创新为动力，调优生产结构，加强农田基础建设，粮食生产保持稳定，主要经济作物普遍丰收，畜牧业平稳调整，渔业稳定增长。发展条件方面，农作物种质资源丰富，农业科技贡献率持续增强，全省机械化水平持续增长，农业信息化水平不断提高。产业市场行情方面，稻米行情小幅上升，生猪市场下行盘整，蔬菜价格波动上升，水果市场保持平稳。今后，广东农业仍将围绕着农业供给侧结构性改革任务，继续加快转变农业发展方式，走供给高效、产品优质、环境友好的农业现代化道路。

1.1 广东现代农业发展条件

1.1.1 农作物种质资源丰富

广东在国内最早开展生物种质资源库建设，现已建成农业种质资源圃22个（国家资源圃及华南分圃6个，省市联动资源圃16个），是华南地区规模最大、涉及生物门类最多、最为系统的活体种质资源及标本库群，现存43 600多份农作物种质资源，占全国总数的15%，特别是野生稻资源，广东拥有量为世界之最。丰富的农业种质资源大大促进了广东省高产、优质、抗病新品种的选种、推广和应用，为农业科研创新奠定了坚实基础。

1.1.2 农业科技支撑能力持续增强

2015年全省农业科技进步贡献率达到62.7%，居全国第2位。在国家现代农业产业技术体系（2011—2015年）中，广东有3位首席专家(生猪、荔枝、虾)，45位岗位专家和34位综合试验站站长，居全国各省区第2位。农业行业累计获得国家和省科技进步奖励174项，农业部科技奖励82项，省级农业技术推广奖1 056项。

近年来，广东启动现代种业提升工程、畜禽良种工程，优质稻、超级稻、鲜食玉米、生猪、家禽等育种处于国内先进水平。2011—2016年期间，共有758个作物品种通过广东省农作物品种审定，其中水稻349个、花卉107个、蔬菜103个、玉米82个，主要农作物杂交种子自给率达到60%以上。至2015年，广东省主要农作物、猪、家禽良种覆盖率分别达97%、95%、85%，水稻优质率达72%以上。畜禽遗传资源得到有效保护与开发利用，建设国家畜禽核心育种场18家，畜禽新品种配套系31个，位居全国前列，其中黄羽肉鸡种苗、种猪供应量分别占全国的65%和8%。

"十二五"期间，广东省通过鉴定的农业科技成果268项，研究集成农业新技术98项，建立作物高产高效多熟种植模式46个，研发农产品储藏加工等新技术新工艺57项，开发配方肥、土壤改良剂等新产品32个，申请专利165项，授权114项，显著提升了产业技术创新对粮食安全和主要农产品供给保障能力。其中，畜禽和航天育种技术、重大动物疫病快速诊断与防控技术、疫苗和饲料产品等研发水平位居全国领先位置，部分达到国际先进水平。

1.1.3 农机装备稳步增长，机械化水平持续提高

"十二五"期间农机总动力稳步增加，累计增长14.99%，但年增长速度逐步放缓，2015年全省农机装备总动力为2 696.79万千瓦，居全国第16位；全省农作物耕种收综合机械化率累计提高9.7%，年均增长率为1.94%，比全国年均增速低0.36个百分点，2015年广东农作物耕种收综合机械化水平45.2%，居全国第27位；全省设施农业种植面积提高较大，2015年达到13 707.5公顷，比上年增加13.9%；2015年畜牧养殖机械拥有量15.154万台，总动力达到87.47万千瓦，呈上升趋势；"十二五"期间，全省果蔬种植面积大幅提高，但机械化发展缓慢，到2015年末，全省果蔬加工机械拥有量仅有1.03万台，果树修剪机0.84万台。全省农机工业稳步发展，2015年全省农机行业资产合计总额为55.07亿元，占全国农机行业的比重为1.97%，比2014年增加2.59%。

全省各区域农机化发展趋于平衡，珠三角、东西两翼和北部山区农业机械总动力均稳步提升，珠三角和东西两翼差距逐渐缩小。北部山区农机化水平增长较快，但仍低于珠三角及东西两翼。

1.1.4 农业信息化水平不断提高

广东正处于加快建设现代农业强省的攻坚期，信息技术已经逐步渗透到了农业生产、流通、管理和服务中。生产环节，据农业部信息中心调查，广东的省、市农业龙头企业中，远程视频监控系统覆盖率、农产品溯源系统应用率分别达到了50.98%、58.73%。流通环节，据阿里巴巴统计，在阿里巴巴平台上广东省农产品卖家数量已多年连续排名全国第1名，2015年广东省农产品电子商务交易额突破150亿元。管理环节，广东省建立了省级农业信息监测体系，覆盖21个地级市、40个基点调查县、300家生产基地、33家农产品批发市场，监测内容包括基本农情、价格、成本收益、流通量等。服务环节，2015年认定省级惠农信息社1640家，信息社服务覆盖约760万农户。

1.2 广东现代农业生产现状

1.2.1 种植业产能稳定，提质增效明显

"十二五"时期，广东种植业平稳增长，呈现产业化集群发展的态势，多项指标位居全国前列，种植业增加值居全国第4位，花卉产值居全国第2位，香蕉、菠萝、荔枝、龙眼产量居全国第1位，柑橘产量居全国第2位，糖料和甘蔗产量居全国第3位，花生产量居全国第4位。

种植业综合生产能力显著提高。粮食播种面积稳定，产量和单产小幅回升，2015年粮食产量

和单产分别为1 358.13万吨和361千克/亩[*]；蔬菜生产规模持续扩大，生产能力增强，面积、产量、单产"三量齐增"，2015年广东蔬菜亩产1 658.87千克，为历史最高水平；2015年广东水果产量1519.89万吨，占全国水果总产量的比重由2010年的5.8%上升为8.7%；油料生产规模扩大，生产能力明显提升，2015年，广东油料播种面积、产量和单产分别为563.37万亩、110.34万吨和196千克/亩，占全国油料总产量的比重由2010年的2.7%上升为3.1%。

种植业产品质量安全水平稳步提升。2015年，种植业产品抽检合格率为96.5%，连续多年未发生重大农产品质量安全事件。蔬菜农药残留合格率2010年为94.4%、2015年为96.0%、2016年达98.5%，在省级例行监测中屡创新高。

1.2.2　畜牧业产能略有下滑，但规模化态势明显

"十二五"期间，全省畜牧业产能略有下滑。2015年，全省肉类总产量424.25万吨，禽蛋产量33.84万吨，牛奶产量12.95万吨，与"十二五"初期的2011年相比，分别下降2.40%、2.87%和9%。肉类中，猪肉274.15万吨、牛肉6.97万吨，分别增长1.17%、6.25%，羊肉0.91万吨、禽肉134.80万吨，分别下降2.15%、10.30%；出栏生猪3 663.44万头，家禽9.74亿只，分别下降0.18%、12.88%。畜牧业产值1 117.15亿元，下降2.55%，占农林牧渔业总产值20.24%。

2015年，全省新型农业经营主体发展迅速，全省从事畜牧养殖及其加工业的龙头企业占25%，总数达到750余家。标准化规模化养殖水平不断提高，生猪、家禽规模化养殖比例分别达到82%和81%。全省畜禽产业监测合格率达到99.20%，全省农产品质量安全形势连续几年稳中向好，没有发生重大农产品质量安全事件。

1.2.3　休闲农业发展迅速，产业融合度增强

全省共有农业旅游区（点）300多个，其中农业部和国家旅游局联合认定的"全国休闲农业与乡村旅游示范县"6个、"全国休闲农业与乡村旅游示范点"19个，农业部认定的"全国最具魅力休闲乡村"1个、"中国最美休闲乡村"6个、"中国美丽田园"3个、"中国重要农业文化遗产"1个，省农业厅和省旅游局联合认定的"广东省休闲农业与乡村旅游示范镇"47个、"广东省休闲农业与乡村旅游示范"100个、"广东省农业旅游示范基地"23个、广东人文历史最美乡村游示范区（点）50个、广东自然生态最美乡村游示范区（点）50个、广东省国家级历史文化名村11个以及广东古村落33个，还有为数众多的山庄、农庄和农家乐休闲点。

全省现有3 000多个休闲农业经营主体，其中农家乐2300多家。休闲农业就业人数达10万人，其中农民就业人数达8万多人。一批休闲农业产品脱颖而出，一些资源丰富、起步较早的地区形成了休闲农业与乡村旅游度假带，休闲农业已成为广东省农村发展新的经济增长点，产业融合度日益增强。

---

　　*　亩为非法定计量单位，1亩 = 1/15公顷。—编者注

1.3 广东现代农业市场分析

1.3.1 粮食价格平稳上升，果蔬价格波动剧烈

2011—2016年，广东粮食消费价格指数波动幅度较小，其均值和标准差分别为104.18和4.17（图1-1）。"十二五"期间，粮食消费价格年均增长4.74%，各年粮食价格均比上年上升，其中2011年涨幅最大，粮食、大米价格指数分别达到112.70和115.40。

2011—2016年，广东鲜果消费价格指数波动幅度较大，其均值和标准差分别为106和10.20（图1-1）。"十二五"期间，鲜果消费价格年均增长6.91%，除2012年、2015年外，各年鲜瓜果价格均比上年上涨，其中2014年涨幅最大，价格指数高达119.10。

2011—2016年，广东鲜菜消费价格指数波动剧烈，其均值和标准差分别为109.60和14.63（图1-1）。"十二五"期间，蔬菜消费价格年均增长7.40%，各年蔬菜价格均比上年上升，其中2012年、2013年价格上升10%以上，涨幅最大的2012年，价格指数为117.50。

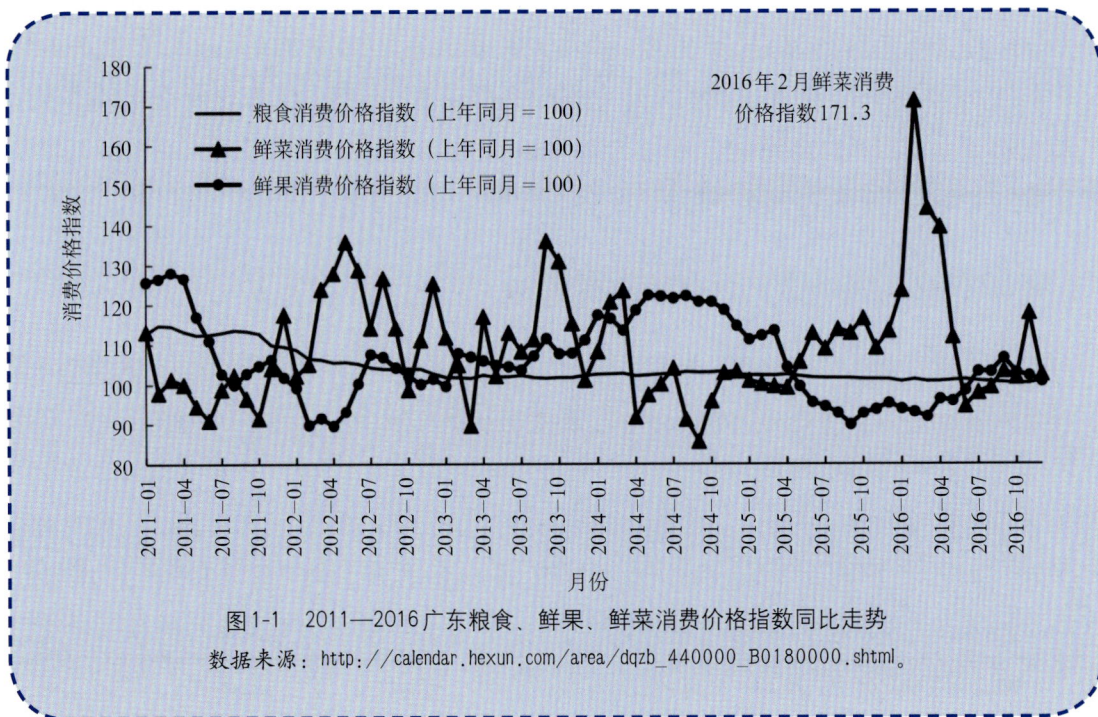

图1-1 2011—2016广东粮食、鲜果、鲜菜消费价格指数同比走势

数据来源：http://calendar.hexun.com/area/dqzb_440000_B0180000.shtml。

1.3.2 猪肉价格持续下滑调整，禽肉牛肉价格保持平稳

2015—2016年广东猪肉零售价格总体呈震荡上升趋势。2015年上半年，广东猪肉零售价格波动中趋于平稳，从7月开始大幅上升，整个下半年于高位运行；2016年，迎来春节小高潮继续上

行后出现回落，4月跌落为全年最低价29.56元/千克，6月达到全年峰值37.98元/千克，7—12月略有下行，但仍持续高位运行（图1-2）。2016年猪肉零售均价为36.72元/千克，全年上升8.24%，比2015年均值高15.82%。

2014年，广东肉鸡消费逐渐回暖。2015年，广东活鸡在春节后经历小幅下跌，价格在7—9月迎来较大涨幅并出现高价，之后逐渐退热至年底。2016年，受春节假期刺激，活鸡市场价格情况持续维持高位（图1-3）。

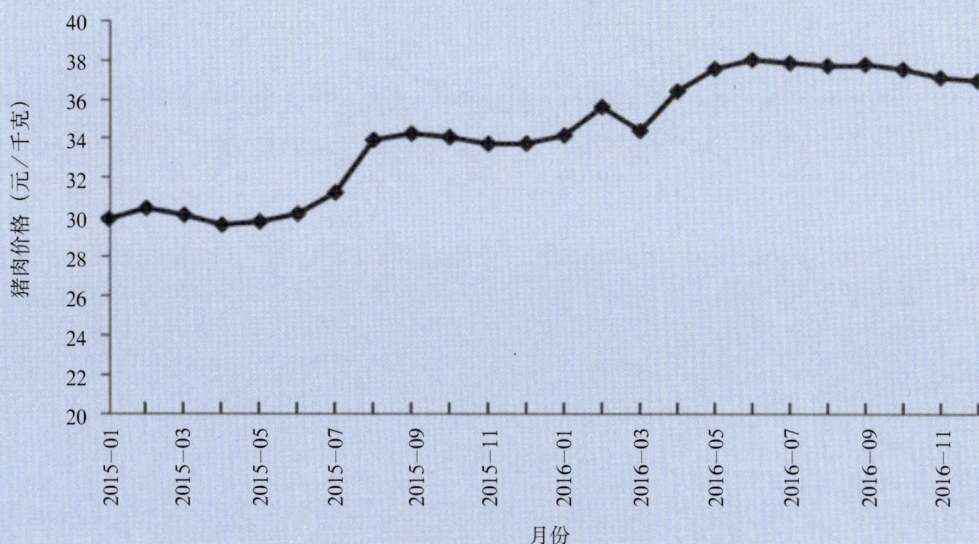

图1-2　2015—2016年24个月广东猪肉价格变化趋势

数据来源：中国畜牧业信息网。

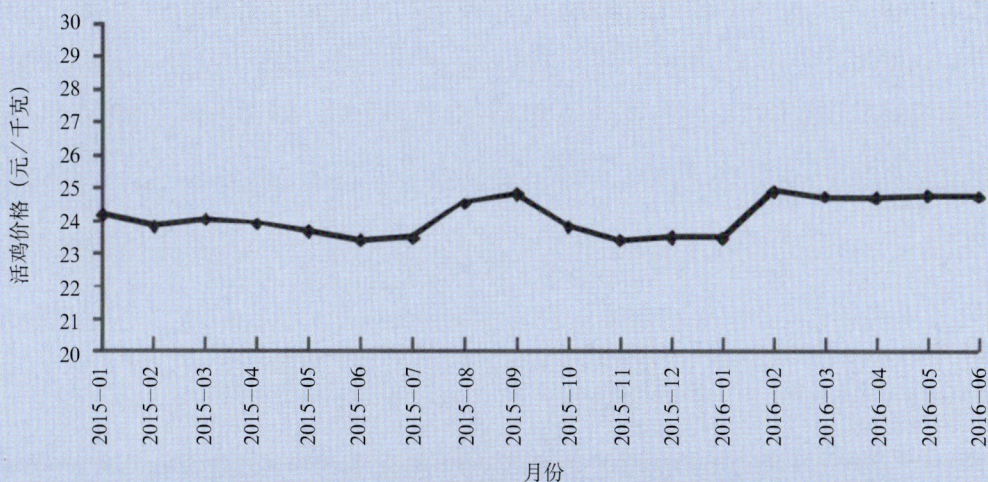

图1-3　2015年1月至2016年6月广东活鸡价格变化趋势

数据来源：中国畜牧业信息网。

从2015年1月至2016年6月，广东省去骨牛肉价格相对比较稳定，平均价格在75.27元/千克左右，最大变化幅度仅为5.45%。2015年下半年去骨牛肉价格呈增长态势，至2016年春节前后达到最高的77.97元/千克，之后随着消费需求减少而价格下降（图1-4）。

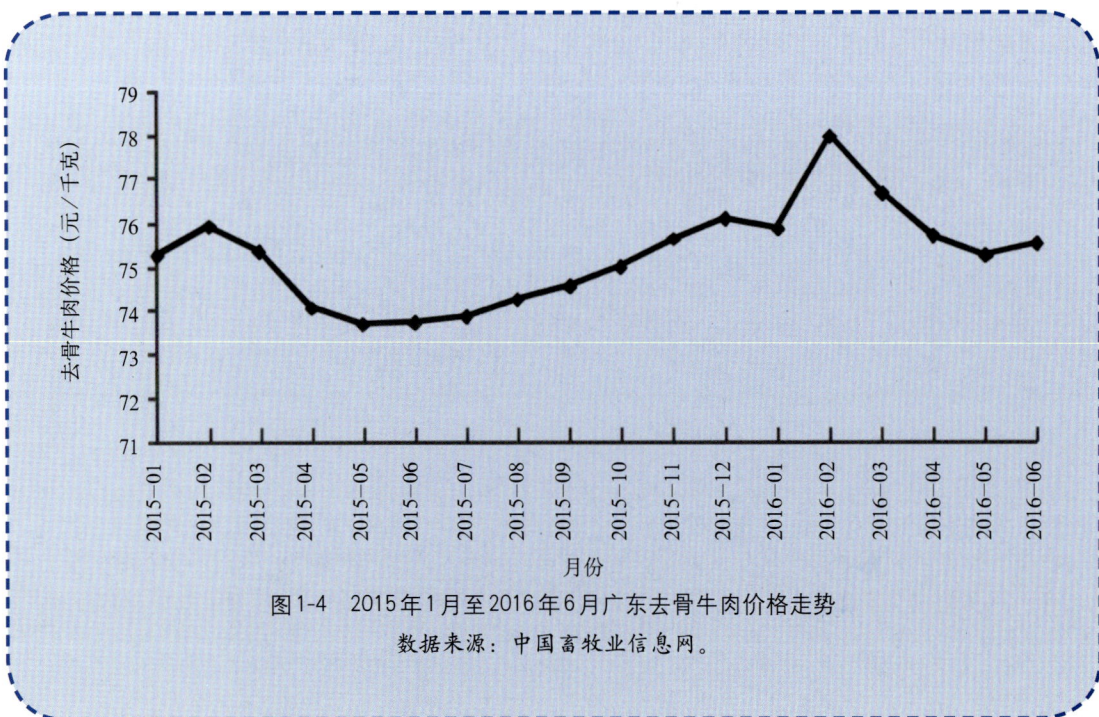

图1-4　2015年1月至2016年6月广东去骨牛肉价格走势

数据来源：中国畜牧业信息网。

1.3.3　农产品对外贸易进一步放缓

1.3.3.1　种植类农产品进出口贸易趋于平稳

2010—2015年，广东种植类农产品进出口总额从2010年50.73亿美元到2015年达到90.40亿美元（表1-1），增幅达到78%。其中，出口增幅达11.5%，进口增幅达93%，进口增幅明显高于出口增幅，贸易逆差逐渐加大。但从2014—2015年的数据来看，种植类农产品的进出口贸易趋于平稳，进出口总额维持在90亿元左右，贸易逆差额保持在70亿美元左右。

表1-1　2010—2015年广东种植类农产品进出口值

年份	进口金额（万美元）	出口金额（万美元）	进出口总额（万美元）	年增长率（%）	贸易顺差额（万美元）
2010	416 868	90 421	507 289		−326 447
2011	522 641	115 931	638 572	25.88	−406 710
2012	657 335	125 034	782 369	22.52	−532 301
2013	680 878	111 174	792 052	1.24	−569 704

（续）

年份	进口金额（万美元）	出口金额（万美元）	进出口总额（万美元）	年增长率（%）	贸易顺差额（万美元）
2014	809 223	107 959	917 182	15.80	−701 264
2015	803 169	100 825	903 994	−1.46	−702 344

数据来源：《广东统计年鉴》(2011—2016年)、《中国统计年鉴》(2011—2016年)。

1.3.3.2　畜禽类农产品进出口均下降

据《广东农村统计年鉴》数据，2015年，广东活动物及动物产品进口金额为266 927万美元，同比减少10.01%，出口金额为219 363万美元，同比减少2.61%，出口数量和创汇金额较上年均有下降。出口主要地区为港澳地区，其中，活猪（种猪除外）出口量为70 671吨，出口金额为18 664万美元；活家禽出口量为4 793吨，出口金额为1 357万美元；鲜、冻猪肉出口量为12 602吨，出口金额为5 366万美元；冻鸡出口量为3 089吨，出口金额为1 022万美元（表1-2）。

表1-2　2015年广东省畜禽类出口主要商品数量和金额

商品名称	数量（吨）	金额（万美元）
活猪(种猪除外)	70 671	18 664
活家禽	4 793	1 357
鲜、冻猪肉	12 602	5 366
冻鸡	3 089	1 022

数据来源：《广东农村统计年鉴2016》。

1.4　广东现代农业发展建议

2017年是农业供给侧结构性改革的深化之年。立足南粤大地现代化进程不断推进、居民消费水平持续提高的实际，在确保粮食安全的基础上，坚持市场导向原则，以绿色发展为方向，以优化供给、提质增效和农民持续增收为主要目标，以多种形式适度规模经营为主体，深入推进农业供给侧结构性改革，构建广东特色的现代种植业产业体系、生产体系、经营体系，为广东农业经济持续健康发展提供强大的内生动力。

1.4.1　推进粮食生产功能区和天然橡胶生产保护区建设

根据《国务院关于建立粮食生产功能区和重要农产品生产保护区的指导意见》（国发〔2017〕24号）要求，启动落实粮食生产功能区和天然橡胶生产保护区划定工作，通过强化综合生产能力建设、发展适度规模经营、提高农业社会化服务体系等措施大力推进"两区"建设。

1.4.2 加快形成特色优势产业体系

目前，广东省农业产业结构、生产结构、经营经构存在各类问题的根源在于优势特色农业的发展不足，尚未形成具有明显竞争优势的种植养殖优势特色产业、产业带或产业区。因此，广东省应积极改变传统农业发展路径依赖，在保障大众农产品的基础上，围绕优势特色农业的发展推进农业供给侧结构性改革，着力构建以优势特色农业为主要形态的现代农业产业体系、生产体系和经营体系。

1.4.3 加快发展农产品加工业

依托资源优势、特色农业产业带，大力发展农产品产地初加工，引导农产品加工企业向产区延伸，促进农产品就地加工转化。加强农产品产地初加工技术的引进、研发、储备、筛选和示范推广，加快农产品加工业的发展速度，提高农产品附加值，提升广东省农产品加工业竞争力，实现产业转型升级，推动一、二、三产业融合发展。

1.4.4 突破特色经济作物生产机械化

积极发展特色经济作物生产机械化，加快蔬菜、甘蔗、花生、马铃薯、水果等特色作物种收环节机械化技术的突破与集成；建设广东特色经济作物生产机械化示范基地，对大宗经济作物如甘蔗等主产区，加快引进适用机具，扩大试点范围和作业影响力，扶持建设田间冷库，增强农产品贮藏保鲜能力，提升农产品市场竞争力。

1.4.5 有序发展农业休闲产业

按照"因地制宜、突出特色、合理布局、和谐发展"和"合理开发、永续利用、保护耕地"的要求，注重区域定位、功能定位、形态定位，避免雷同、重复建设，克服盲目追求高档、贪大求洋，甚至毁农造景的现象，做到有序发展，相对集中，规模开发。

1.4.6 发展面向农民的农业信息化

瞄准加快转变农业发展方式和推进农业供给侧结构性改革的主攻方向，以农业大数据建设为基础、提升农业管理决策和服务水平，以农业物联网示范为引导、推动精准农业、智慧农业发展，以农业电子商务应用为抓手，提高新型经营主体把握市场分析能力。努力形成开放共享、农民广泛受益、各类市场主体唱主角的农业信息产业发展新格局。

1.4.7　尝试推行农产品召回制度

加快建设农产品质量安全信息系统，推动农产品批发市场和销售商建立农产品销售信息台账，严格农产品包装标识管理，加大加贴条形码、二维码等可追溯标签产品的推广力度，提高农产品质量安全的溯源与召回能力，实现农产品供给侧的安全性。

1.4.8　尝试制度化培育新型农民

农民是农业生产的主体，培育懂技术、善经营的新型职业农民是提高农业生产水平与质量的基础，尝试对普通农民以及不同类型的新型经营主体带头人分类建档，建立农民终身教育与培训机制，规范新型职业农民认证制度，把培训、考核、发证、质量控制、激励等纳入制度化轨道。

参考文献

中共中央、国务院.关于深入推进农业供给侧结构性改革　加快培育农业农村发展新动能的若干意见（中发〔2017〕1号）[R].2016-12-31.

农业部.关于推进农业供给侧结构性改革的实施意见（农发〔2017〕1号）[R].2017-02-06.

农业部.全国种植业结构调整规划（2016—2020年）（农农发〔2016〕3号）[R].2016-04-11.

农业部.全国生猪生产发展规划（2016—2020年）（农牧发〔2016〕6号）[R].2016-04-18.

广东省农业厅.推进农业供给侧结构性改革的实施方案（粤农函〔2017〕242号）[R].2017-03-13.

广东统计信息网."十二五"时期广东农业发展情况分析[EB/OL].http://www.gdstats.gov.cn/tjzl/tjfx/ 201608/t20160804_341417.html,2016-05-09.

广东统计信息网."十二五"时期广东蔬菜生产情况分析[EB/OL].http://www.gdstats.gov.cn/tjzl/tjfx/ 201612/t20161213_349915.html,2016-12-13.

广东统计信息网.广东畜牧业生产现状分析和建议[EB/OL].http://www.gdstats.gov.cn/tjzl/tjfx/ 201602/t20160229_324599.html,2015-12-04.

方伟,万忠,杨震宇,等.2015年广东水稻产业发展形势与对策建议[J].广东农业科学,2016,43(3):7-11.

林群,熊毅俊,郑业鲁,等.2015年广东生猪产业发展形势及对策建议[J].广东农业科学,2016,43(5): 20-25.

吕向东,包利民,乌兰.2015年前3季度中国畜产品贸易形势分析[J].世界农业,2015(12):139-143.

郑惠典.广东省畜牧业发展现状和思路举措[J].广东饲料,2015,24(2):15-18.

侯磊,甘国夫.我国畜牧业发展现状趋势的分析[J].畜牧兽医科技信息,2012(10):6-7.

胡梅梅.中国畜产品贸易逆差成因与对策[J].世界农业,2015(5):198-202.

第 2 章

广东种植业发展研究

摘要

"十二五"以来,特别是党的十八大以来,中央高度重视"三农"工作,作出了一系列重大部署,全省贯彻落实党中央、国务院和省委、省政府关于稳增长、促改革、调结构、惠民生的部署,有力地促进了种植业持续稳定发展。一是种植业在农业生产中的重要性不断凸显。2015年,全省种植业产值占农林牧渔业总产值的50.61%;种植业增加值占农林牧渔业增加值的56.91%,占地区GDP的2.68%。二是种植业经济平稳增长,综合生产能力稳步提升。"十二五"时期,广东种植业产值和增加值年均增长4.1%和4.06%,高于同期全省农业农村经济平均增速。粮食、蔬菜、水果、油料作物、茶叶产量年均增长3.16%、4.81%、6.13%、4.59%、8.27%。三是生产集约化程度不断提高,主要农产品优势产业带初步形成。水稻种植主要集中在高州市、台山市、廉江市、雷州市、兴宁市、化州市、五华县等县(市);蔬菜种植主要分布在增城区、廉江市、电白区、白云区、博罗县、惠东县等县(市)。四是种植业结构进一步优化,蔬菜、水果、花生、药材、茶叶、甘蔗和蚕桑等经济作物种植面积扩大。五是多项指标位居全国前列,质量安全水平稳中向好。种植业增加值居全国第4位,花卉产值居全国第2位,香蕉、菠萝、荔枝、龙眼产量居全国第1位,柑橘产量居全国第2位,糖料和甘蔗产量居全国第3位,花生产量居全国第4位,连续多年未发生重大农产品质量安全事件。

尽管广东种植业发展取得了重大成就,但总体上还处于传统种植业向现代种植业转变的阶段,存在一些不容忽视的困难和问题。一是粮食自给率低,粮食安全保障任务艰巨;二是农业基础设施薄弱,抵御自然灾害能力不强;三是化肥农药过量使用,保障农产品质量安全的任务更加艰巨;四是冷链物流发展与实际需求不匹配;五是比较效益偏低的问题更加突出。经营规模小效益低,面临价格"天花板"和生产成本"地板"抬升"双重挤压"。

面对上述问题,种植业发展将更突出"稳产能、调结构、转方式、增效益"的主攻方向,努力提高种植业质量效益和竞争力。一是推进粮食生产功能区和天然橡胶生产保护区建设;二是按照"稳粮优经、提升园艺、扩大冬种"的思路,调整优化种植结构;三是加快经营方式向适度规模转变,加快生产条件向现代装备转变,大力发展节水农业,全面实施化肥、农药零增长行动;四是打造特色精品、加快品牌创建,加快农业业态向三产融合转变。

种植业是农业的重要基础，粮油糖菜是关系国计民生的重要产品。"十二五"时期，广东种植业持续稳定发展，为经济发展和供给侧结构性改革提供了有力支撑。2015年，全省种植业产值2 793.76亿元，占农林牧渔业总产值的50.61%；种植业增加值1 949.75亿元，占农林牧渔业增加值的56.91%，占全省GDP的2.68%。

2.1 国内外发展环境与趋势

2.1.1 政策扶持力度加大

2004—2015年我国连续12年发布以"三农"为主题的中央1号文件，强调了"三农"问题在我国社会主义现代化建设时期重中之重的地位。特别是党的十八大以来，中央出台了一系列农业扶持政策（附表1），巩固完善强农惠农政策，做足"加法"，实行"四补贴"和产粮（油）大县奖励政策，完善落实农业防灾减灾稳产、粮棉油糖高产创建、测土配方施肥、土壤有机质提升、农业保险等技术推广补助，有力促进了粮食和种植业持续稳定发展。

2.1.2 种植业持续稳定发展

一是农业生产能力稳步提升。粮食产量连续5年超过5.5亿吨，连续3年超过6亿吨，综合生产能力超过5.5亿吨。二是农业基础条件持续改善。农田有效灌溉面积达到9.86亿亩、占耕地总面积的54.7%，农田灌溉水有效利用系数达到0.52。三是科技支撑水平显著增强。农业科技进步贡献率超过56%，主要农作物特别是粮食作物良种基本实现全覆盖；主要农作物耕种收综合机械化率达到63%。四是生产集约程度不断提高。承包耕地流转面积达到4.03亿亩、占家庭承包经营耕地面积的30.4%；农民专业合作社128.88万家，入社农户占全国农户总数的36%左右；主要农作物重大病虫害统防统治覆盖率达到30%。五是主要农产品优势带初步形成。小麦以黄淮海为重点，水稻以东北和长江流域为重点，玉米以东北和黄淮海为重点，大豆以东北北部和黄淮海南部为重点，棉花以新疆为重点，油菜以长江流域为重点，糖料以广西、云南为重点，形成了一批特色鲜明、布局集中的农产品优势产业带。

2.1.3 贸易摩擦增加、逆差扩大

2.1.3.1 贸易摩擦不断增加

国家质检总局调查结果显示，2014年我国农食产品类出口企业遭受的直接损失额为52.7亿美元（占当年出口比重的7.4%），较2013年增加了9.1亿美元。根据海关统计，2014年我国对印度尼西亚出口被调查产品2 793万美元。欧盟、日本还纷纷提高我国茶叶农残检测标准，对我国出口造成很大障碍。

2.1.3.2　农产品贸易逆差扩大

由于近几年来农产品进口增速快于出口，从2004年起，我国农产品贸易由入世前的长期顺差转变为连续的逆差，且逆差呈快速增长态势，2011年、2012年和2013年先后突破300亿美元、400亿美元和500亿美元，不断刷新历史记录（图2-1）。

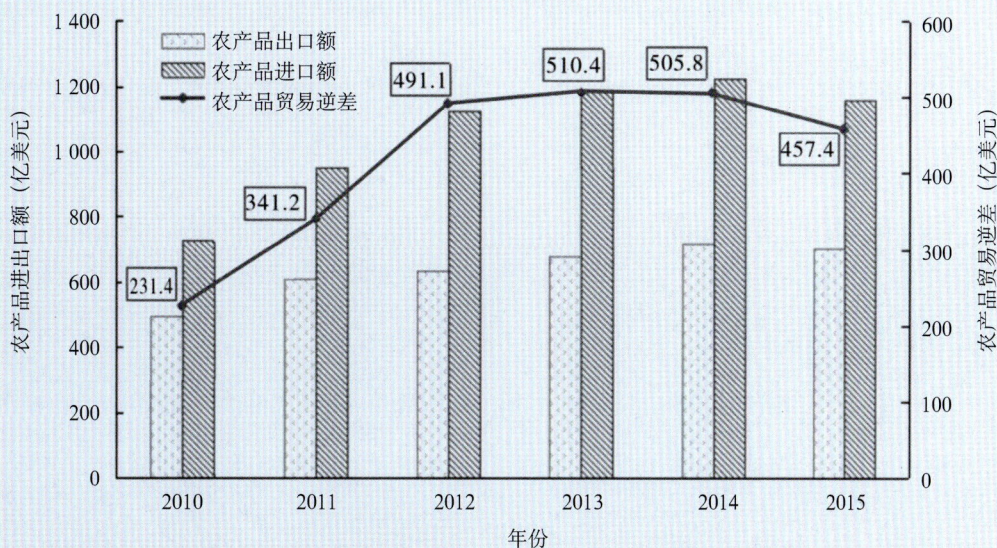

图2-1　2010—2015年我国农产品出口额、进口额和贸易逆差

数据来源：2011—2016年《中国统计年鉴》。

（1）谷物进口迅速增长、逆差扩大。"十二五"期间，我国谷物及谷物粉、稻谷及大米进口量由2010年的570.8万吨和38.8万吨，增至2015年的3 270万吨和338万吨，分别增加5.73倍和8.71倍；进口额分别为93.91亿美元和14.98亿美元，出口金额分别为3.95亿美元和2.68亿美元，贸易逆差达89.96亿美元和12.3亿美元。

（2）水果贸易量、额均呈逆差。2015年，我国水果出口量为304.29万吨，出口额51.62亿美元；水果进口量为434.09万吨，进口额60.13亿美元，贸易逆差为8.51亿美元。

（3）蔬菜贸易量、额均呈顺差。2015年，我国蔬菜出口量为1 018.72万吨，出口额132.67亿美元；蔬菜进口量24.47万吨，进口额5.41美元，贸易顺差为127.26亿美元。

2.2 广东种植业发展现状分析

2.2.1 经济平稳增长，综合生产能力稳步提升

2.2.1.1 种植业经济平稳增长

"十二五"时期，广东种植业经济稳步增长（图2-2）。2015年全省种植业产值达到2 793.76亿元，是2010年的1.59倍，年均增长4.1%；增加值达到1 949.75亿元，是2010年的1.59倍，年均增长4.06%，分别高于同期全省农业农村经济平均增速3.18%和3.4%。

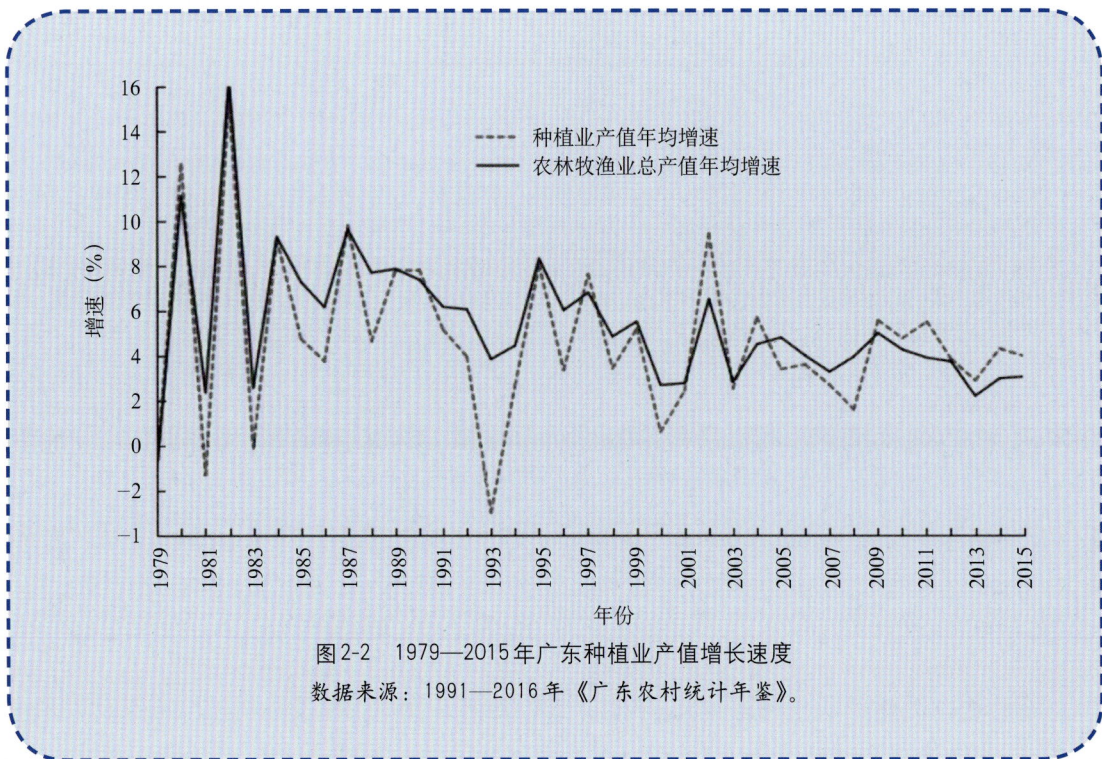

图2-2 1979—2015年广东种植业产值增长速度
数据来源：1991—2016年《广东农村统计年鉴》。

2.2.1.2 综合生产能力稳步提升

"十二五"时期，广东着力打造高标准的农业现代化载体。建成高标准基本农田9万公顷，加快建设雷州东西洋、汕尾海丰、云浮罗定等3个现代粮食产业示范区；扶持建设了园艺产业等一大批现代农业示范基地、重要农产品和特色产业基地，包括创建园艺作物标准园250个、林下经济面积199万公顷；加快推进10个国家级、2个省级现代农业示范区建设，巩固提升8个粤台农业合作园区；粮食、蔬菜、水果、油料作物、茶叶产量不断增长（图2-3至图2-6、表2-1），年均增长3.16%、4.81%、6.13%、4.59%、8.27%。

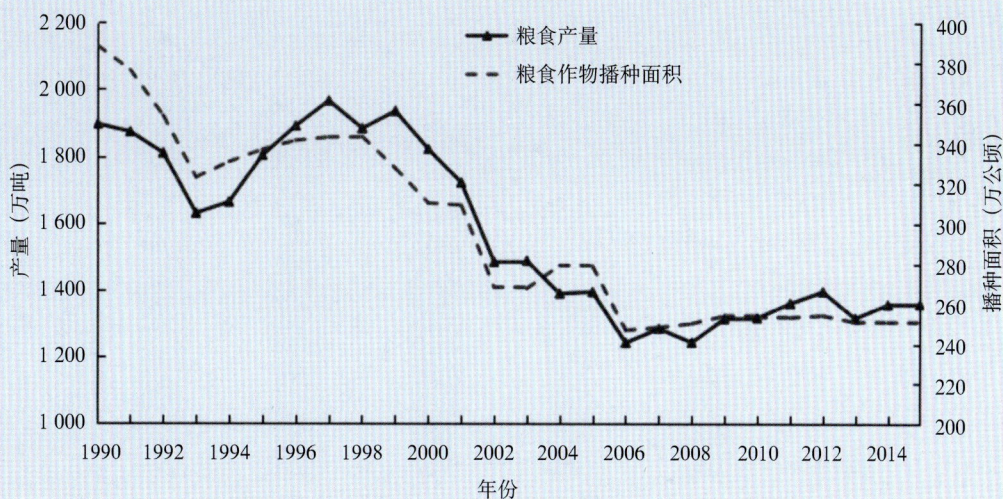

图2-3 1990—2015年广东粮食播种面积、产量变化趋势

数据来源：1991—2016年《广东农村统计年鉴》。

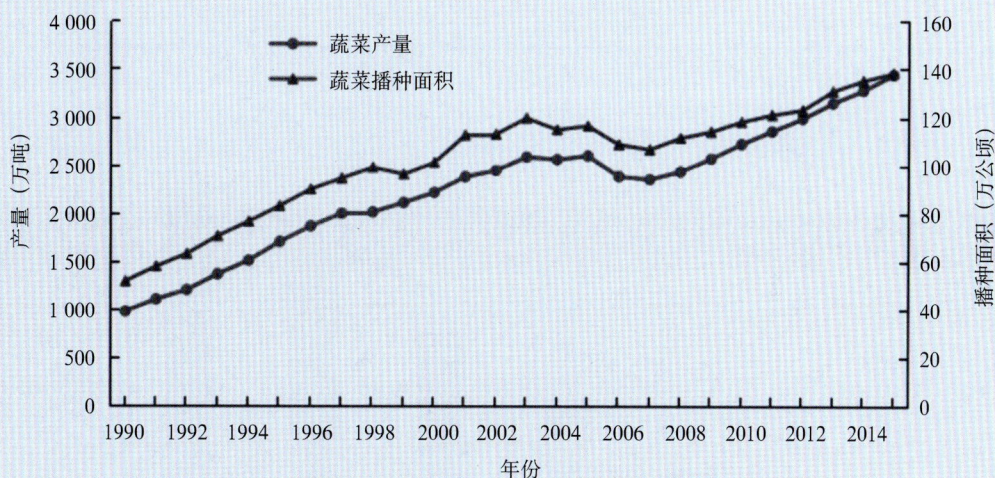

图2-4 1990—2015年广东蔬菜播种面积和产量变化趋势

数据来源：1991—2016年《广东农村统计年鉴》。

表2-1 2010—2015年广东茶叶生产情况

年份	种植面积（万公顷）	单产（千克／亩）	总产量（万吨）
2010	4.08	87.05	5.33
2011	4.13	96.66	5.99
2012	4.18	100.54	6.31
2013	4.42	105.18	6.98
2014	4.63	104.09	7.23
2015	4.94	107.12	7.93

数据来源：2011—2016年《广东农村统计年鉴》。

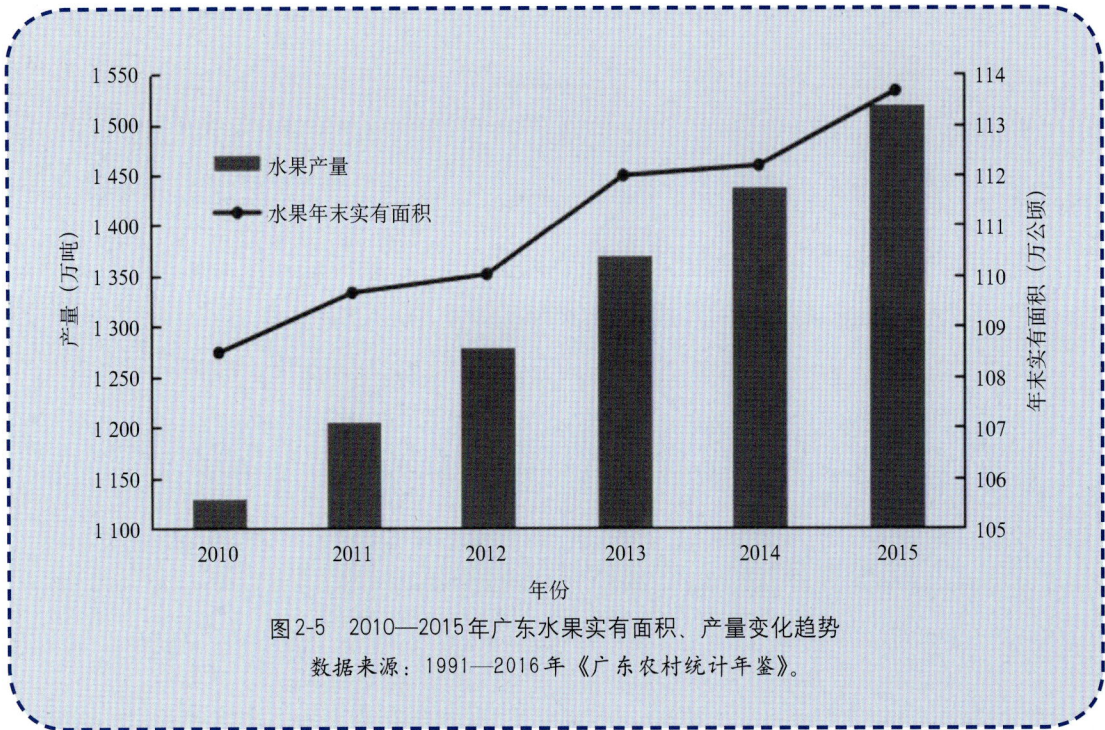

图2-5　2010—2015年广东水果实有面积、产量变化趋势

数据来源：1991—2016年《广东农村统计年鉴》。

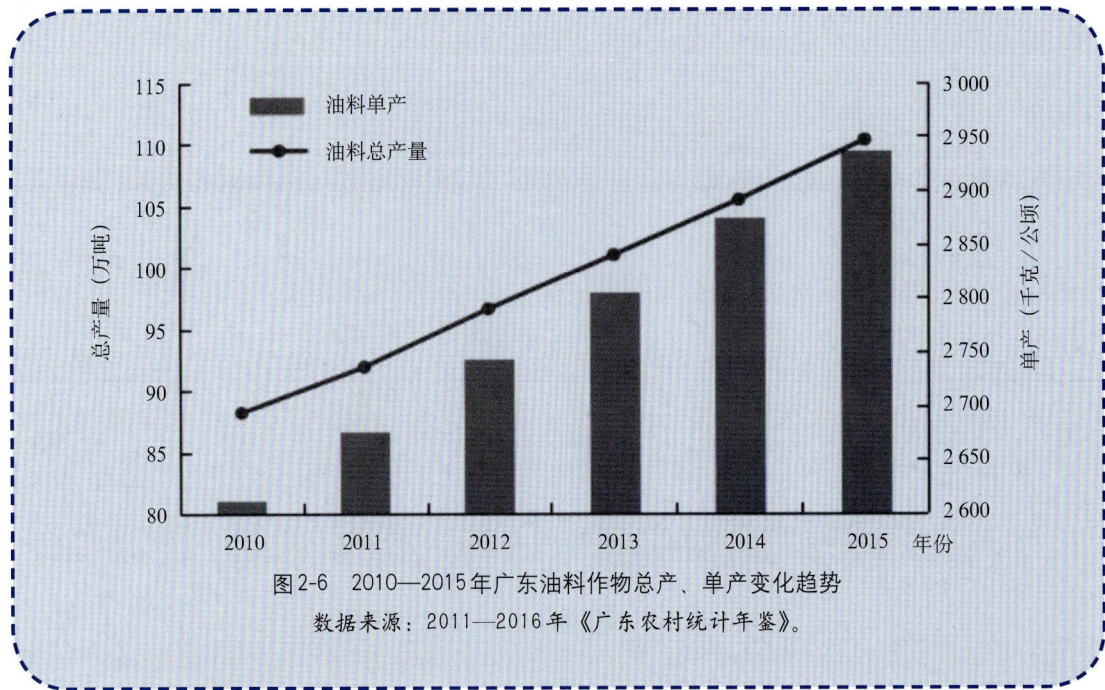

图2-6　2010—2015年广东油料作物总产、单产变化趋势

数据来源：2011—2016年《广东农村统计年鉴》。

2.2.2　生产集约化程度不断提高，主要农产品优势产业带初步形成

2.2.2.1　生产集约化程度不断提高

截至2015年底，全省农业龙头企业达到3 324家，其中省级农业龙头企业633家，有23家农

业龙头企业上市，年销售收入超亿元的农业龙头企业400多家，其中种植业类农业龙头企业201家（国家级21家、省级180家，表2-2）；农民合作社数量达到3.71万家，并创建了341个国家级示范社；经农业部门认定的家庭农场1.33万家，种养大户达到13.8万户，辐射带动450多万农户。

表2-2 广东种植业类农业龙头企业分布情况

地 市	农业龙头企业（省级、国家级）	地 市	农业龙头企业（省级、国家级）	地 市	农业龙头企业（省级、国家级）
广州市	13	韶关市	10	东莞市	3
深圳市	21	河源市	15	中山市	1
珠海市	3	梅州市	49	江门市	3
汕头市	5	惠州市	13	阳江市	2
佛山市	4	汕尾市	3	湛江市	13
茂名市	9	肇庆市	5	清远市	11
潮州市	3	揭阳市	4	云浮市	4
顺德区	4	省直属	3	合 计	201

数据来源：广东省农业信息网。

2.2.2.2 主要农产品优势带初步形成

水稻主要集中在高州市、台山市、廉江市、雷州市、兴宁市、化州市、五华县等县（市）；蔬菜主要分布在增城区、廉江市、电白区、白云区、博罗县、惠东县等县（市）；茶叶主要集中在揭西县、饶平县、廉江市、潮安区、大埔县、英德市等县（市）；花卉形成了中山绿化苗木生产集聚区、东莞富贵竹生产集聚区，顺德阳生植物生产集聚区，湛江棕榈科、发财树生产集聚区，清远药用花卉生产集聚区，翁源兰花生产集聚区等；水果生产中香蕉主要分布在高州市、徐闻县、雷州市、信宜市、化州市等县（市），柑橘橙主要分布在德庆县、龙门县、阳春市、郁南县、封开县、怀集县等县（市），荔枝主要集中在高州市、电白区、廉江市等县（市、区）；龙眼主要分布在茂名市的高州市、化州市、信宜市等县（市）。见附表2至附表8。

2.2.3 种植业在农业中居主导地位，内部结构不断优化

2.2.3.1 从农林牧渔业构成来看，种植业居于明显的主导地位

"十二五"时期，广东农业生产结构发生了明显变化。种植业比重持续上升，从2010年的46.88%上升至2015年的50.61%（表2-3），提高了3.73个百分点，居于明显的主导地位；牧业比重持续下降，从25.23%降至20.24%，下降了4.99个百分点；林业、渔业和服务业产值比重略有增长，分别增加0.68%、0.49%和0.08%。

表2-3　2010—2015年广东省农林牧渔总产值及构成

年份	农林牧渔业产值（亿元）					农林牧渔业产值占比（%）				
	总产值	农业产值	林业产值	牧业产值	渔业产值	服务业产值	农业产值	林业产值	牧业产值	渔业产值	服务业产值
2010	3 754.86	1 760.18	176.34	947.25	741.44	129.66	46.88	4.70	25.23	19.75	3.45
2011	4 384.44	2 042.16	208.68	1 146.42	843.01	144.18	46.58	4.76	26.15	19.23	3.29
2012	4 656.85	2 229.27	222.74	1 134.14	914.04	156.66	47.87	4.78	24.35	19.63	3.36
2013	4 946.81	2 444.70	249.43	1 106.86	975.28	170.53	49.42	5.04	22.38	19.72	3.45
2014	5 234.21	2 613.18	279.83	1 077.37	1 080.31	183.53	49.92	5.35	20.58	20.64	3.51
2015	5 520.03	2 793.76	296.75	1 117.15	1 117.16	195.21	50.61	5.38	20.24	20.24	3.54

数据来源：2011—2016年《广东统计年鉴》。

2.2.3.2　从种植业内部结构来看，"经增稻减"特征明显

（1）蔬菜、水果、花生、药材、茶叶、甘蔗、蚕桑等经济作物种植面积扩大。表2-4显示，2015年农作物播种面积478.47万公顷，较2010年增加26.02万公顷。其中，蔬菜面积增加20.22万公顷、占77.7%，花生增加3.74万公顷、占14.37%，水果增加5.18万公顷，药材增加1.12万公顷，茶叶增加0.86万公顷，甘蔗增加0.75万公顷，其他经济作物增加2.30万公顷。调整幅度在10%以上的农产品分别是药材（100.9%）、其他经济作物（41.88%）、茶叶（21.08%）、蔬菜（17.14%）、花生（11.38%）。蔬菜播种面积占农作物播种面积的比重持续增加，由2010年的26.08%增加至2015年的28.88%，增加2.80个百分点。

表2-4　2010—2015年广东种植业生产结构变化情况

作物种类	种植面积（万公顷）		种植面积增量（万公顷）	种植面积增幅（%）	占农作物播种面积比重（%）	
	2010	2015			2010	2015
农作物播种面积	452.45	478.47	+26.02	+5.75	100.00	100.00
1 粮食作物	253.19	250.58	−2.61	−1.03	55.96	52.37
1.1 稻谷	195.27	188.73	−6.54	−3.35	43.16	39.44
早稻	94.13	88.94	−5.19	−5.52	20.81	18.59
晚稻	101.14	99.79	−1.35	−1.34	22.35	20.86
1.2 小麦	0.09	0.09	+0.00	+4.14	0.02	0.02
1.3 旱粮	18.56	20.28	+1.72	+9.27	4.10	4.24
玉米	16.23	17.90	+1.67	+10.29	3.59	3.74
1.4 薯类	32.91	35.12	+2.21	+6.72	7.27	7.34
1.5 大豆	6.36	6.36	+0.00	−0.02	1.41	1.33
2 经济作物	66.57	74.30	+7.73	+11.61	14.71	15.53
2.1 甘蔗	15.49	16.24	+0.75	+4.84	3.42	3.39
糖蔗	13.64	14.15	+0.51	+3.73	3.01	2.96
2.2 油料作物	33.74	37.56	+3.82	+11.31	7.46	7.85

（续）

作物种类	种植面积（万公顷）		种植面积增量（万公顷）	种植面积增幅（%）	占农作物播种面积比重（%）	
	2010	2015			2010	2015
花生	32.85	36.59	+3.74	+11.38	7.26	7.65
2.3麻类	0.02	0.01	−0.01	−46.88	0.00	0.00
2.4烟叶	2.39	2.25	−0.13	−5.63	0.53	0.47
2.5木薯	8.34	8.22	−0.12	−1.40	1.84	1.72
2.6药材	1.11	2.24	+1.12	+100.90	0.25	0.47
2.7其他经济作物	5.49	7.79	+2.30	+41.88	1.21	1.63
3其他作物	132.69	153.59	+20.90	+15.75	29.33	32.10
3.1蔬菜	117.98	138.20	+20.22	+17.14	26.08	28.88
3.2茶叶	4.08	4.94	+0.86	+21.08		
3.3水果	108.48	113.66	+5.18	+4.78		
3.4蚕桑	3.18	3.42	+0.23	+7.37		

注：茶叶、水果、蚕桑统计的均为年末实有面积。

数据来源：2011—2016年《广东统计年鉴》。

（2）稻谷播种面积较少，占农作物播种面积的比重持续下降。2015年，稻谷播种面积188.73万公顷，较2010年减少6.54万公顷。其中，早稻面积减少5.19万公顷，晚稻面积减少1.35万公顷。稻谷播种面积占农作物总播种面积的比重持续下降，由2010年的43.16%下降为39.44%，减少3.72个百分点。

（3）从产品产值看，蔬菜、水果、稻谷、薯类、油料、花卉、中草药材、茶叶等是广东种植业的主体。2015年，蔬菜、水果、稻谷、薯类、油料、花卉、中草药材、茶叶等主要植物产出占广东种植业产值的93.77%。其中，蔬菜产值1 168.96亿元，占种植业产值的41.84%，比2010年提高0.19个百分点；水果产值627.59亿元，占种植业产值的22.46%（表2-5），比2010年提高1.14个百分点，生产效益更加突出。特别是蔬菜，2015年广东种植蔬菜每亩产值达5 735元，比2010年高出1 538元，比种植园林水果高出2 171元。蔬菜生产已成为广东农业经济的主要增长点。

表2-5 2010—2015年广东种植业产值结构变化情况

作物种类	产值（亿元）		占农业产值比重（%）	
	2010	2015	2010	2015
农业产值	1 760.18	2 793.76	100.00	100.00
（一）谷物及其他作物	536.58	784.35	30.48	28.08
1.谷物	273.97	375.53	15.57	13.44
稻谷	238.59	340.39	13.56	12.18
2.薯类	87.49	135.89	4.97	4.86
3.油料	49.81	89.82	2.83	3.22

（续）

作物种类	产值（亿元）		占农业产值比重（%）	
	2010	2015	2010	2015
4. 豆类	10.03	16.33	0.57	0.58
大豆	7.65	12.08	0.43	0.43
5. 生麻	1.38	2.02	0.08	0.07
6. 糖料	47.75	72.14	2.71	2.58
7. 烟草	8.41	12.70	0.48	0.45
8. 其他农作物	57.75	79.91	3.28	2.86
（二）蔬菜、食用菌及花卉盆景园艺产品	813.01	1 301.37	46.19	46.58
1. 蔬菜（含菜用瓜）	733.05	1 168.96	41.65	41.84
2. 食用菌	9.83	19.96	0.56	0.71
3. 花卉	48.97	80.39	2.78	2.88
4. 盆景及园艺产品	21.16	32.06	1.20	1.15
（三）水果、坚果、茶、饮料和香料	392.15	665.87	22.28	23.83
1. 水果	375.33	627.59	21.32	22.46
2. 坚果	1.24	3.44	0.07	0.12
3. 茶及饮料原料	11.40	30.41	0.65	1.09
4. 香料原料	4.17	4.43	0.24	0.16
（四）中草药材	18.44	42.17	1.05	1.51

数据来源：2011—2016年《广东农村统计年鉴》。

2.2.4 多项指标位居全国前列，质量安全水平稳中向好

2.2.4.1 种植业多项指标位居全国前列

（1）种植业增加值率居全国第4位。2015年，广东种植业产值居全国31个省份第8位（表2-6），增加值居全国第7位，增加值率低于重庆（74.63%）、浙江（71.97%）、湖南（69.79%），高于江苏（68.94%）、海南（66.35%）、福建（62.84%）和全国平均水平（64.25%），居全国第4位。具体情况见附表9。

（2）花卉产值居全国第2位。2015年广东花卉产值突破80亿元（表2-6），占全国花卉产值的11.32%，低于浙江160.1亿元（22.55%），高于福建74.2亿元（10.45%）、江苏47.5亿元（6.69%）、海南30亿元（4.22%），居全国第2位。

（3）岭南特色农作物产量位居全国前列。香蕉、菠萝、荔枝、龙眼产量居全国第1位，柑橘产量居全国第2位，糖料和甘蔗产量居全国第3位，花生产量居全国第4位（表2-6）。具体情况见附表9。

表 2-6　广东种植业及其部分产品在全国的位次

年份	种植业		花卉		糖料		甘蔗		水果		花生	
	产值（亿元）	位次	产值（亿元）	位次	产量（万吨）	位次	产量（万吨）	位次	产量（万吨）	位次	产量（万吨）	位次
2010	1 760.2	8	48.97	2	1 300.15	3	1 300.15	3	1 235.9	5	87.13	4
2015	2793.8	8	80.39	2	1 452.85	3	1 452.85	3	1 648.53	5	109.04	4

数据来源：2011年、2016年《中国统计年鉴》。

2.2.4.2　农产品质量安全水平稳中向好

（1）质量安全保障有效提升。"十二五"期间，全省建立了国家级和省级农业标准化示范区760个、示范县6个。创建国家农产品质量安全市1个、国家农产品质量安全县4个。全省有效期内农业类名牌产品934个，无公害农产品1 710个、绿色食品810个、有机农产品60个、地理标志产品12个。农产品检测体系初具规模。至2015年底，全省农检机构926个，其中部级7个、地级以上市37个、县（市、区）118个、乡镇713个，第三方检测机构和农产品批发市检测机构51个。

（2）检测合格率稳步提高。近年来，广东省植物产品检测合格率不断提高，蔬菜农药残留检测合格率2010年为94.4%、2014年为96.0%、2015年达98.5%（图2-7），在省级例行监测中创历史新高。2015年，种植业、畜禽、生鲜乳产品抽检合格率分别为96.5%、99.2%、100%，连续多年未发生重大农产品质量安全事件；同年8—9月，广东省在广州、江门、湛江、茂名和肇庆等5个市对特色水果香蕉、龙眼和芒果生产中农药残留情况进行专项监测，合格率为100%。

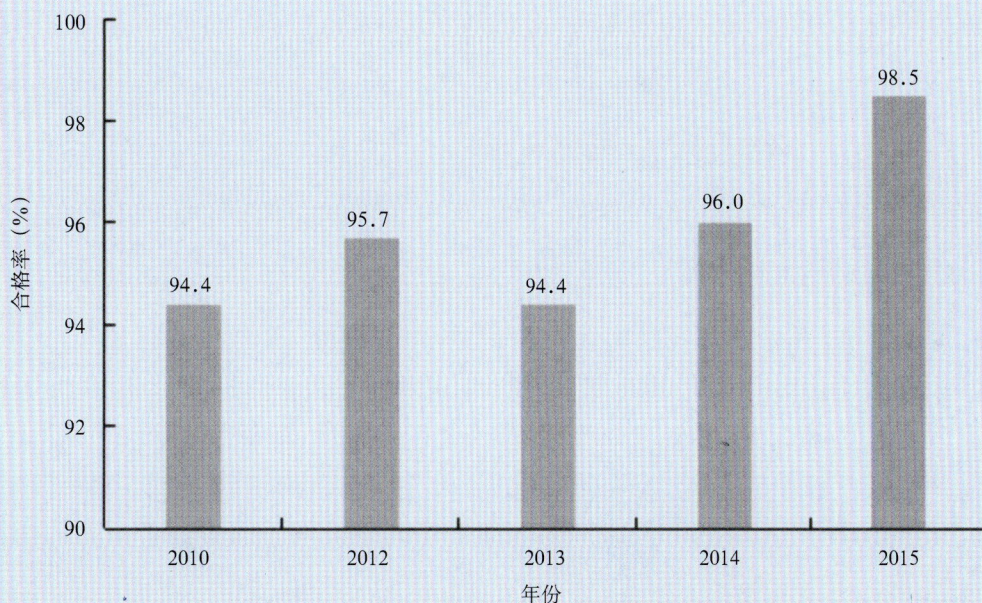

图2-7　2010—2015年广东蔬菜农药残留检测合格率变动情况

2.2.5 产品价格波动较大，电子商务消费额居全国首位

2.2.5.1 粮食、蔬菜、水果价格波动较大

2010—2016年，广东居民消费价格指数（CPI）年均上涨2.8%，其中茶叶、蛋、粮食、水产品、水果、猪肉、蔬菜价格分别上涨1.9%、3.2%、4.1%、6.5%、6.9%、7.7%、8.9%（表2-7）。

表2-7 2010—2016年广东居民消费价格分类指数（％）

年份	CPI	食品	粮食	#大米	蔬菜	茶叶	水果	肉禽及其制品	#猪肉	蛋	水产品
2010	103.1	105.9	107.5	109.2	118.7	100.2	111.2	102.0	100.6	107.5	106.0
2011	105.3	111.4	112.7	115.4	100.3	103.6	112.5	118.9	128.8	112.9	112.1
2012	102.8	105.6	105.0	105.9	117.5	102.3	98.4	104.4	100.6	98.2	107.3
2013	102.5	103.6	101.9	100.7	111.4	100.8	106.5	102.0	99.6	105.4	104.4
2014	102.3	104.4	102.7	101.4	101.0	101.3	119.1	103.3	98.8	107.2	107.5
2015	101.5	103.5	101.8	101.1	107.8	101.6	99.5	106.0	106.9	98.6	103.5
2016	102.3		100.8		116.6				114.8	97.6	104.3
年均指数	102.8	105.7	104.1	104.8	108.9	101.9	106.9	106.8	107.7	103.2	106.5

数据来源：《广东统计年鉴2016》。

（1）粮食价格保持持续低增长，趋于平稳。由图2-8、表2-8可知，2010年1月至2012年11月，广东粮食价格指数同比上涨快于CPI，其中2011年2月增幅最大、同比上涨14.8%，2012年12月回落至2.75%，并在随后的4年多的时间内保持稳定低增长，特别是2015年6月以来持续23个月增速低于2%。至2017年4月份，粮食价格水平同比上涨1.32%，其中晚籼米、珍珠米和富强粉零

图2-8 2010年1月至2017年4月广东CPI和粮食价格指数同比走势
数据来源：http://calendar.hexun.com/area/dqzb_440000_B0180000.shtml。

售价每500克分别为2.92元、2.95元和3.17元，环比分别持平、微降0.08%和微升0.88%，同比上升1.48%、0.43%和0.8%。

表2-8 2010年1月至2017年4月广东居民消费价格指数描述性统计分析

CPI	N	全距	极小值	极大值	均值	标准差
居民消费价格指数	88	6.20	100.00 (2010—01)	106.20 (2011—08)	102.7720	1.34667
粮食	88	14.49	100.31 (2016—10)	114.80 (2011—02)	104.4898	4.08492
肉禽及其制品	72	32.10	95.70 (2010—01)	127.80 (2011—07)	106.1753	7.30928
蛋	88	26.45	91.23 (2017—02)	117.68 (2011—07)	103.5255	7.14477
水产品	88	18.10	98.60 (2013—01)	116.70 (2012—01)	106.2538	3.70630
鲜菜	88	108.41	62.86 (2017—02)	171.27 (2016—02)	109.3327	16.18050
鲜果	86	38.51	89.59 (2012—04)	128.10 (2011—03)	106.6120	9.79917

（2）蔬菜价格水平总体上行，波动剧烈。2010—2016年，广东蔬菜价格水平年均增长8.9%，各年蔬菜价格均高于上年，其中2010年、2012年、2016年涨幅分别达18.7%、17.5%、16.6%。月度价格波动剧烈，最高点2016年2月同比上涨71.27%，最低点2017年2月同比下降37.14%（图2-9）。

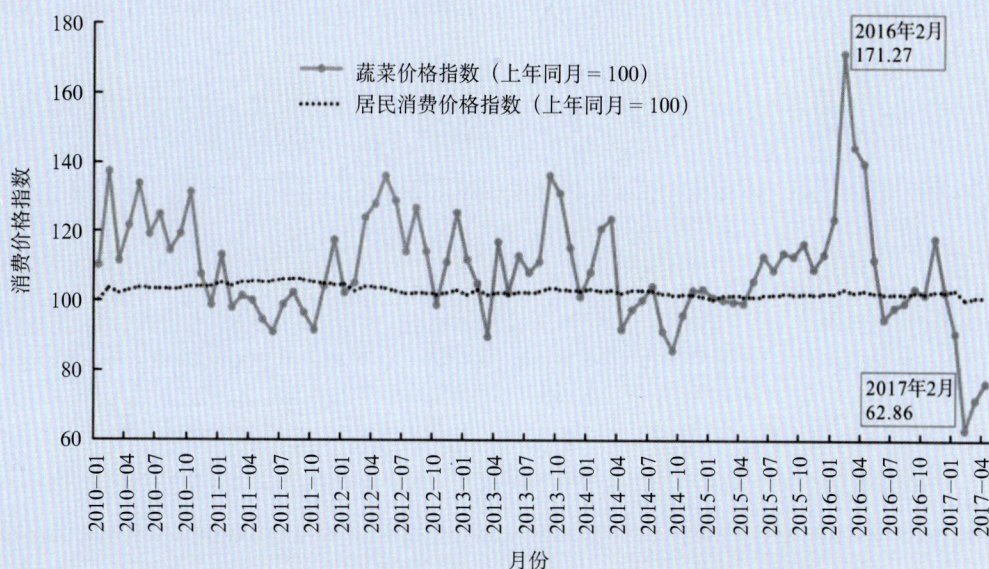

图2-9 2010年1月至2017年4月广东CPI和蔬菜价格指数同比走势

数据来源：http://calendar.hexun.com/area/dqzb_440000_B0180000.shtml。

不确定的气候是导致蔬菜价格短期异常剧烈波动的重要因素。如2016年2月,受寒潮天气和节日效应等叠加影响,广东蔬菜市场价格大幅飙升,30种主要蔬菜平均零售价每500克为5.5元(图2-10),环比和同比分别大涨53.78%和70.28%,价格水平和上涨幅度均创下2010年以来新高。随着节后天气逐步好转,蔬菜价格出现明显回落态势。

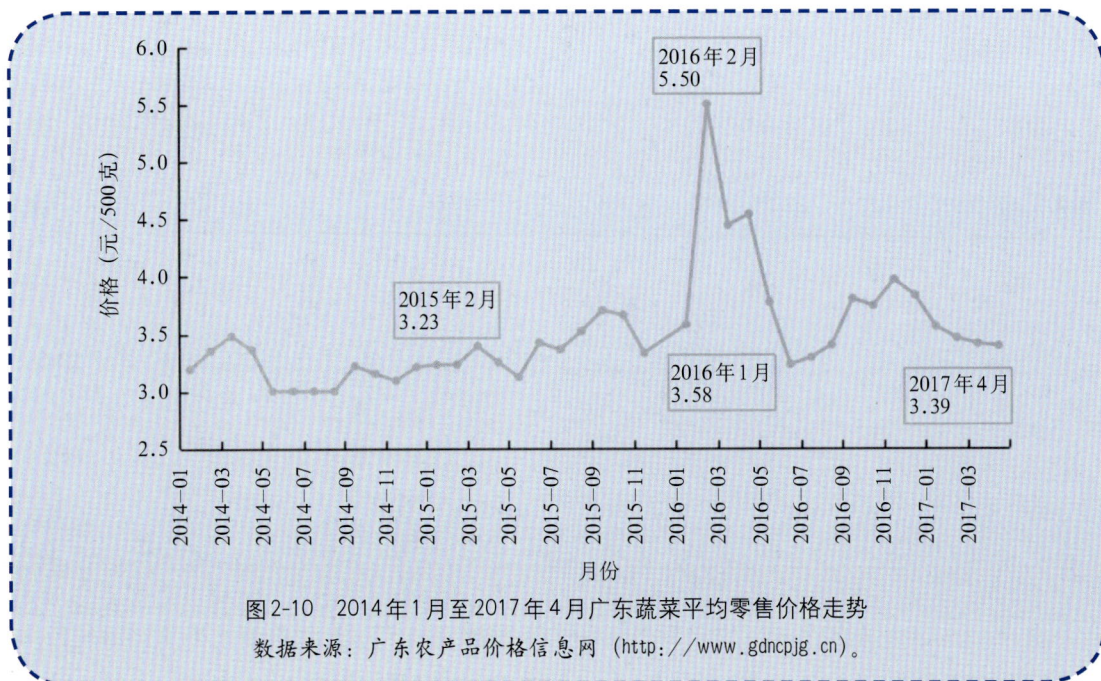

图2-10 2014年1月至2017年4月广东蔬菜平均零售价格走势

数据来源:广东农产品价格信息网 (http://www.gdncpjg.cn)。

(3)水果价格波动明显。2011年1月至2016年12月,广东水果消费价格指数波动幅度较大,2011年3月同比上升28.1%,2012年4月同比下降10.41%(图2-11)。"十二五"期间,水果消费价格年均增长6.91%,除2012、2015年外,各年鲜瓜果价格均比上年上涨,其中2014年涨幅最大、同比上升19.1%(表2-7)。

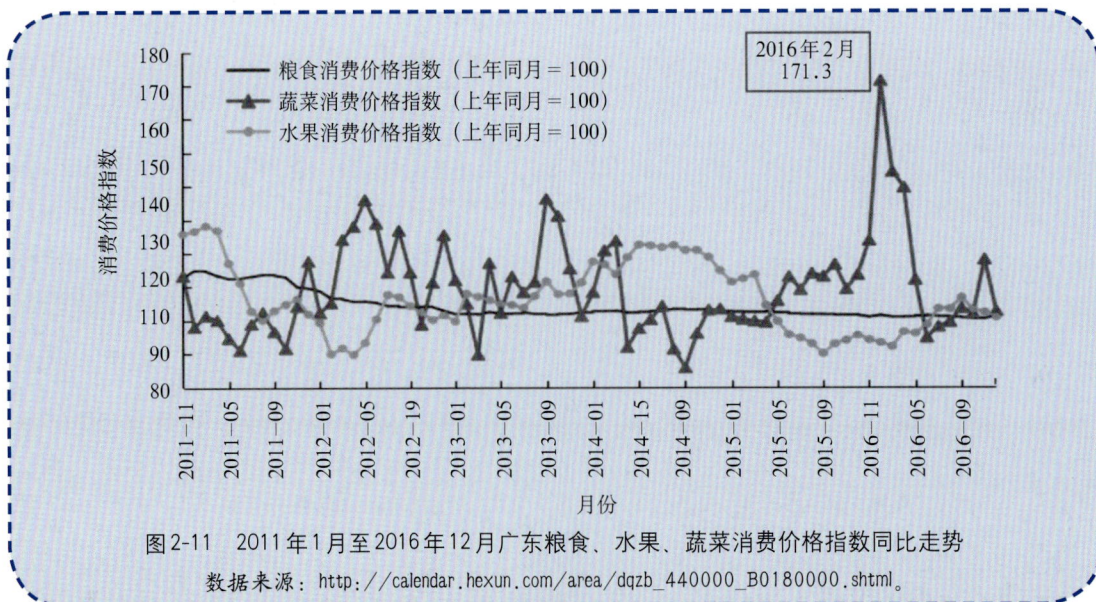

图2-11 2011年1月至2016年12月广东粮食、水果、蔬菜消费价格指数同比走势

数据来源: http://calendar.hexun.com/area/dqzb_440000_B0180000.shtml。

2.2.5.2　农产品电子商务不断发展，消费额居全国首位

近年来，广东农产品电子商务交易平台建设数量不断增多，覆盖范围也在逐步拓宽，有力地推进了广东农产品电子商务的发展。

（1）物流网络覆盖范围逐步拓宽。至2015年6月底，全省1 128个乡镇共设有快递乡镇网点4 022家，覆盖乡镇907个，乡镇快递网点覆盖率达80.4%；全省1 128个乡镇实现100%乡镇邮局全覆盖，93%的乡镇邮局实现了EMS快递业务代办。

（2）农产品卖家数量最多。从阿里零售平台上农产品卖家的地域分布来看，广东省的农产品卖家数量最多，超过10万家（2014年9.55万家、2013年4.66万家），其次是浙江、江苏、山东、福建；全国各省中，陕西省农产品卖家增幅最大、达56.35%，其次是山西、江西、甘肃、贵州。

（3）农产品电商销售额居全国第4位。2015年，广东省农产品电商交易额约129亿元，较2014年增长31.6%，约占全省电商交易总额的0.4%。其中，生鲜农产品（果蔬肉类）电商交易额占农产品总交易额的18.6%，蔬菜在果蔬肉类生鲜农产品电商交易额中占比最少，蔬菜电商的市场空间还很大。2015年农产品电商销售省份排名中，浙江、上海、江苏、广东、福建的总量居前5位。

（4）农产品电商消费额居全国首位。2015年，广东省居民通过电商平台交易的农产品消费额超过80亿元，居全国首位，浙江、江苏、上海和山东紧随其后。2015年，甘肃、河北和安徽省是全国农产品电商消费额增幅最高的前3名。其中，广东茶叶电商销售额居全国第3位。阿里研究院发布的《2015年茶叶电商微报告》显示，2015年淘宝/天猫平台茶叶销售额88亿元，占农产品销售额的12.65%，当年全国茶叶电商五强省份为福建30亿元、云南13亿元、广东9亿元、浙江8亿元、安徽6.7亿元。

2.2.6　粮食产需缺口扩大，蔬菜、水果供应充足

2.2.6.1　粮食——产需缺口扩大，自给率下降

广东是全国第一人口大省和第一粮食主销区，近年粮食消费保持刚性增长。从表2-9可见，2015年，全省粮食产量1 358.13万吨，消费量4 284万吨，近5年来年均增长近100万吨。2001年以前，广东自产粮多于购进粮，粮食自给率大于50%。但自2001年后购进粮多于自产粮，粮食自给率小于50%，2015年广东粮食自给率仅为31.7%，缺口达2 900多万吨。

表2-9　广东粮食产需平衡情况

年份	粮食产量（万吨）	消费量（万吨）	自给率（%）
2003	1 488.00	3 400	41.2
2007	1 284.70	3 700	34.7
2008	1 243.44	3 770	33.0
2013	1 315.90	4 100	32.1

（续）

年份	粮食产量（万吨）	消费量（万吨）	自给率（%）
2014	1 357.34	4 220	32.2
2015	1 358.13	4 284	31.7

数据来源：《广东统计年鉴2016》。

从用途来看，口粮和饲料用粮消费量均为1 800多万吨，工业及其他用粮500多万吨。分品种看，稻谷、小麦、玉米和大豆的消费量分别为1 700万、300万、1 100万和700万吨左右，其他品种消费量约400万吨。稻谷、小麦主要用于口粮消费，玉米、大豆和其他品种主要用于饲料及工业。

粮食缺口来源于省外采购和国外进口。广东每年消费的粮食中，绝大部分小麦、玉米、大豆和部分稻谷需从省外采购。其中，稻米主要来自湖南、江西、湖北、广西、安徽等省；小麦主要来自河南、山东、江苏等省；玉米主要来自吉林、辽宁等省；大豆主要来自东北地区。"十二五"以来，广东进口粮食大幅增加，2015年进口谷物730.59万吨，是2010年的5.32倍，年均增长39.68%（表2-10）。

表2-10　2000—2015年广东粮食进口数量（万吨）

年份	谷物	#小麦	#稻谷	大豆
2000	48.60	23.44	0.28	
2001	62.15	35.01	2.55	
2002	58.81	29.11	11.75	
2003	59.08	20.52	18.10	322.11
2004	90.07	12.09	54.76	349.26
2005	84.57	15.63	41.10	252.41
2006	98.34	7.67	62.84	321.44
2007	61.32	2.56	40.40	340.41
2008	43.45	0.51	28.73	339.08
2009	79.99	17.30	29.42	426.94
2010	137.38	34.35	32.22	389.51
2011	109.93	34.77	44.74	396.85
2012	265.36	51.49	124.54	415.82
2013	264.00	51.88	120.65	406.55
2014	478.37	61.80	132.04	528.41
2015	730.59	45.08	165.71	522.84
"十二五"年均增长率（%）	39.68	5.59	38.75	6.06

数据来源：2011—2016年《广东统计年鉴》。

2.2.6.2　蔬菜——自给有余，季节性产需不平衡

（1）蔬菜自给有余，出口量大。2015年，广东蔬菜产量3 438.78万吨，其中本省年消费蔬菜

1 000万～1 100万吨。蔬菜产品除销往全国28个省区150多个大中城市外，还出口日本、新加坡、欧美、中东、东南亚等国家和我国港澳地区，其中90%销往我国港澳地区。

（2）现代化水平较低，季节性和结构性供应不稳。目前，广东蔬菜仍以传统的露天生产为主，2015年设施农业中蔬菜播种面积和产量分别为1.02万公顷和31.15万吨，仅占全省蔬菜播种面积和产量的0.7%和0.9%。同时，全省叶菜产量占蔬菜产量的48.6%，受季节、气候等因素影响较为明显，导致出现了明显的结构性、季节性供应不足。目前，广东主要通过来自宁夏和山东的蔬菜来补充全省蔬菜的季节缺口和品种缺口。

2.2.6.3　水果——60%以上外销，品种靠进口补给

2015年，广东水果总产量1 519.89万吨，其中年消费水果500万吨左右，60%以上外销，出口量仅占0.74%。2015年，广东出口鲜、干果11.2万吨，进口鲜、干果120万吨，主要进口品种为鲜榴莲、鲜（干）香蕉、鲜龙眼和鲜葡萄，美国车厘子、苹果和布林，以及泰国榴莲、新西兰奇异果、澳洲红提、南非橙等。

2.2.7　蔬菜生产效益较高，水稻、甘蔗最低

根据《全国农产品成本收益资料汇编》数据，对"十二五"时期广东种植业主要品种进行净利润和成本利润率的横向比较，结果表明蔬菜的生产效益最高，其次是柑、橘、花生、水稻、烤烟等（表2-11、表2-12）。

在种植业主要品种中，蔬菜净利润最高，为6 276.18元/亩。其中，露地黄瓜、露地西红柿、露地圆白菜、露地茄子、露地菜椒、露地萝卜净利润分别为9 942.49、8 660.42、7 619.51、5 245.71、3 363.2、2 825.73元/亩，成本利润率分别为348.85%、260.84%、150.96%、173.40%、72.64%和61.23%。

其次为柑橘，净利润为3 009.8元/亩。"十二五"时期，柑净利润为3 369.54元/亩，橘为2 650.07元/亩，成本利润率分别为52.00%和56.27%。

第三为花生，净利润为303.73元/亩，成本利润率为27.16%。

第四为水稻，净利润为97.2元/亩。"十二五"时期，晚籼稻净利润为143.28元/亩、早籼稻为51.11元/亩，成本利润率分别为14.48%和5.95%，特别是早籼稻近3年来连续亏损。

甘蔗、蚕桑生产效益最低，2013—2015年甘蔗、蚕桑种植连年亏损，生产风险也明显高于其他品种。

表2-11　"十二五"时期广东种植业主要品种净利润（元/亩）

序号	品种	2011	2012	2013	2014	2015	均值	变异系数
1	露地黄瓜	14 596.62	10 016.54	8 196.68	8 154.66	8 747.97	9 942.49	0.24
2	露地西红柿	12 314.77	8 513.42	7 964.12	73 57.19	7 152.62	8 660.42	0.22

（续）

序号	品种	2011	2012	2013	2014	2015	均值	变异系数
3	露地圆白菜	14 285.02	194 02.65	1 642.22	1 097.43	1 670.21	7 619.51	1.01
4	露地茄子	7 771.38	4 543.64	4 176.22	4 624.36	5 112.96	5 245.71	0.25
5	柑	5 309.25	3 401.02	2 177.84	4 842.93	1 116.67	3 369.54	0.47
6	露地菜椒	3 437.15	5 898.72	1 211.24	5 239.93	1 028.95	3 363.20	0.60
7	露地萝卜	650.77	3 489.75	1 726.54	4 399.57	3 862.02	2 825.73	0.50
8	橘	1 354.77	1 292.84	4 581.89	3 674.49	2 346.34	2 650.07	0.49
9	花生	567.60	452.83	150.43	123.19	224.62	303.73	0.58
10	晚籼稻	344.36	254.96	−20.79	137.56	0.30	143.28	0.99
11	烤烟	−161.72	218.56	227.50	14.15	222.66	104.23	1.49
12	早籼稻	264.76	65.67	−57.14	−13.03	−4.72	51.11	2.23
13	甘蔗	811.21	215.69	−264.72	−679.15	−63.74	3.86	129.08
14	桑蚕茧	1082.74	608.62	−299.58	−648.41	−869.73	−25.27	−29.64

数据来源：2012—2016年《全国农产品成本收益资料汇编》。

表2-12　"十二五"时期广东种植业主要品种成本利润率（%）

序号	品种	2011	2012	2013	2014	2015	均值	变异系数
1	露地黄瓜	673.81	374.41	267.32	211.85	216.88	348.85	0.49
2	露地西红柿	461.25	268.19	236.21	177.28	161.28	260.84	0.41
3	露地茄子	333.86	158.25	129.80	124.23	120.88	173.40	0.47
4	露地圆白菜	324.79	355.74	30.77	16.77	26.72	150.96	1.03
5	露地菜椒	87.75	120.95	26.38	110.05	18.06	72.64	0.59
6	露地萝卜	23.30	92.54	39.49	81.03	69.77	61.23	0.42
7	橘	48.97	51.40	87.80	58.58	34.61	56.27	0.31
8	柑	96.03	61.83	28.92	60.73	12.51	52.00	0.56
9	花生	59.18	40.01	11.52	8.90	16.21	27.16	0.72
10	晚籼稻	39.13	23.88	−1.77	11.12	0.02	14.48	1.06
11	早籼稻	30.07	6.13	−4.99	−1.08	−0.39	5.95	2.11
12	烤烟	−6.03	7.15	6.89	0.39	6.21	2.92	1.75
13	桑蚕茧	26.95	12.08	−5.37	−10.75	−14.71	1.64	9.52
14	甘蔗	39.47	9.50	−10.79	−32.34	−2.77	0.61	38.65

数据来源：2012—2016年《全国农产品成本收益资料汇编》。

2.2.8　进口增加、出口减少，贸易逆差扩大

2010—2015年，农作物产品进出口总额从50.73亿美元增加至90.40亿美元，增幅高达

78%。其中出口增幅11.5%、进口增幅达92.7%，进口增幅明显高于出口增幅；贸易逆差由2010年32.64亿美元上升至2015年的70.23亿美元（表2-13）。

表2-13　2010—2015年广东农作物产品进出口值

年份	进口金额 （亿美元）	出口金额 （亿美元）	进出口总额 （亿美元）	进口与出口差额 （亿美元）
2010	41.69	9.04	50.73	−32.64
2011	52.26	11.59	63.86	−40.67
2012	65.73	12.50	78.27	−53.23
2013	68.09	11.12	79.21	−56.97
2014	80.92	10.80	91.72	−70.13
2015	80.32	10.08	90.40	−70.23

注：农作物产品主要包括谷物类（稻谷、小麦、旱粮、薯类、大豆）、经济作物（甘蔗、油料、麻类、烟叶、木薯、药材）、园艺作物（蔬菜、茶叶、桑叶和水果）等。

数据来源：2011—2016年《广东统计年鉴》和《中国统计年鉴》。

（1）谷物进口大幅提高，对国际粮食市场的依赖程度增加。2015年，广东进口谷物730.59万吨，同期谷物出口量仅为10.61万吨（图2-12）。

图2-12　2000—2015年广东谷物进口量和出口量走势

数据来源：2001—2016年《广东统计年鉴》。

（2）水果出口减少、进口增加，进出口量呈"喇叭口"扩张。广东鲜干果出口量已连续3年下跌，2015年降至11.2万吨，主要出口品种为柑橘类（如柚、橙、柠檬、蜜橘、沙糖橘、贡柑、蕉柑等）以及荔枝、龙眼、菠萝、香蕉、梨、杨梅等。鲜、干果进口量从2007年开始一路攀升，

2015年达120万吨（图2-13）。

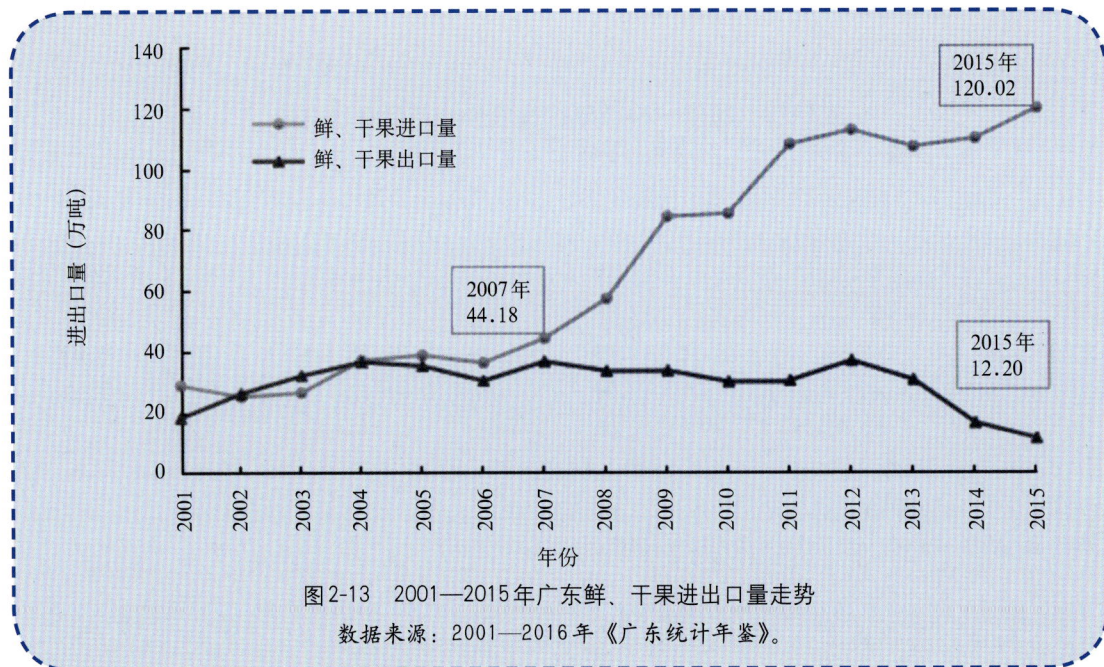

图2-13　2001—2015年广东鲜、干果进出口量走势

数据来源：2001—2016年《广东统计年鉴》。

（3）蔬菜出口量波动较大，连续4年下滑；出口单价波动上涨。2000年以来，广东蔬菜出口量波动较大，自2011年冲高回落之后连续4年下滑，2015年减为63.93万吨；出口单价波动上涨，2005年冲破300美元/吨为307.53美元/吨，2010年冲破400美元/吨为427.95美元/吨，2015年达489.28美元/吨（图2-14）。

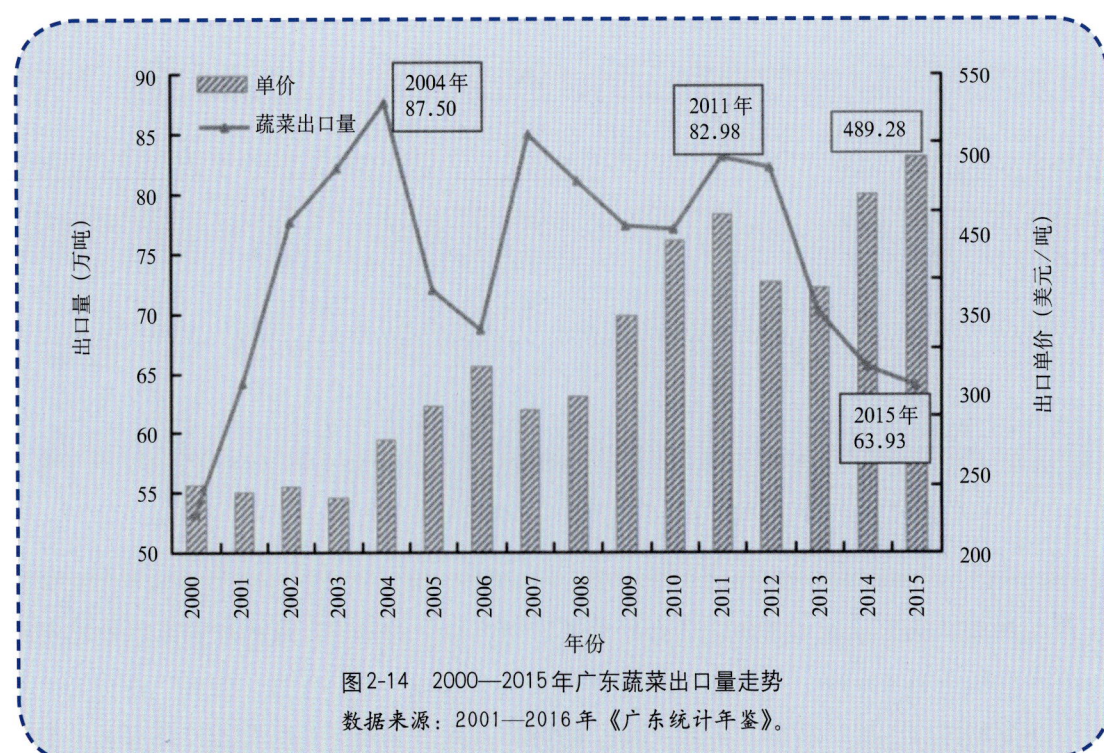

图2-14　2000—2015年广东蔬菜出口量走势

数据来源：2001—2016年《广东统计年鉴》。

（4）茶叶出口量减少，出口单价上升。2000年以来，广东茶叶出口量呈下降趋势，至2015年减为5 076吨，仅为2001年的1/5，占当年茶叶产量的6.4%；茶叶出口单价不断攀升，由2000年的1 672.94美元/吨涨至2014年的9 652.73美元/吨，2015年回落为8 024.49美元/吨（图2-15）。

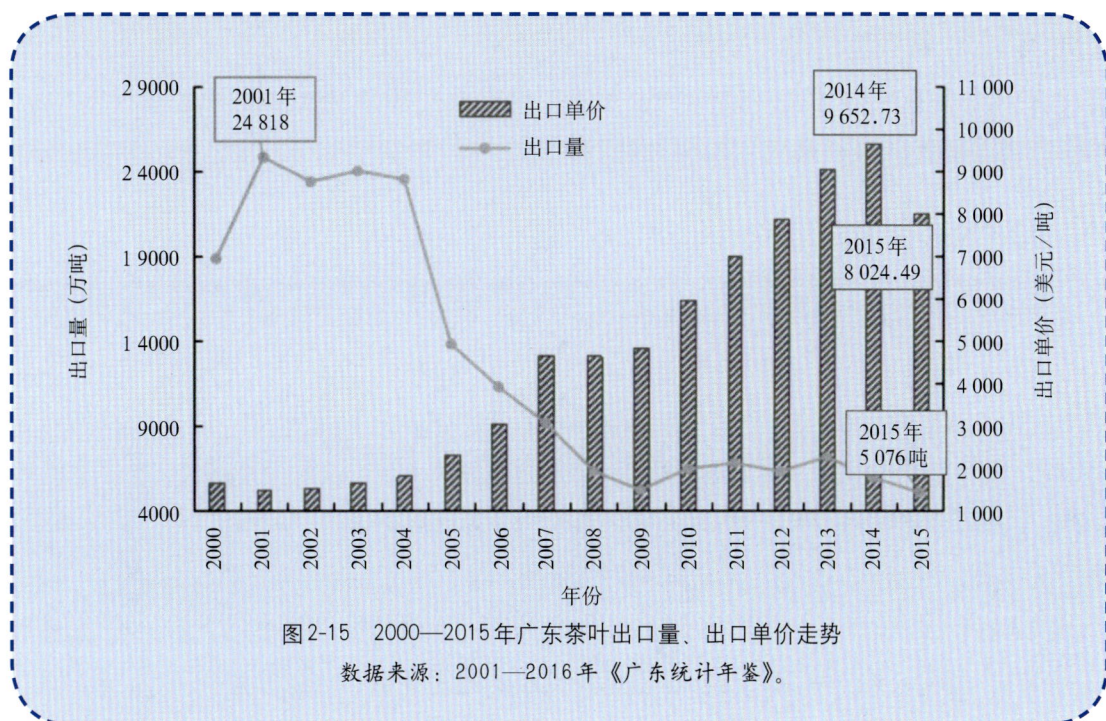

图2-15　2000—2015年广东茶叶出口量、出口单价走势

数据来源：2001—2016年《广东统计年鉴》。

2.3　广东种植业发展存在的问题

2.3.1　粮食自给率低

广东是我国第一人口大省，年末常住人口高达10 849万人，粮食自给率仅有31.7%。同时，随着广东经济社会发展和城镇化进程加快，全省粮食消费量将不断增加，外购粮食数量随之不断增多。另一方面，受土地等种植资源有限以及粮食单产提高难度增加等因素影响，全省粮食增产空间有限，也面临着粮食作物让位于高附加值经济作物的问题，粮食安全保障任务十分艰巨。

2.3.2　农业基础设施薄弱

2.3.2.1　三成多的耕地是"望天田"

2015年，全省耕地有效灌溉面积177.13万公顷，与2010年的187.25万公顷相比减少10.12万公顷，下降5.4%；耕地有效灌溉面积占全省耕地面积的67.52%，即仍有33.48%的耕地是"望天田"，缺少基本灌溉条件。

2.3.2.2 节水农业发展相对滞后

欧美发达国家60%～80%的灌溉面积采用喷灌、滴灌的灌溉方法，农业灌溉率在70%以上。2015年，广东节水灌溉面积占有效灌溉面积的比重为16.7%，低压管道输水、喷灌和滴灌等高效节水灌溉面积占有效灌溉面积的2.05%，远低于全国平均水平（47.15%、11%）。

2.3.2.3 抗御自然灾害的能力较差

2015年，全省农作物受灾面积84.59万公顷、成灾面积50.91万公顷、绝收面积9.29万公顷，分别占农作物播种面积的17.68%、10.64%和1.94%。

2.3.3 化肥农药过量使用

2.3.3.1 化肥、农药使用强度呈递增趋势

"十二五"期间，广东化肥施用量从237.29万吨增加到256.46万吨，增长8.08%；化肥施用强度由618.10千克/公顷增长到657.39千克/公顷，增长6.36%，远远超过了国际上公认的化肥施用安全上限（225千克/公顷）；农药施用量从10.44万吨增至11.38万吨，增长8.99%；农药施用强度由27.19千克/公顷增长为29.17千克/公顷，增长7.25%（表2-14）。

2.3.3.2 农药、化肥使用强度居全国第1位和第2位

从表2-14可见，2015年，广东农药使用量为29.17千克/公顷，居全国首位，是全国平均水平（11.94千克/公顷）的2.44倍，是发达国家对应限值的4.17倍；化肥施用强度高达657.39千克/公顷，居全国第2位，是全国平均水平（403.33千克/公顷）1.63倍，是发达国家警戒线的2.92倍，超量的化肥、农药使用危及农产品安全并造成严重的环境污染。

表2-14 "十二五"时期广东种植业化肥、农药使用强度变化情况

年 份	化肥施用量 （折纯，万吨）	化肥施用强度 （千克/公顷）	农药施用量 （万吨）	农药施用强度 （千克/公顷）
2005	204.62	527.64	8.70	22.43
2007	219.64	571.24	9.92	25.80
2008	226.60	590.26	10.05	26.18
2009	233.16	607.35	10.37	27.01
2010	237.29	618.10	10.44	27.19
2011	241.30	628.55	11.41	29.72
2012	245.38	626.05	11.39	29.06
2013	243.91	623.65	11.01	28.15
2014	249.58	639.11	11.27	28.86
2015	256.46	657.39	11.38	29.17
"十一五"涨幅	15.97%	17.14%	20.00%	21.22%
"十二五"涨幅	8.08%	6.36%	8.99%	7.25%

注：化肥施用强度＝化肥施用总量折纯/（耕地＋园地），农药使用强度＝农药使用总量/（耕地＋园地）。

数据来源：历年《广东统计年鉴》。

2.3.4　冷链物流发展与实际需求不匹配

2.3.4.1　区域发展不平衡，表现为珠江三角地区发展较快，粤东西北地区发展相对缓慢

在省农业厅定点批发市场中，珠三角地区市场冷库面积占全省总面积的73%，粤西占19.7%，粤北占5.5%，粤东占1.8%；而在容量方面，珠三角地区市场冷库容量占全省总容量的48.6%，粤西占47%，粤北占3.9%，粤东占0.5%。

2.3.4.2　冷链设施与实际需求不匹配

目前，广东大部分生鲜农产品仍处于常温状态下运输，约70%的肉类、水产品、水果、蔬菜在没有冷链的条件下运输和销售，距离现代服务业、现代农业的要求仍有较大差距。

2.3.5　比较效益偏低的问题突出

2.3.5.1　经营规模小效益低

2015年全省耕地面积262.33万公顷，第一产业劳动力1 351.8万人，每个农业劳动力拥有耕地0.194公顷，拥有耕地和园地0.287公顷，劳均农业增加值24 914.3万元，低于江苏（48 077.8万元）、浙江（37 859.5万元）甚至全国平均水平（28 698.4万元）。据统计，全省3.33公顷（50亩）以上的种粮大户仅有4 256家，承包面积4.39万公顷（仅占粮食种植面积的4.4%），有烘干设备的仅有55家；全省33.3公顷（500亩）以上的蔬菜基地约4.73万公顷，占全省菜地面积的11%。可见，小规模分散经营仍是广东种植业生产的主要形式，难以形成规模效益。

2.3.5.2　面临价格"天花板"和生产成本"地板"抬升的双重挤压

近年来，受石油、煤炭、天然气等原材料价格上涨的影响，化肥、农药、农膜等农业生产资料价格呈上涨态势。2015年广东每亩晚籼稻需化肥费167.36元、农药费64.26元、机械作业费186.92元、人工费561.66元，分别是2010年的1.23、1.38、1.79、2.17倍，年均增长4.17%、6.59%、12.29%、16.67%。加上农业劳动力就业机会增多，农业人工费用不断增加，推动农业生产成本逐年提高。晚稻雇工工价由2010年的51.13元/天上涨至2015年的120.86元/天，年均增长18.77%。从今后趋势看，农资价格上行压力加大、生产用工成本上升、全社会工资水平上涨的趋势难以改变，农业生产正逐步进入一个高成本时代，而粮食等主要农产品价格提高又受诸多因素制约，农业生产比较效益低的问题将更加凸显。

2.4　广东种植业发展的对策建议

2.4.1　稳产能——推进粮食生产功能区和天然橡胶生产保护区建设

根据《国务院关于建立粮食生产功能区和重要农产品生产保护区的指导意见》（国发〔2017〕

24号）要求，启动落实粮食生产功能区和天然橡胶生产保护区划定工作，通过强化综合生产能力建设、发展适度规模经营、提高农业社会化服务体系等措施大力推进"两区"建设。

2.4.2 调结构——稳粮优经、提升园艺、扩大冬种

按照"稳粮优经、提升园艺、扩大冬种"的思路，以优势特色产业为重点调整种植结构，加快产品供给向绿色精品转变。稳定水稻播种面积，充分利用广东省气候资源和冬闲田优势，因地制宜扩大马铃薯、优质番薯和甜玉米等旱粮作物面积。开发推广薯类主食产品，满足市场对粮食产品多样化、优质化和个性化要求。以"稳规模、调品种、优布局、强设施、提品质、促加工"为主攻方向，推动特色水果产业优化提升；以"保障供给、提高效益、生态安全"为目标，抓好城市郊区、北运菜、出口蔬菜等基地生产能力建设，促进蔬菜生产稳定发展；按照农业部的部署要求，大力开展园艺作物标准园和热作标准化示范园创建，示范带动菜、果、茶等作物更大范围提质增效。

2.4.3 转方式——推行适度规模经营和绿色生产方式

2.4.3.1 加快经营方式向适度规模转变

稳步有序引导农村土地流转，培育新型农业经营主体，完善利益联结机制，大力发展农村社会化服务，促进农业适度规模经营。

2.4.3.2 加快生产条件向现代装备转变

强化智慧农业、农机装备等关键技术研发攻关，重点突破一批支撑引领现代农业发展的现代装备，大力推进设施农业发展，着力构建冷链仓储物流网络体系。

2.4.3.3 大力发展节水农业

加快农业节水技术推广应用。根据区域水资源和气候条件，因地制宜推广水肥一体化、抗风抗旱品种、地膜覆盖、膜下喷滴灌等技术，提高水肥资源利用率。

2.4.3.4 实施化肥、农药零增长行动

大力推广科学施肥，推广测土配方施肥，加快高效新型肥料的应用，开展化肥深施、机械施肥试点，不断提高肥料利用率。研究利用补贴方式鼓励引导农民推进秸秆还田、种植绿肥、积造农家肥、增施有机肥，合理调整施肥结构。加强农药使用管理，全面禁止生产和销售高毒农药。全面推行高效、低毒、低残留农药、生物农药和先进施药机械，推进病虫疫情统防统治和绿色防控。

2.4.4 增效益——创品牌、促融合

2.4.4.1 加快推进三产融合发展

引入新理念、新技术和新模式，发展新业态，推进"互联网+"现代农业发展，推动形成产

加销一体、农牧渔循环，一、二、三产融合发展格局。

2.4.4.2 加强农产品加工和品牌创建

加强农产品产后商品化处理和加工，促进农产品就地加工转化，延长产业链，提升产品附加值。做强做精地方特色优稀产品，打造特色精品，加快品牌创建。

参考文献

中共中央、国务院.关于深入推进农业供给侧结构性改革　加快培育农业农村发展新动能的若干意见（中发〔2017〕1号）[R].2016-12-31.

农业部.关于推进农业供给侧结构性改革的实施意见（农发〔2017〕1号）[R].2017-02-06.

农业部.全国种植业结构调整规划（2016—2020年）（农农发〔2016〕3号）[R].2016-04-11.

广东省农业厅.推进农业供给侧结构性改革的实施方案（粤农函〔2017〕242号）[R].2017-03-13.

广东统计信息网."十二五"时期广东农业发展情况分析[EB/OL].http://www.gdstats.gov.cn/tjzl/tjfx/ 201608/t20160804_341417.html,2016-05-09.

广东统计信息网."十二五"时期广东蔬菜生产情况分析[EB/OL].http://www.gdstats.gov.cn/tjzl/tjfx/ 201612/t20161213_349915.html,2016-12-13.

方伟，万忠，杨震宇，等.2015年广东水稻产业发展形势与对策建议[J].广东农业科学，2016（3）：7-11.

附表1 "十二五"以来我国发布的种植业政策文件

发布时间	发布文件	与种植业的相关政策信息
2011-04	国务院关于加快推进现代农作物种业发展的意见	提出强化农作物种业基础性公益性研究;加强农作物种业人才培养;建立商业化育种体系;推动种子企业兼并重组;加强种子生产基地建设等
2011-09	全国种植业发展第十二个五年规划	提出稳定发展粮食生产,确保国家粮食安全;稳定发展工业原料和园艺作物生产,保障农产品有效供给;加快构建现代种业体系,确保供种数量和质量安全;切实转变发展方式,提高资源利用率和土地产出率等重点任务
2012-12	全国现代农作物种业发展规划(2012—2020年)	科学规划建设主要粮食作物与重要经济作物种子生产基地;推进种业基础性公益性研究工程、商业化育种工程、种子生产基地建设工程、种业监管能力提升工程
2013-03	2013年国家支持粮食增产农民增收的政策措施	安排"四补贴"(种粮农民直接补贴、农资综合补贴、良种补贴、农机购置补贴);继续提高小麦、水稻最低收购价;全面启动农业防灾减灾稳产增产关键技术补助政策;推进粮棉油糖高产创建政策;加快测土配方施肥技术推广普及;落实土壤有机质提升补贴政策、农作物病虫害防控补助政策;启动实施农产品产地初加工补助项目;完善农业保险保费补贴政策
2014-01	关于全面深化农村改革加快推进农业现代化的若干意见	抓紧构建新形势下的国家粮食安全战略,严守耕地保护红线,划定永久基本农田,不断提升农业综合生产能力,确保谷物基本自给、口粮绝对安全;坚持市场定价原则,逐步建立农产品目标价格制度;强化农业支持保护制度;建立农业可持续发展长效机制;深化农村土地制度改革
2014-04	2014年国家深化农村改革、支持粮食生产、促进农民增收政策措施	继续实行种粮农民直接补贴;继续实行种粮农民农资综合补贴;良种补贴政策扩大覆盖面;农机购置补贴资金实行定额补贴;试行农机报废更新补贴;新增补贴向专业大户、家庭农场和农民合作社倾斜;适当提高小麦、水稻最低收购价;继续抓好蔬菜、水果、茶叶标准园创建;继续加大政策扶持力度,推进育繁推一体化企业做大做强等
2015-02	农业部关于进一步调整优化农业结构的指导意见	增强对进一步调整优化农业结构的认识,目标是实现"两稳两增两提"。在政策措施上:强化政策扶持;强化基础设施建设;强化科技创新驱动;加快构建新型农业经营体系;加强组织领导
2015-04	农业部关于打好农业面源污染防治攻坚战的实施意见	重点任务:大力发展节水农业;实施化肥零增长行动;实施农药零增长行动;着力解决农田残膜污染;深入开展秸秆资源化利用;实施耕地重金属污染治理。加快推进农业面源污染综合治理,大力推进农业清洁生产、农业标准化生产,发展现代生态循环农业
2015-11	深化农村改革综合性实施方案	深化农村集体产权制度改革,健全耕地保护和补偿制度,分类推进农村集体资产确权到户和股份合作制改革;加快构建新型农业经营体系,推动土地经营权规范有序流转;健全农业支持保护制度,完善农产品市场调控与农业补贴制度,坚持科技兴农,建立农业可持续发展机制
2016-04	全国种植业结构调整规划(2016—2020年)	种植业结构调整的目标:"两保、三稳、两协调"。华南地区调整方向:"两稳一扩",即稳定水稻面积、稳定糖料面积、扩大冬种面积

（续）

发布时间	发布文件	与种植业的相关政策信息
2016-10	粮食行业"十三五"发展规划纲要	改革完善粮食宏观调控，包括粮食收购制度、调控机制、储备调节体系，提升粮食应急保障能力；加强粮食市场体系建设；发展粮食产业经济；完善现代粮食仓储物流体系；强化粮食科技创新；推进信息化与粮食行业深度融合；提升粮食质量安全保障能力；促进粮食节约减损；推进粮食产业国际合作；提高粮食行业依法治理能力
2016-10	全国农村经济发展"十三五"规划	持续务实现代农业基础，增强农产品供给保障能力；加快转变农业发展方式，提高农业质量效益和竞争力；深入推进农村产业融合发展，促进农民收入持续较快增长等
2017-01	中共中央 国务院关于加强耕地保护和改进占补平衡的意见	严格控制建设占用耕地；改进耕地占补平衡管理，大力实施土地整治，规范省域内补充耕地指标调剂管理；推进耕地质量提升和保护，大规模建设高标准农田，加强耕地质量调查评价与监测；健全耕地保护补偿机制等
2017-03	国务院关于建立粮食生产功能区和重要农产品生产保护区的指导意见	科学合理划定"两区"；大力推进"两区"建设，强化综合生产能力建设，发展适度规模经营，提高农业社会化服务水平；切实强化"两区"监管；加大对"两区"的政策支持，增加基础设施建设投入，完善财政支持并创新金融支持

附表2　2010年、2015年广东年产水稻15万吨以上县（市）产量及占全省比重

县（市）	2010			2015		
	产量（万吨）	占全省比重（%）	排名	产量（万吨）	占全省比重（%）	排名
高州市	34.19	3.22	1	35.44	3.26	1
台山市	29.78	2.81	4	34.65	3.18	2
廉江市	31.81	3.00	2	32.03	2.94	3
雷州市	29.85	2.81	3	29.32	2.69	4
兴宁市	27.50	2.59	7	28.67	2.63	5
化州市	27.67	2.61	6	28.28	2.6	6
五华县	27.75	2.62	5	28.06	2.58	7
电白县	22.17	2.09	11	26.89	2.47	8
龙川县	23.98	2.26	8	25.29	2.32	9
怀集县	23.08	2.18	10	24.72	2.27	10
阳春市	22.11	2.08	12	23.91	2.2	11
信宜市	23.48	2.21	9	23.55	2.16	12
罗定市	21.18	2.00	13	22.84	2.1	13
开平市	18.88	1.78	16	20.79	1.91	14
高要市	20.27	1.91	14	20.47	1.88	15
紫金县	18.58	1.75	17	19.90	1.83	16
南雄市	19.34	1.82	15	19.30	1.77	17
英德市	17.58	1.66	18	18.24	1.68	18

（续）

县 （市）	2010			2015		
	产量 （万吨）	占全省比重 （%）	排名	产量 （万吨）	占全省比重 （%）	排名
封开县	16.26	1.53	20	17.53	1.61	19
遂溪县	15.68	1.48	21	16.96	1.56	20
梅．县	16.80	1.58	19	16.41	1.51	21
合　计	487.92	46.00		513.27	47.16	

数据来源：2016年、2011年《广东统计年鉴》。

附表3　2015年广东年产蔬菜50万吨以上县（市、区）产量及占全省比重

县 （市、区）	产量 （万吨）	占全省比重 （%）	县 （市、区）	产量 （万吨）	占全省比重 （%）
增城区	122.79	3.57	英德市	71.47	2.08
廉江市	104.02	3.02	连州市	69.17	2.01
高要市	87.66	2.55	揭东区	61.72	1.79
电白区	85.56	2.49	南沙区	59.58	1.73
白云区	83.49	2.43	化州市	56.69	1.65
博罗县	80.55	2.34	陆丰市	56.62	1.65
惠东县	80.01	2.33	中山市	54.51	1.59
澄海区	78.69	2.29	普宁市	53.31	1.55
徐闻县	75.59	2.20	怀集县	52.43	1.52
雷州市	74.39	2.16	惠城区	51.68	1.50
高州市	72.84	2.12	惠来县	51.62	1.50
遂溪县	72.66	2.11	南海区	50.98	1.48
兴宁市	71.73	2.09	合　计	1779.76	51.75

数据来源：2016年、2011年《广东统计年鉴》。

附表4　2015年广东年产茶叶1000吨以上县（市、区）及占全省比重

县 （市、区）	产量 （吨）	占全省比重 （%）	县 （市、区）	产量 （吨）	占全省比重 （%）
揭西县	10 686	13.47	蕉岭县	1 972	2.49
饶平县	9 045	11.40	揭东区	1 972	2.49
廉江市	5 182	6.53	普宁市	1 699	2.14
潮安区	4 813	6.07	湘桥区	1 629	2.05
大埔县	4 483	5.65	怀集县	1 610	2.03
英德市	3 709	4.67	惠来县	1 571	1.98
罗定市	2 718	3.43	广宁县	1 567	1.97
东源县	2 355	2.97	封开县	1 014	1.28
兴宁市	2 350	2.96	五华县	1 012	1.28
丰顺县	2 339	2.95	合　计	63 864	80.49
仁化县	2 138	2.69			

数据来源：2016年、2011年《广东统计年鉴》。

附表5 2010年、2015年广东年产香蕉5万吨以上县（市、区）及占全省比重

县 （市、区）	2015		县 （市、区）	2010	
	总产量 （万吨）	占全省比重 （%）		总产量 （万吨）	占全省比重 （%）
高州市	93.45	20.69	高州市	71.52	19.26
徐闻县	53.41	11.82	徐闻县	44.82	12.07
雷州市	42.19	9.34	雷州市	30.68	8.26
信宜市	38.27	8.47	信宜市	28.67	7.72
化州市	31.94	7.07	化州市	22.11	5.96
廉江市	17.09	3.78	廉江市	12.15	3.27
遂溪县	15.05	3.33	东海区	12.14	3.27
电白区	12.71	2.81	遂溪县	10.22	2.75
南沙区	11.92	2.64	番禺区	9.89	2.66
东海区	11.23	2.49	电白县	8.28	2.23
中山市	10.92	2.42	吴川市	6.12	1.65
吴川市	8.92	1.97	东莞市	6.02	1.62
博罗县	6.67	1.48	斗门区	5.99	1.61
榕城区	6.17	1.37			
阳春市	5.11	1.13			
合 计	365.05	80.82	合 计	281.08	75.71

数据来源：2016年、2011年《广东统计年鉴》。

附表6 2010年、2015年广东年产柑橘橙5万吨以上县（市、区）及占全省比重

县 （市、区）	2015		县 （市、区）	2010	
	产量 （万吨）	占全省比重 （%）		产量 （万吨）	占全省比重 （%）
德庆县	40.10	9.94	龙门县	27.62	9.43
龙门县	34.15	8.46	阳春市	26.95	9.19
阳春市	31.63	7.84	郁南县	22.36	7.63
郁南县	29.59	7.33	德庆县	22.12	7.55
封开县	26.50	6.57	封开县	17.87	6.10
怀集县	20.84	5.16	四会市	17.80	6.07
英德市	18.05	4.47	云安县	16.29	5.56
清新区	15.65	3.88	英德市	10.63	3.63
广宁县	13.77	3.41	清新县	9.58	3.27
清城区	12.50	3.10	清城区	9.10	3.11
云城区	12.02	2.98	高要市	9.08	3.10
高要区	10.85	2.69	广宁县	8.98	3.06
乐昌市	10.23	2.54	普宁市	7.15	2.44
云安区	9.73	2.41	梅 县	6.81	2.32
佛冈县	7.61	1.89	佛冈县	6.09	2.08
四会市	7.50	1.86	怀集县	5.64	1.92

（续）

县 （市、区）	2015		县 （市、区）	2010	
	产量 （万吨）	占全省比重 （%）		产量 （万吨）	占全省比重 （%）
梅县区	7.47	1.85			
普宁市	5.21	1.29			
合　计	313.41	77.65	合　计	224.07	76.46

数据来源：2016年、2011年《广东统计年鉴》。

附表7　2015年广东年产荔枝5万吨以上县（市、区）及占全省比重

县（市、区）	产量（万吨）	占全省比重（%）
高州市	19.96	15.59
电白区	16.46	12.85
廉江市	10.20	7.96
信宜市	7.20	5.62
化州市	7.05	5.51
陆丰市	6.90	5.39
合　计	67.75	52.91

数据来源：2016年、2011年《广东统计年鉴》。

附表8　2010、2015年广东年产龙眼1万吨以上县（市、区）及占全省比重

县 （市、区）	2015		县 （市、区）	2010	
	总产量 （万吨）	占全省比重 （%）		总产量 （万吨）	占全省比重 （%）
高州市	13.43	16.25	高州市	9.44	15.55
化州市	9.88	11.97	化州市	7.21	11.88
信宜市	7.98	9.66	信宜市	5.61	9.24
电白区	4.53	5.49	阳春市	3.60	5.92
廉江市	4.45	5.39	廉江市	2.73	4.50
阳春市	4.36	5.28	饶平县	2.18	3.60
饶平县	2.49	3.02	电白县	2.17	3.57
博罗县	1.81	2.19	陆丰市	1.72	2.83
惠东县	1.59	1.93	阳东县	1.29	2.12
从化区	1.45	1.75	博罗县	1.28	2.10
阳东区	1.34	1.62	惠东县	1.22	2.01
罗定市	1.28	1.55			
陆丰市	1.23	1.49			
丰顺县	1.09	1.32			
增城区	1.08	1.31			
揭西县	1.02	1.24			
合　计	59.02	71.45	合　计	384391	63.33

数据来源：2016年、2011年《广东统计年鉴》。

附表9 种植业产值、产量等指标在全国的位次

省份	种植业产值 数值(亿元)	位次	占比(%)	种植业增加值 数值(亿元)	位次	占比(%)	种植业增加值率 数值(%)	位次	种植业中间消耗占比 数值(%)	位次	粮食产量 数值(万吨)	位次	占比(%)	稻谷产量 数值(万吨)	位次	占比(%)	薯类产量 数值(万吨)	位次	占比(%)	油料产量 数值(万吨)	位次	占比(%)
全国	57 635.8			37 029.7			64.25		46.7		62 143.9			20 822.5			3 326.1			3 536.98		
山东	4 929.9	1	8.55	2 900.8	1	7.83	58.84	23	46.5	18	4 712.7	3	7.58	95.1	19	0.46	173.9	6	5.23	324.10	3	9.16
河南	4 610.7	2	8.00	2 704.7	2	7.30	58.66	24	57.9	25	6 067.1	2	9.76	531.5	13	2.55	110.8	11	3.33	599.74	1	16.96
江苏	3 722.1	3	6.46	2 566.2	3	6.93	68.94	5	41.0	8	3 561.3	5	5.73	1 952.5	4	9.38	32.9	24	0.99	143.11	9	4.05
河北	3 441.4	4	5.97	2 337.5	4	6.31	67.92	8	46.0	17	3 363.8	8	5.41	54.5	24	0.26	103.9	12	3.12	151.54	8	4.28
四川	3 335.5	5	5.79	2 296.7	5	6.20	68.86	7	39.5	5	3 442.8	7	5.54	1 552.6	6	7.46	516.3	1	15.52	307.55	4	8.70
湖南	3 043.5	6	5.28	2 130.4	6	5.75	70.00	3	42.1	9	3 002.9	9	4.83	2 644.8	1	12.70	118.8	10	3.57	242.89	5	6.87
黑龙江	2 911.9	7	5.05	1 852.8	8	5.00	63.63	16	44.9	14	6 324.0	1	10.18	2 199.7	2	10.56	100.3	13	3.02	18.34	24	0.52
广东	2 793.8	8	4.85	1 949.8	7	5.27	69.79	4	40.3	7	1 358.1	17	2.19	1 088.4	9	5.23	167.7	7	5.04	110.34	11	3.12
湖北	2 780.4	9	4.82	1 795.5	9	4.85	64.58	15	42.6	10	2 703.3	11	4.35	1 810.7	5	8.70	99.4	14	2.99	339.60	2	9.60
安徽	2 174.6	10	3.77	1 333.2	11	3.60	61.31	20	45.7	15	3 538.1	6	5.69	1 459.3	7	7.01	32.7	25	0.98	227.85	6	6.44
广西	2 146.4	11	3.72	1 478.7	10	3.99	68.89	6	42.7	11	1 524.8	15	2.45	1 137.8	8	5.46	78.4	16	2.36	64.68	16	1.83
辽宁	2 068.6	12	3.59	1 212.2	13	3.27	58.60	25	39.3	4	2 002.5	13	3.22	467.7	20	2.25	48.0	20	1.44	46.12	20	1.30
新疆	2 005.4	13	3.48	1 147.6	15	3.10	57.23	26	71.1	31	1 521.3	16	2.45	65.1	22	0.31	20.0	27	0.60	62.88	17	1.78
陕西	1 910.7	14	3.32	1 178.6	14	3.18	61.68	19	64.2	28	1 226.8	19	1.97	91.9	20	0.44	85.7	15	2.58	62.66	18	1.77
云南	1 841.5	15	3.20	1 231.3	12	3.33	66.86	9	47.5	20	1 876.4	14	3.02	659.7	10	3.17	194.2	5	5.84	65.92	15	1.86
贵州	1 772.6	16	3.08	1 096.5	16	2.96	61.86	18	65.9	29	1 180.0	20	1.90	417.5	17	2.01	303.8	3	9.13	101.34	12	2.87
福建	1 618.6	17	2.81	1 017.1	18	2.75	62.84	17	39.5	6	661.1	24	1.06	485.0	15	2.33	128.4	9	3.86	30.67	22	0.87
浙江	1 434.7	18	2.49	1 032.6	17	2.79	71.97	2	37.6	2	752.2	23	1.21	578.1	12	2.78	60.8	18	1.83	31.35	21	0.89
内蒙古	1 418.3	19	2.46	926.9	19	2.50	65.35	13	44.3	12	2 827.0	10	4.55	53.2	25	0.26	147.0	8	4.42	193.58	7	5.47
吉林	1 400.4	20	2.43	926.3	20	2.50	66.15	11	38.4	3	3 947.0	4	6.35	630.1	11	3.03	59.5	19	1.79	76.42	13	2.16
江西	1 326.9	21	2.30	869.1	21	2.35	65.50	12	44.4	13	2 148.7	12	3.46	2 027.2	3	9.74	71.4	17	2.15	123.96	10	3.50
甘肃	1 252.5	22	2.17	753.8	23	2.04	60.18	21	68.6	30	1 171.1	21	1.88	3.1	27	0.01	225.3	4	6.77	71.57	14	2.02
重庆	1 033.7	23	1.79	771.5	22	2.08	74.63	1	46.0	16	1 154.9	22	1.86	506.4	14	2.43	306.8	2	9.22	59.87	19	1.69
山西	969.5	24	1.68	553.8	24	1.50	57.12	27	59.5	27	1 259.6	18	2.03	0.5	28	0.00	36.7	22	1.10	15.30	25	0.43
海南	613.9	25	1.07	407.3	25	1.10	66.35	10	46.6	19	184.0	26	0.30	153.3	18	0.74	28.6	26	0.86	11.26	27	0.32
宁夏	311.0	26	0.54	175.7	26	0.47	56.50	28	58.5	26	372.6	25	0.60	60.8	23	0.29	37.2	21	1.12	15.25	26	0.43
天津	238.0	27	0.41	116.1	27	0.31	48.78	29	47.5	21	181.7	27	0.29	11.3	26	0.05	0.7	29	0.02	0.42	31	0.01
上海	162.0	28	0.28	66.7	30	0.18	41.17	31	50.5	23	112.1	28	0.18	84.1	21	0.40	0.6	31	0.02	1.18	29	0.03
北京	154.5	29	0.27	70.3	29	0.19	45.50	30	37.3	1	62.6	31	0.10	0.1	30	0.00	0.8	28	0.02	0.57	30	0.02
青海	145.0	30	0.25	85.6	28	0.23	59.03	22	55.5	24	102.7	29	0.17		31		34.8	23	1.05	30.48	23	0.86
西藏	68.0	31	0.12	44.3	31	0.12	65.15	14	48.7	22	100.6	30	0.16	0.5	29	0.00	0.7	30	0.02	6.40	28	0.18

省份	糖料产量 数值（万吨）	占比（%）	位次	蔬菜产量 数值（万吨）	占比（%）	位次	稻谷单产 数值（千克/公顷）	位次	薯类单产 数值（千克/公顷）	位次	花生单产 数值（千克/公顷）	位次	糖料单产 数值（千克/公顷）	位次	茶叶产量 数值（万吨）	占比（%）	位次	水果产量 数值（万吨）	占比（%）	位次	化肥施用强度 数值（千克/公顷）	位次	农药使用强度 数值（千克/公顷）	位次
全国	12 499.96			785 26.10			6 891.3		3 763.0		3 561.7		71 982		224.90			27 375			403.33		11.94	
山东	0.00	0.00	27	10 272.87	13.08	1	8 178.5	7	7 659.0	2	4 313.7	4		27	1.89	0.84	15	3 219	11.76	1	556.28	26	18.12	23
河南	24.33	0.19	15	7 456.52	9.50	3	8 102.4	9	3 126.6	24	4 516.2	3	68 742	4	6.49	2.88	10	2 665	9.74	2	860.03	31	15.46	20
江苏	9.50	0.08	19	5 595.67	7.13	4	8 520.2	4	6 211.0	7	3 870.8	5	60 493	7	1.45	0.64	16	915	3.34	12	656.28	29	16.02	21
河北	89.18	0.71	7	8 243.69	10.50	2	6 430.8	21	3 798.3	20	3 716.1	6	52 015	12	0.00	0.00	22	2 117	7.73	3	455.68	19	11.32	17
四川	54.15	0.43	11	4 240.79	5.40	5	7 798.9	10	4 053.5	18	2 579.1	22	40 019	19	24.84	11.05	4	934	3.41	11	334.70	14	7.89	13
湖南	65.96	0.53	8	3 996.85	5.09	6	6 428.6	22	4 425.5	15	2 579.0	23	49 741	14	17.57	7.81	5	981	3.58	9	511.98	24	25.41	28
黑龙江	7.29	0.06	20	957.44	1.22	23	6 987.9	15	4 674.6	14	3 090.1	11	35 541	22	0.00	0.00	25	213	0.78	25	160.58	2	5.22	8
广东	1 452.95	11.62	3	3 438.78	4.38	8	5 767.1	27	4 775.4	13	2 980.0	13	89 484	1	7.93	3.53	9	1 649	6.02	6	657.39	30	29.17	31
湖北	32.00	0.26	13	3 851.96	4.91	7	8 273.9	5	3 130.1	23	3 410.3	9	37 646	21	26.88	11.95	3	966	3.53	10	581.92	27	21.03	24
安徽	20.32	0.16	16	2 714.17	3.46	11	6 529.7	20	2 332.5	29	4 940.9	2	39 689	20	11.29	5.02	8	1 030	3.76	8	544.19	25	17.84	22
广西	7 504.92	60.04	1	2 786.37	3.55	10	5 735.3	28	2 859.7	27	2 832.3	17	77 073	2	6.36	2.83	11	1 720	6.28	5	473.67	21	13.65	18
辽宁	5.21	0.04	22	2 932.84	3.73	9	8 582.7	3	5 802.5	9	1 611.9	29	29 701	24	0.00	0.00	27	882	3.22	13	279.29	8	10.99	16
新疆	448.32	3.59	4	1 933.92	2.46	12	9 835.3	1	6 774.3	4	5 952.7	1	73 218	3	0.00	0.00	21	1 635	5.97	7	426.89	18	4.45	7
陕西	0.15	0.00	25	1 822.53	2.32	16	7 479.6	11	2 580.0	28	2 992.0	12	16 922	26	5.40	2.40	12	1 931	7.05	4	481.63	23	2.72	3
云南	1 930.05	15.44	2	1 873.90	2.39	14	5 813.4	26	2 890.6	25	1 658.8	28	61 965	6	36.58	16.27	2	727	2.65	17	295.70	9	7.48	11
贵州	156.10	1.25	6	1 731.88	2.21	19	6 184.5	23	3 218.2	22	2 046.2	26	58 236	8	11.80	5.25	7	225	0.82	24	220.54	5	2.92	4
福建	43.57	0.35	12	1 903.57	2.42	13	6 147.7	24	5 009.1	10	2 728.4	20	58 090	10	40.23	17.89	1	837	3.06	15	586.92	28	26.44	29
浙江	62.16	0.50	10	1 806.94	2.30	17	7 028.9	14	4 949.2	11	2 905.5	14	62 432	5	17.25	7.67	6	741	2.71	16	341.30	15	22.02	26
内蒙古	230.11	1.84	5	1 445.33	1.84	20	6 736.5	18	2 863.3	26	2 526.6	24	46 147	16	0.00	0.00	24	297	1.08	23	246.81	6	3.55	6
吉林	1.30	0.01	23	859.95	1.10	24	8 272.2	6	8 355.0	1	3 223.3	10	23 440	25	0.00	0.00	28	209	0.76	26	327.25	13	8.82	14
江西	65.82	0.53	9	1 359.09	1.73	21	6 065.1	25	4 856.2	12	2 827.4	18	45 553	17	5.19	2.31	13	663	2.42	19	421.26	17	27.54	30
甘肃	16.05	0.13	17	1 823.14	2.32	15	6 979.9	16	3 388.2	21	3 666.7	7	55 723	11	0.13	0.06	17	679	2.48	18	173.83	4	14.00	19
重庆	9.77	0.08	18	1 780.47	2.27	18	7 356.5	13	4 196.5	16	2 098.5	25	40 962	18	3.52	1.56	14	376	1.37	21	361.66	16	6.74	9
山西	5.48	0.04	21	1 302.21	1.66	22	6 714.3	19	1 940.4	31	1 818.6	27	46 467	15	0.00	0.00	20	843	3.08	14	265.35	7	6.95	10
海南	26.48	0.21	14	572.19	0.73	26	5 121.3	29	4 105.9	17	2 847.5	16	58 214	9	0.09	0.04	18	406	1.48	20	310.19	12	24.16	27
宁夏	0.00	0.00	28	575.82	0.73	25	8 171.9	8	2 181.3	30					0.00	0.00	31	299	1.09	22	299.14	11	1.93	1
天津	0.00	0.00	31	441.54	0.56	27	7 378.3	12	7 153.8	3	3 511.7	8			0.00	0.00	29	63	0.23	28	467.01	20	7.56	12
上海	0.57	0.00	24	364.47	0.46	28	8 598.0	2	6 587.5	5	2 753.1	19	51 996	13	0.00	0.00	23	62	0.22	29	479.42	22	21.38	25
北京	0.00	0.00	30	205.14	0.26	29	6 971.4	17	5 952.6	6	2 904.5	15			0.00	0.00	30	88	0.32	27	296.44	10	8.96	15
青海	0.03	0.00	26	166.40	0.21	30			3 857.1	19			30 000	23	0.00	0.00	26	4	0.01	30	169.89	3	3.29	5
西藏	0.00	0.00	29	69.63	0.09	31	4 787.2	30	6 346.2	8	2 703.9	21			0.01	0.00	19	1	0.01	31	134.95	1	2.42	2

数据来源：《中国农村统计年鉴2016》。

附表10　广东CPI及粮食、蔬菜、鲜果等分类指数

月份	广东居民消费价格指数（上年同月=100）	粮食居民消费价格指数（上年同月=100）	鲜菜居民消费价格指数（上年同月=100）	鲜果居民消费价格指数（上年同月=100）
2016−12	102.4	101.0	102.6	100.8
2016−11	102.7	100.3	118.0	102.2
2016−10	102.0	100.3	101.9	103.0
2016−09	102.3	100.5	103.5	106.6
2016−08	101.7	100.7	99.4	103.2
2016−07	101.9	100.9	98.0	103.3
2016−06	101.8	101.3	94.7	98.6
2016−05	102.2	101.1	112.0	95.9
2016−04	102.9	100.8	139.6	96.4
2016−03	102.4	100.8	144.3	91.9
2016−02	103.3	101.3	171.3	93.1
2016−01	102.0	100.8	123.6	93.9
2015−12	102.1	101.3	113.4	95.3
2015−11	101.8	101.4	109.2	93.8
2015−10	101.9	101.4	116.6	92.8
2015−09	101.8	101.6	112.9	89.9
2015−08	102.0	101.6	113.9	92.8
2015−07	101.7	101.6	109.0	94.5
2015−06	101.6	101.7	112.9	95.5
2015−05	101.1	102.1	105.7	99.6
2015−04	101.1	102.5	99.2	104.4
2015−03	101.5	102.3	99.6	113.5
2015−02	101.5	102.3	100.2	112.3
2015−01	100.5	102.4	101.0	111.3
2014−12	101.1	102.5	103.3	114.7
2014−11	101.7	103.3	103.0	118.7
2014−10	101.8	103.1	95.9	120.7
2014−09	101.5	103.0	85.7	120.7
2014−08	102.0	103.2	91.2	122.2
2014−07	102.8	102.8	104.1	121.6
2014−06	102.9	102.6	100.1	122.1
2014−05	103.0	102.4	97.4	122.4
2014−04	102.1	102.2	91.8	118.6
2014−03	103.0	102.8	123.5	113.6
2014−02	102.7	102.6	120.7	116.5
2014−01	103.3	102.6	108.2	117.4
2013−12	102.7	102.3	101.1	111.1
2013−11	102.9	101.8	115.3	107.8
2013−10	103.1	101.7	130.9	107.7
2013−09	103.5	101.6	136.0	111.5
2013−08	102.6	101.8	111.3	107.2

（续）

月份	广东居民消费价格指数 （上年同月=100）	粮食居民消费价格指数 （上年同月=100）	鲜菜居民消费价格指数 （上年同月=100）	鲜果居民消费价格指数 （上年同月=100）
2013—07	102.3	102.3	108.2	103.7
2013—06	102.3	102.0	112.9	104.5
2013—05	101.7	101.9	102.1	104.8
2013—04	102.2	102.4	117.0	106.0
2013—03	101.6	101.6	89.6	106.9
2013—02	103.1	101.8	104.9	107.8
2013—01	101.6	101.8	111.9	99.6
2012—12	102.9	102.8	125.3	101.5
2012—11	102.2	103.9	111.2	100.1
2012—10	101.6	104.0	98.7	102.2
2012—09	102.0	103.9	114.2	104.2
2012—08	102.2	103.9	126.7	106.9
2012—07	102.0	104.2	114.2	107.6
2012—06	102.7	105.2	128.7	100.3
2012—05	103.5	105.6	135.8	93.1
2012—04	103.6	105.5	127.9	89.6
2012—03	104.0	106.3	123.9	91.6
2012—02	102.7	106.5	105.1	89.8
2012—01	104.6	108.7	102.2	99.2
2011—12	104.5	109.5	117.5	101.8
2011—11	104.8	109.9	104.1	106.3
2011—10	105.3	112.8	91.5	104.7
2011—09	105.9	113.4	96.5	102.8
2011—08	106.2	113.6	102.3	100.0
2011—07	106.1	113.0	98.8	102.7
2011—06	105.6	112.5	90.9	111.0
2011—05	105.3	112.4	94.5	117.0
2011—04	105.5	113.3	100.0	126.7
2011—03	105.3	114.6	101.3	128.1
2011—02	104.2	114.8	97.9	126.5
2011—01	105.1	112.8	113.2	125.7

数据来源：http://calendar.hexun.com/area/dqzb_440000_B0180000.shtml。

第 3 章

广东畜牧业发展研究

摘要

随着中国经济发展进入新常态，中国畜牧业保持稳步发展，产品结构进一步优化。2015年，我国全年肉类总产量8 625万吨，比上年下降1.0%。其中，猪肉产量5 487万吨，同比下降3.3%；牛肉产量700万吨，增长1.6%；羊肉产量441万吨，增长2.9%；禽肉产量1 826万吨，增长4.3%。年末生猪存栏45 113万头，下降3.2%；生猪出栏70 825万头，下降3.7%。在全面推进农业供给侧结构性改革的大背景下，我国畜牧行业政策环境不断改善，国家针对畜牧业支持政策的目标趋向多元化，政策性补贴也重点转向生产环节，财政补贴总额和支持水平大幅提高。

2015年，全省肉类总产量424.25万吨，比"十二五"初期的2011年相比，下降2.40%；禽蛋产量33.84万吨，牛奶产量12.95万吨，分别下降了2.87%和9%。肉类中，猪肉274.15万吨、牛肉6.97万吨，分别增长1.17%、6.25%，羊肉0.91万吨、禽肉134.80万吨，分别下降了2.15%、10.30%；出栏生猪3 663.44万头，家禽9.74亿只，分别下降0.18%、12.88%。畜牧业产值1117.15亿元，下降2.55%，占农林牧渔业总产值20.24%。"十二五"期间，广东肉牛、山羊产业产能增加明显，年末存栏头数分别增长了26.08%、12.13%；而生猪、家禽、奶牛的年末存栏量则均出现下滑，其中能繁母猪年末存栏量由"十一五"末的252.73万头下降到224.38万头，降幅达到了11.22%。

2015年全省农林牧渔业总产值5 520.03亿元，农林牧渔业增加值3 425.39亿元，分别比上年增长3.1%和3.4%。其中农、林、牧、渔及农林牧渔服务业产值分别是2793.76亿元、296.75亿元、1117.15亿元、1117.16亿元和195.21亿元，占比分别为50.6%、5.4%、20.2%、20.2%和3.5%。与"十二五"末相比，畜牧业产值在农业总产值中的占比进一步减少，广东省以种植业为主的农业生产结构得到进一步巩固。

全省新型农业经营主体发展迅速，标准化规模化养殖不断推进，农产品质量安全形势持续向好。目前，全省有各级认定的农业龙头企业达到3 000余家，合作社3.6万家，家庭农场和专业大户分别达到3.75万家和13.8万户。全省生猪、家禽规模化养殖比例分别达到82%和81%，生猪、家禽的良种覆盖率分别达到95%和85%。2015年，广东省畜禽产业监测合格率达到99.2%，农产品质量安全形势连续几年稳中向好，没有发生重大农产品质量安全事件。

目前广东畜牧类流通仍主要通过传统多环节流通渠道体系中的批发市场完成，但2015

年是畜牧电商元年，"互联网＋"畜牧业的发展理念已在行业内达成共识，电商等现代综合流通渠道体系开始逐步建立。

2015—2016年，广东省商品猪、仔猪价格总体呈现"M"型走势，猪肉零售价格总体呈震荡上升趋势。2015年，广东活鸡在春节后经历小幅下跌，价格在7—9月迎来较大涨幅并出现高价，之后逐渐退热至年底。2016年，受春节假期刺激，活鸡市场价格情况持续维持高位。牛肉价格相对较稳定，均价在75.27元／千克左右。

2015年广东省肉类总产量424.2万吨，总需求为597.89万吨，自给率为70.95%；其中猪肉产量为274.15万吨，总需求为322.22万吨，自给率为85.08%，出口量7.55万吨，缺口55.62万吨，缺口均靠省际间调入补充；禽肉产量为134.80万吨，总需求为202.33万吨，自给率为66.62%；出口量0.79万吨，缺口68.32万吨，缺口均靠外省调入补充；牛肉供给大部分靠进口维持，供给缺口很大。从盈亏平衡来看，近3年来，生猪4种养殖方式中农户散养一直处于亏损状态，4种方式平均养殖净利润从高到低依次为：小规模＞中规模＞大规模＞农户散养；肉鸡养殖则处于盈利状态，3种方式平均养殖净利润从高到低依次为：中规模＞小规模＞大规模。

目前广东省畜牧业存在的问题有以下几方面：一是目前广东畜牧业产业结构不合理；二是饲养管理水平较低；三是养殖废弃物资源化利用程度低，畜牧业发展面临环保约束日益加大；四是基础设施设备严重缺乏，重大动物疫病防控形势依然严峻；五是屠宰行业的执法监管和清理工作难度较大；六是饲料、兽药及畜产品质量安全隐患仍然存在。

针对广东畜牧业目前所存在的问题，提出如下对策建议：完善扶持政策，夯实畜牧业发展基础；加大资金投入，推进畜牧业供给侧结构性改革；做强畜禽种业，培育优势特色畜牧业；推进种养结合，破解畜牧业环保困局；强化科技支撑，增强畜牧业核心竞争力；构建"互联网＋畜牧业"产业体系，提高畜牧业经营水平；规范行业管理，提升饲料业整体素质；加强执法监管和溯源系统建设，保障饲料和畜产品安全；加强疫病防控，确保畜牧业生产安全。

3.1 我国畜牧业发展环境分析

3.1.1 我国畜牧业稳步发展，结构逐步优化

3.1.1.1 畜牧业生产总量保持稳定，产品结构不断优化

国家统计局数据显示，目前我国肉类和禽蛋产量居世界首位，奶类产量居世界第3位。2015年，我国全年肉类总产量8 625万吨，比上年下降1.0%。其中，猪肉产量5 487万吨，同比下降3.3%；牛肉产量700万吨，增长1.6%；羊肉产量441万吨，增长2.9%；禽肉产量1 826万吨，增长4.3%。禽蛋产量2 999万吨，增长3.6%。牛奶产量3 755万吨，增长0.8%。年末生猪存栏45 113万头，下降3.2%；生猪出栏70 825万头，下降3.7%。从肉类结构来看，按照比重从高到低依次是猪肉、禽肉、牛肉、羊肉，猪肉产量只占肉类产量的63.6%，处于历史低位，禽肉占比逐渐提高到21.2%，肉类生产逐渐向着节水、节粮、节地、效益比较高的禽类产品转移。

3.1.1.2 畜牧业生产向优势产区集中，区域化生产格局逐步形成

我国畜牧业生产区域化布局已初步形成，区域化发展的优势正逐步显现。生猪生产已形成了以长江中下游为中心产区，向南北两侧逐步扩散的趋势，长江中下游各省市的猪肉产量占到全国总产量的40.1%，东北地区由于粮食转化的潜力大，正在成为养猪新区；肉牛业迅速由牧区向农区转移，形成了以中原肉牛带和东北肉牛带为主的肉牛养殖格局，中原肉牛带和东北牛肉带的产量占全国总产量的66%。五省牛肉累计产量占全国牛肉总产量的50%，七省猪肉产量、肉类总产量累计也都超过全国产量的50%；禽肉生产主要集中在东部省份，蛋鸡生产以山东、河北、河南等中原省份为重点产区；水禽生产则以南方省份为主；奶类生产的优势区域主要集中在东北与华北两大地带，以及上海等大中城市郊区。

3.1.1.3 规模养殖快速发展，产业集中度稳步提升

从规模养殖占比来看，主要畜产品的养殖都表现出规模化趋势，散养户退出在羊的养殖中表现尤为突出，生猪养殖与奶牛养殖则主要表现为中规模和大规模养殖户占比增加。2015年畜禽规模养殖比例达到54%，比2010年提高9%；生猪规模养殖场26.7万个，规模化程度提高到50%；乳品企业20强市场占有量超过50%。饲料行业集中度进一步提高，32家年产100万吨以上的饲料企业，其产量预计占全国产量的50%以上。产业化水平快速提升，国家级畜牧业产业化龙头企业达583家，占农业产业化龙头企业的47%，畜牧业农民专业合作社32.4万个，占总数的24.3%。伴随着畜牧业规模化、集约化、产业化发展，科学饲养水平和技术装备水平相应提升。

3.1.1.4 畜产品质量安全处于历史最高水平

随着生产方式转变和执法监管力度持续加大，畜产品质量安全水平达到了历史新高度。2015年我国畜产品抽检合格率保持在99%以上，饲料抽检合格率在96%以上，瘦肉精抽检合格率高达

99.9%。生鲜乳违禁添加物抽检合格率连续多年保持在100%水平，一些营养卫生指标如乳蛋白、乳脂率、菌落数和体细胞数达到发达国家水平。

3.1.1.5 养殖效益不断提高

饲养成本下降给养殖业带来了利好，主要畜禽养殖均有盈利。2016年1—11月份，平均出栏1头商品肥猪可获利410元左右，同比增加307元；每只产蛋鸡累计收益11.9元，同比增长10.2%；每只白羽肉鸡盈利1.26元，同比增加0.53元；每只黄羽肉鸡盈利2.56元，同比略有增加。出栏1头450千克肉牛盈利1 865元，同比增加344元。每出栏1只45千克绵羊盈利144元，虽然同比下降43元，但仍处于正常盈利水平。奶牛养殖受进口冲击等因素影响，效益较差，但总体仍然盈利。初步估算，2016年畜禽养殖带动农民人均增收约340元，畜牧业为农民增收作出了重要贡献。

3.1.2 我国畜牧行业政策环境不断改善

目前，我国实行工业反哺农业、城市支持农村的条件已经成熟，总体上已进入以工促农、以城带乡发展阶段。不断加大对农业的支持与保护，早已成为学术界乃至整个社会的共识。2004年起，中央连续出台关于"三农"问题的中央1号文件，提出坚持"多予少取放活"和"工业反哺农业、城市支持农村"的方针，陆续实施了系列惠农支农政策。

3.1.2.1 畜牧业支持政策的目标趋向多元化

2007年，国务院下发了《关于促进畜牧业持续健康发展的意见》，明确提出了在新时期要构建现代化畜牧业产业体系，提高畜牧业综合生产能力，保障畜产品供给和质量安全，促进农民持续增收。"十三五"期间，畜牧业将围绕保供给、调结构、提质量、转方式、控风险五方面趋势发展。"保供给"就是要树立"大食物"的概念；"调结构"即减少无效供给、化解产能过剩、僵尸产业，加强优质供给，扩大有效供给；"提质量"指加强质量控制，建立追溯体系，全程监管，严厉处罚；"转方式"即转变生产方式、经营方式、生产性服务方式、驱动力；"控风险"为控制疫病风险，关注动物重大疫病、常规疫病，控制市场风险，建立健全生产检测预警体系，探索更符合畜牧业生产实际的调控方式，重视媒介事件的应对，从应对体系、应对预案等方面逐步加强。一系列的政策文件表明，我国畜牧业支持政策正朝着促进畜牧业综合发展的目标演进。

3.1.2.2 政策性补贴重点转向生产环节

我国农业补贴政策已经由补贴流通环节向补贴生产环节、由补贴消费者向补贴生产者全面转型，初步形成价格支持、直接补贴和一般服务支持等功能互补、综合补贴和专项补贴相结合的农业补贴政策框架。2016年我国实行52项落实发展新理念、加快农业现代化、促进农民持续增收政策措施，其中涉及畜牧兽医行业的有11项，而与广东省相关的有6项。

（1）农机购置补贴政策。与畜牧行业有关的农机购置补贴政策主要有2项，分别是挤奶机械单机补贴额不超过12万元，高性能青饲料收获机单机补贴额不超过15万元。

（2）畜牧良种补贴政策。从2005年开始，国家实施畜牧良种补贴政策。2015年投入畜牧良种补贴资金12亿元，主要用于对项目省养殖场（户）购买优质种猪（牛）精液或者种公羊、牦牛种公牛给予价格补贴。生猪良种补贴标准为每头能繁母猪40元，肉牛良种补贴标准为每头能繁母牛10元，羊良种补贴标准为每只种公羊800元，牦牛种公牛补贴标准为每头种公牛2 000元，奶牛良种补贴标准为荷斯坦牛、娟姗牛、奶水牛每头能繁母牛30元，其他品种每头能繁母牛20元，并开展优质荷斯坦种用胚胎引进补贴试点，每枚补贴标准5 000元。2016年国家继续实施畜牧良种补贴政策。

（3）畜牧标准化规模养殖支持政策。2015年，中央财政共投入资金13亿元支持发展畜禽标准化规模养殖。其中，中央财政安排10亿元支持奶牛标准化规模养殖小区（场）建设，安排3亿元支持内蒙古、四川、西藏、甘肃、青海、宁夏、新疆以及新疆生产建设兵团肉牛、肉羊标准化规模养殖场（小区）建设。支持资金主要用于养殖场（小区）水电路改造、粪污处理、防疫、挤奶、质量检测等配套设施建设等。2016年国家继续支持奶牛、肉牛和肉羊的标准化规模养殖。

（4）动物防疫补助政策。我国动物防疫补助政策主要包括5个方面：一是重大动物疫病强制免疫疫苗补助政策，国家对高致病性禽流感、口蹄疫、高致病性猪蓝耳病、猪瘟、小反刍兽疫等动物疫病实行强制免疫政策；二是动物疫病强制扑杀补助政策，国家对因高致病性禽流感、口蹄疫、高致病性猪蓝耳病等实施强制扑杀，对因上述疫病扑杀畜禽给养殖者造成的损失予以补助；三是基层动物防疫工作补助政策，补助经费主要用于支付村级防疫员从事畜禽强制免疫等基层动物防疫工作的劳务补助；四是养殖环节病死猪无害化处理补助政策，对养殖环节病死猪无害化处理给予每头80元补助；五是生猪定点屠宰环节病害猪无害化处理补贴政策，对屠宰环节病害猪损失和无害化处理费用予以补贴。

（5）种养业废弃物资源化利用支持政策。2015年，中央财政安排1.8亿元，在河北、内蒙古、江苏、浙江、山东、河南、湖南、福建、重庆等9省（自治区、直辖市）开展畜禽粪便资源化利用试点项目。资金主要用于对畜禽粪便综合处理利用的主体工程、设备（不包括配套管网及附属设施）及其运行进行补助。2015年，中央财政安排1.4亿元，继续实施农业综合开发秸秆养畜项目，带动全国秸秆饲料化利用2.2亿吨。2016年中央1号文件明确提出继续实施种养业废弃物资源化利用，上述项目在调整完善后继续实施。

（6）农业保险支持政策。2015年，保监会、财政部、农业部联合下发《关于进一步完善中央财政保费补贴型农业保险产品条款拟定工作的通知》，推动中央财政保费补贴型农业保险产品创新升级，取得了重大突破。其中涉及养殖业的主要有3点：一是扩大保险范围。养殖业保险将疾病、疫病纳入保险范围，并规定发生高传染性疾病政府实施强制扑杀时，保险公司应对投保户进行赔偿（赔偿金额可扣除政府扑杀补贴）。二是提高保障水平。要求保险金额覆盖饲养成本，鼓励开发满足新型经营主体的多层次、高保障产品。三是降低理赔门槛。要求能繁母猪、生猪、奶牛等按头（只）保险的大牲畜保险不得设置绝对免赔。

3.2 广东畜牧业发展现状分析

3.2.1 畜牧业行业整体生产情况

3.2.1.1 生产保持平稳发展，产量产能持续调整

广东省畜牧业生产保持平稳发展。从表3-1可见，2015年，全省肉类总产量424.25万吨，与"十二五"初期的2011年相比，下降2.40%；禽蛋产量33.84万吨，牛奶产量12.95万吨，分别下降了2.87%和9%。肉类中，猪肉274.15万吨、牛肉6.97万吨，分别增长1.17%、6.25%，羊肉0.91万吨、禽肉134.80万吨，分别下降了2.15%、10.30%；出栏生猪3 663.44万头，家禽9.74亿只，分别下降0.18%、12.88%。畜牧业产值1 117.15亿元，下降2.55%，占农林牧渔业总产值20.24%。

表3-1 2010—2015广东省畜牧业生产情况

年份	肉类产量（万吨）	猪肉（万吨）	牛肉（万吨）	羊肉（万吨）	禽肉（万吨）	禽蛋产量（万吨）	牛奶产量（万吨）	肉猪出栏量（万头）	家禽出栏量（亿只）
2010	441.10	275.46	6.27	0.91	152.99	34.41	14.23	3 732.02	11.37
2011	434.68	270.97	6.56	0.93	150.28	34.84	14.23	3 664.1	11.18
2012	443.21	276.39	6.68	0.88	153.46	31.81	13.64	3 736.18	11.31
2013	435.22	277.77	6.97	0.88	143.02	32.31	13.76	3 744.79	10.41
2014	429.43	282.64	6.97	0.9	131.86	32.97	13.51	3 790.78	9.51
2015	424.25	274.15	6.97	0.91	134.80	33.84	12.95	3 663.44	9.74

数据来源：2011—2016年《广东农村统计年鉴》。

与"十一五"末的2010年相比，广东省畜牧业生产总量呈现波动性下滑。肉类中除牛肉产量增长明显之外，猪肉和羊肉产量均出现微幅下滑，禽类由于H7N9流感冲击影响，禽肉产量和出栏量均出现较大幅度下降。

从表3-2可见，2015年，广东肉牛、山羊产业产能增加明显，年末存栏头数由"十一五"末的104.86万头、37.01万头增长到132.21万头、41.50万头，分别增长了26.08%、12.13%，年均增速分别达到5.22%和2.43%；而生猪、家禽、奶牛的年末存栏量则均出现下滑，分别由"十一五"末的2 253.29万头、3.84亿只和5.36万头下降到2 135.85万头、3.24亿只和5.31万头，分别下降了5.21%、15.63%和0.93%，其中能繁母猪年末存栏量由"十一五"末的252.73万头下降到224.38万头，降幅达到11.22%。

表3-2 2010—2015年广东省畜牧业产能情况

年份	生猪年末存栏（万头）	能繁母猪年末存栏（万头）	肉牛年末存栏（万头）	奶牛年末存栏量（万头）	家禽年末存栏（亿只）	山羊年末存栏（万头）
2010	2 253.29	252.73	104.86	5.36	3.84	37.01
2011	2 300.60	253.56	108.56	5.68	3.70	40.56
2012	2 256.63	250.51	107.83	5.74	3.56	40.18
2013	2 282.58	253.59	117.75	5.78	3.23	39.34
2014	2 130.10	227.50	126.14	5.42	3.30	39.84
2015	2 135.85	224.38	132.21	5.31	3.24	41.50

数据来源：2011—2016年《广东农村统计年鉴》。

3.2.1.2 以种植业为主的农业产业结构进一步巩固，畜牧业内部结构相对稳定

2015年，全省农林牧渔业总产值5 520.03亿元，农林牧渔业增加值3 425.39亿元，分别比上年增长3.1%和3.4%。其中农、林、牧、渔及农林牧渔服务业产值分别为2 793.76亿、296.75亿、1 117.15亿、1 117.16亿、195.21亿元，分别占50.6%、5.4%、20.2%、20.2%和3.5%（图3-1）。与"十二五"末相比，畜牧业产值在农业总产值中的占比进一步减少，广东省以种植业为主的农业生产结构得到进一步巩固。

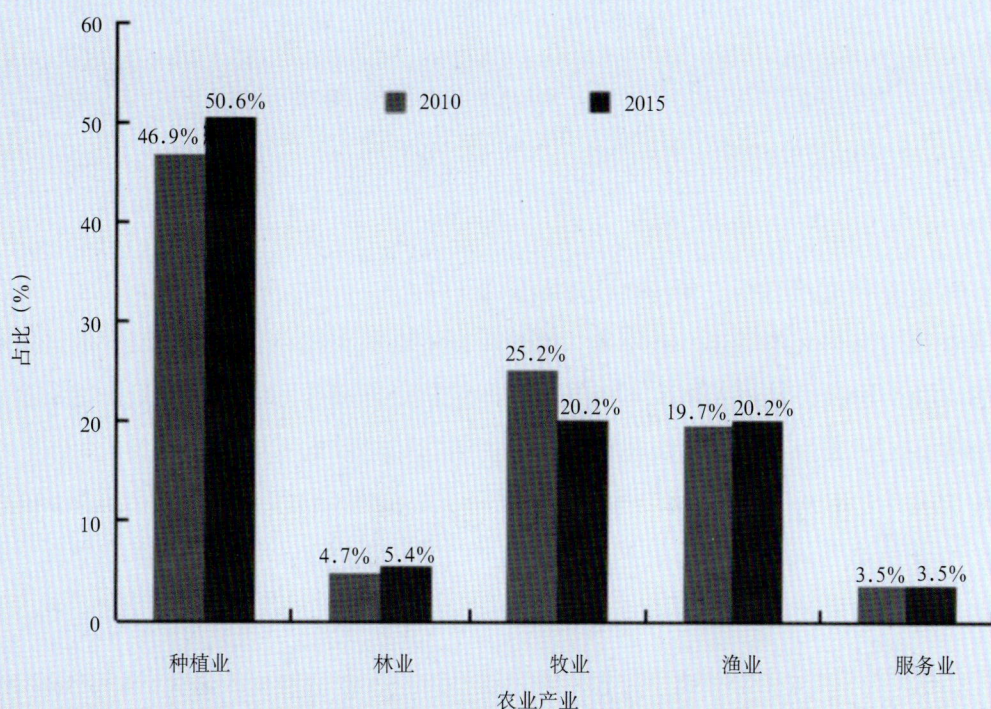

图3-1 "十一五"末与"十二五"末广东省农业产业结构对比

数据来源：2011—2016年《广东农村统计年鉴》。

"十二五"期间，广东畜牧产业内部结构相对稳定。2015年全省肉类总产量424.25万吨，其中猪肉、禽肉、牛羊肉占比分别为64.62%、31.77%和1.86%（图3-2）。相对于"十一五"末，猪肉和牛羊肉的比例分别提高2.17%和0.23%，禽肉的比例则下降2.91%。

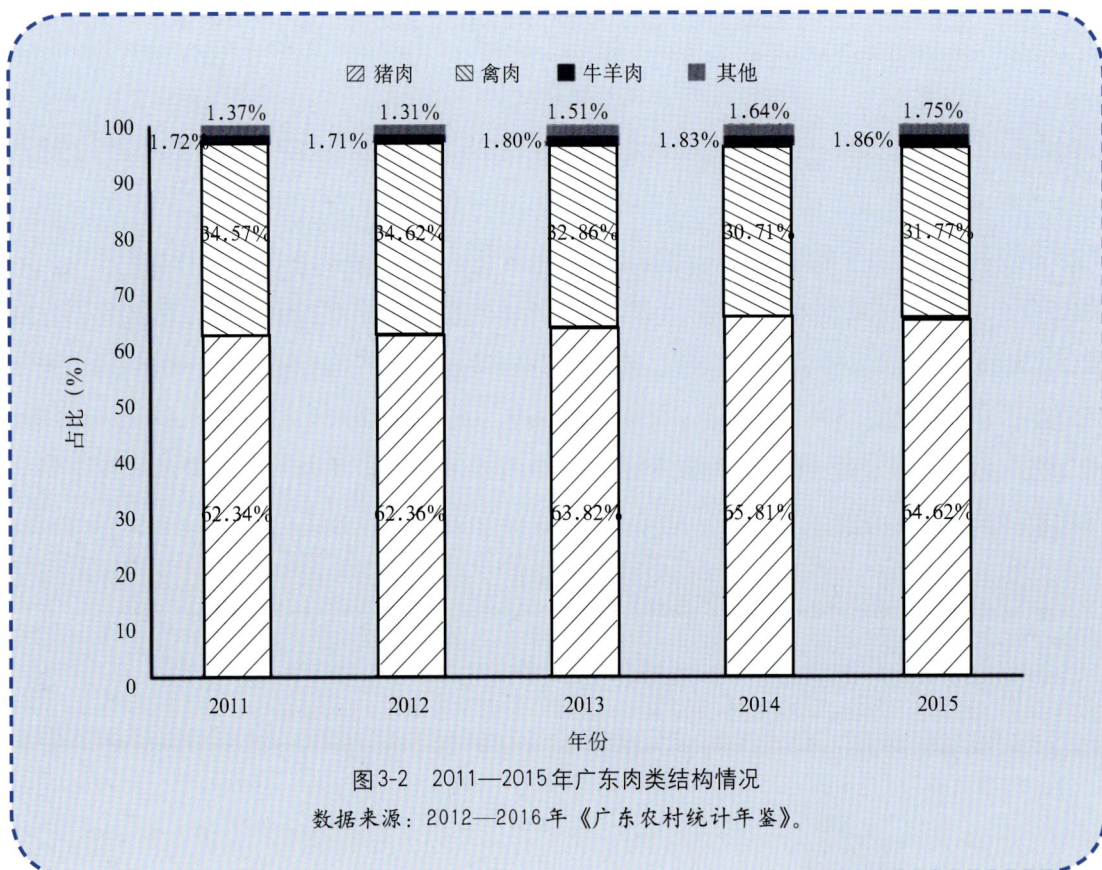

图3-2　2011—2015年广东肉类结构情况
数据来源：2012—2016年《广东农村统计年鉴》。

3.2.1.3　全省畜牧业产业化、规模化发展迅速

（1）新型经营主体发展迅速。近年来，随着广东省农村土地承包经营权确权颁证工作稳步推进，广东省农业产业化经营组织体系不断完善，产供销经营服务网络发展良好，龙头企业辐射带动效果日益明显，并成为广东省发展现代农业、促进农民增收的重要推动力量。目前，全省各级认定的农业龙头企业达到3 000余家，其中国家级56家、省级633家，分别居全国第5位和第8位，从事畜牧养殖及其加工业的龙头企业占25%，总数达到750余家。另外，广东省农民合作社发展成果丰硕，合作社数量达到3.6万家，并创建了341个国家级示范社；家庭农场和专业大户数量分别达到3.75万家和13.8万户。

（2）标准化规模化养殖逐步提高。近年来，广东省持续大力开展标准化示范创建活动，推进以畜禽良种化、养殖设施化、生产规范化、防疫制度化及粪污无害化等"五化"为主要内容的标准化养殖。目前广东省生猪、家禽规模化养殖比例分别达到82%和81%，生猪、家禽的良种覆盖

率分别达到95%和85%。农业部授牌畜禽标准化示范场总数达到190家，国家生猪核心育种场总数达到11家，国家级保种场总数增至10个，通过国家审定畜禽新品种配套系总数达到31个，各项数据均位居全国前列。

3.2.1.4　质量安全监管逐步加强，形势逐步向好

近年来，广东省各级农业部门贯彻落实中央和省委、省政府部署，采取有力措施，切实加强农业源头治理和农产品质量安全监管，严格落实各方责任，严厉惩治农产品质量安全违法犯罪行为，进一步健全和完善"政府负责、企业守责、司法惩治、社会共治"的农产品质量安全格局，取得明显成效。

2015年，广东省加快推进《饲料质量安全管理规范》实施工作，认真组织实施饲料质量安全专项监测计划和农业部下放的兽药GMP和生产许可证管理工作。全年省级对448家饲料生产、经营企业及养殖场（户）的饲料产品进行质量安全监督检查，监测饲料产品511个，合格率为100%，其中"瘦肉精"检测95个，合格率100%。省级开展兽药监督抽检406批次，合格率98.52%；兽药残留监控抽检样品323批次，合格率99.7%。

2015年，广东省畜禽产业监测合格率达到99.2%，其中省级开展兽药监督抽检406批次，合格率98.52%；各级开展生猪屠宰执法检查6 133次，出动执法人员数量48 593人次，检查屠宰企业2478家次；全年省级对600个生猪养殖场进行生猪尿样"瘦肉精"现场筛查1 200批次，无检出阳性，全部合格；开展生鲜乳质量安全监测，抽检生鲜乳样品165批次，监测三聚氰胺、革皮水解蛋白等多个指标，抽检样品100%合格。全省农产品质量安全形势连续几年稳中向好，没有发生重大农产品质量安全事件，为推动农业供给侧改革和农业现代化提供有力保证。

3.2.2　细分行业分析

3.2.2.1　生猪

（1）生猪饲养规模总体缩减，产业正处于升级过渡调整期。总体生产情况：2015年广东省肉猪出栏量达3663.44万头，占全国肉猪出栏量的5.17%，同比下降3.36%。生猪年末存栏量达2 135.85万头，占全国年末存栏量的4.73%，同比上升0.27%；其中能繁母猪存栏量224.38万头，同比下降1.37%。猪肉产量274.15万吨，占全国猪肉产量的5%，占全省肉类产量的64.62%，同比下降3%。与2010年相比，全省肉猪出栏量下降1.84%，生猪存栏量下降5.21%，能繁母猪存栏量下降11.22%，猪肉产量下降0.48%（图3-3）。

由此可见，"十二五"期间在国家生猪去产能化政策和环保政策的双重推动下，省内中大型养猪场减少养殖，众多环评不达标的小规模养殖户退出养殖，全省生猪存栏量包括能繁母猪存栏量总体下调，生猪过剩产能逐步淘汰，生猪养殖逐渐规范化，产业总体处于升级过渡期。

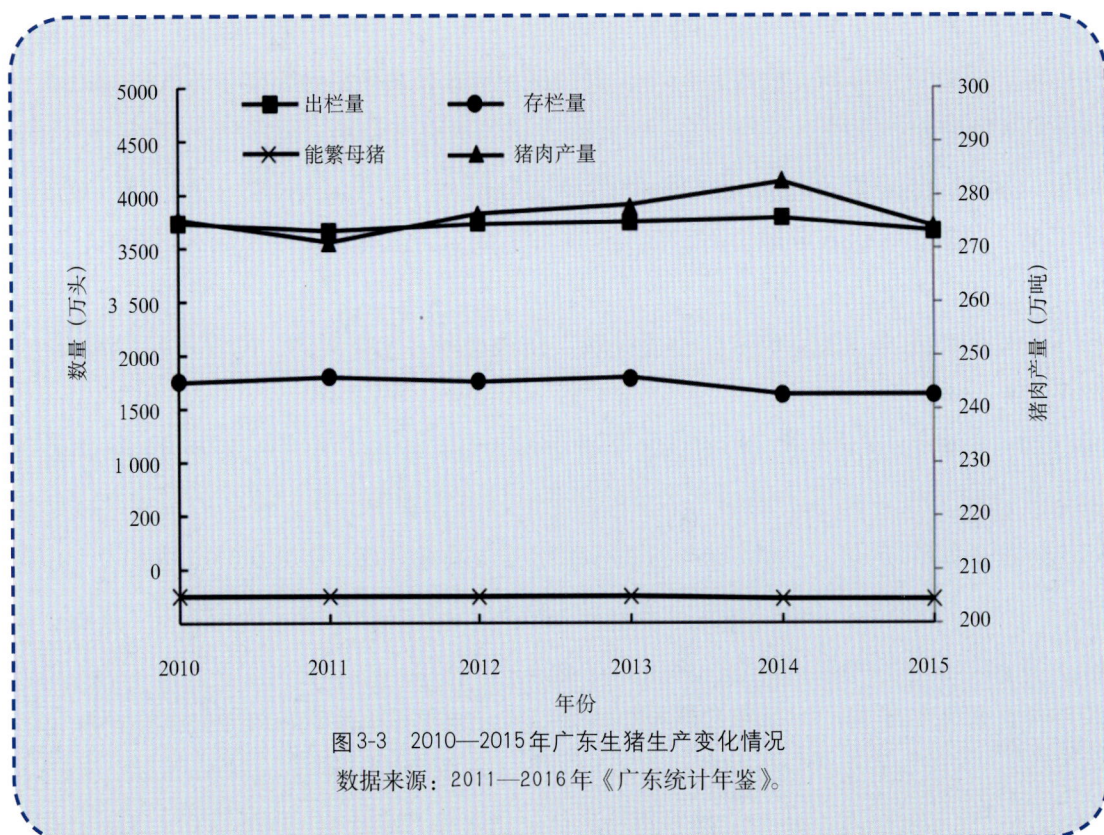

图3-3　2010—2015年广东生猪生产变化情况

数据来源：2011—2016年《广东统计年鉴》。

饲养规模情况：2015年广东省生猪养殖场（户）达721 253户，比2010年减少41.24%；年出栏数达41 372 895头，比2010年减少7.86%，可见"十二五"期间全省生猪饲养规模总体缩减，但单个养殖场（户）生产能力有所上升。2015年，广东省生猪养殖业仍以小规模养殖为主，年出栏500头以上的规模化养殖场较少，年出栏500头以下的养殖场（户）数量所占比重达98.17%，比2010年的数量减少41.63%；年出栏数占比42.2%，比2010年的数量减少1.84%。年出栏10 000头以上的养殖场（户）338户，比2010年减少12.21%；年出栏生猪7 046 285头，比2010年减少9.18%（表3-3）。

表3-3　2010年、2015年广东省生猪饲养规模对比情况

年出栏数（头）	2015		2010	
	场（户）数	年出栏数（头）	场（户）数	年出栏数（头）
1～49	631 926	7 499 678	1 122 787	6 951 387
50～99	4 2391	2 920 759	54 420	3 670 554
100～499	33 718	7 038 887	35 766	7 164 740
500～999	8 057	5 108 239	8 800	5 824 891
1 000～2 999	3 525	5 503 461	3 817	5 963 116
3 000～4 999	800	3 008 613	1 001	3 739 508
5 000～9 999	498	3 246 973	581	3 830 914

（续）

年出栏数 （头）	2015		2010	
	场（户）数	年出栏数（头）	场（户）数	年出栏数（头）
10 000～49 999	316	5 293 628	361	5 928 675
≥50 000	22	1 752 657	24	1 830 044
合计	72 1253	41 372 895	1 227 557	44 903 829

数据来源：2011年、2016年《广东农村统计年鉴》。

（2）生猪养殖仍以珠三角为主，茂名市居全省首位。四大区域情况：在全省四大经济区域中，2015年生猪产能由高到低依次为珠三角、粤西、粤北、粤东地区，其中生猪年末存栏量分别占全省生猪存栏量的33.13%、29.63%、26.88%和10.36%；肉猪出栏量分别占全省肉猪出栏量的34.79%、30.35%、24.33%和10.53%；猪肉产量分别占全省猪肉产量的34.66%、30.67%、24.13%和10.54%。

与2014年相比，2015年广东四大经济区域的肉猪出栏量和猪肉产量均出现不同幅度的下降，其中肉猪出栏量以珠三角地区下降幅度最大、同比下降5.51%，猪肉产量以粤东地区下降幅度最大、同比下降1.77%；而生猪年末存栏量除了珠三角地区同比下降3.06%，粤东、粤西、粤北地区与上年相比都出现小幅提升，其中上升幅度最大的为粤西地区、同比上升2.44%。可见，在生猪产能总体收紧的大环境下，全省生猪主产区已逐渐由珠三角地区向粤东西北地区转移（表3-4）。

表3-4　2014年、2015年广东各区域生猪生产情况

区域	年末存栏量（万头）		出栏量（万头）		猪肉产量（万吨）	
	2015	2014	2015	2014	2015	2014
珠三角	707.55	729.91	1274.49	1348.81	95.03	100.10
粤东	221.30	217.55	385.78	393.91	28.89	29.41
粤西	632.71	617.63	1111.76	1138.16	84.07	85.85
粤北	574.30	565.02	891.40	909.91	66.15	67.25

数据来源：2015年、2016年《广东统计年鉴》。

各地市情况：2015年，在全省21个地市中，生猪年末存栏量、肉猪出栏量和猪肉产量最大的3个地市依次是茂名、肇庆、湛江，茂名市居于首位，其生猪年末存栏量占全省比重的14.39%，肉猪出栏量占全省比重的15.69%，猪肉产量占全省比重的15.99%；而生猪年末存栏量、肉猪出栏量和猪肉产量最低的3个地市是深圳、东莞、中山，深圳的生猪年末存栏量占全省比重的0.07%，肉猪出栏量占全省比重的0.14%，猪肉产量占全省比重的0.13%，居全省末位。

分区域来看，肇庆是珠三角地区的最大生猪产地，生猪年末存栏量占区域比重的32.90%，同比上升1.76%；肉猪出栏量占区域比重的32.86%，同比下降2.11%；猪肉产量占区域比重的33.26%，同比下降1.86%。揭阳是粤东地区最大生猪产地，生猪年末存栏量占区域比重的

42.76%，同比上升1.00%；肉猪出栏量占区域比重的39.62%，同比下降1.55%；猪肉产量占区域比重的39.81%，同比下降1.29%。茂名作为粤西地区生猪主产地，生猪年末存栏量占区域比重的48.58%，同比上升2.44%；肉猪出栏量占区域比重的51.71%，同比下降2.40%；猪肉产量占区域比重的52.16%，同比下降2.16%。粤北地区的生猪主产区为梅州，其生猪年末存栏量占区域比重的27.66%，同比上升1.12%；肉猪出栏量占比29.58%，同比下降1.62%；猪肉产量占比29.87%，同比下降1.20%（表3-5）。

表3-5　2014年、2015年广东21各地市生猪生产情况

地市	年末存栏量（万头）		出栏量（万头）		猪肉产量（万吨）	
	2015	2014	2015	2014	2015	2014
广州	50.15	73.23	111.20	151.35	8.33	11.34
深圳	1.56	3.09	5.15	6.97	0.36	0.47
珠海	37.45	41.39	51.44	62.36	3.97	4.54
汕头	45.01	44.41	90.01	92.64	6.68	6.85
佛山	81.55	85.01	153.65	155.77	11.28	11.46
韶关	105.13	102.26	164.25	167.16	12.16	12.31
河源	75.03	74.80	97.73	100.00	7.41	7.56
梅州	158.86	157.10	263.65	267.99	19.76	20.00
惠州	109.13	107.55	189.71	193.86	14.35	14.62
汕尾	41.75	40.81	81.71	83.70	6.12	6.24
东莞	6.30	7.73	13.66	20.82	0.99	1.48
中山	15.75	17.74	30.12	33.56	2.11	2.34
江门	172.88	165.42	300.73	296.26	22.04	21.66
阳江	131.17	128.23	193.19	196.66	14.53	14.75
湛江	194.13	189.32	343.73	352.51	25.70	26.28
茂名	307.40	300.08	574.85	589.00	43.85	44.82
肇庆	232.78	228.75	418.83	427.85	31.61	32.21
清远	143.72	141.96	215.41	221.37	15.55	15.91
潮州	39.91	38.63	61.22	62.32	4.60	4.67
揭阳	94.63	93.69	152.84	155.24	11.50	11.65
云浮	91.56	88.90	150.37	153.39	11.27	11.47
全省	2135.85	2130.1	3663.44	3790.78	274.15	282.63

数据来源：2015年、2016年《广东统计年鉴》。

3.2.2.2 家禽（鸡、鸭、鹅）

（1）饲养规模仍旧处于低位，持续向规模化养殖转变。总体生产情况：广东是传统的家禽养殖大省，也是传统的禽肉消费大省，民间素有"无鸡不成宴"之说。2015年，广东家禽出栏量9.08亿只，年末存栏量3.14亿只，总饲养量12.22亿只。"十二五"期间，广东省禽类养殖先降后升，受市场和疫病影响，禽类养殖在2014年达到最低点，2015年有所回升。与"十一五"末相比，肉鸡出栏

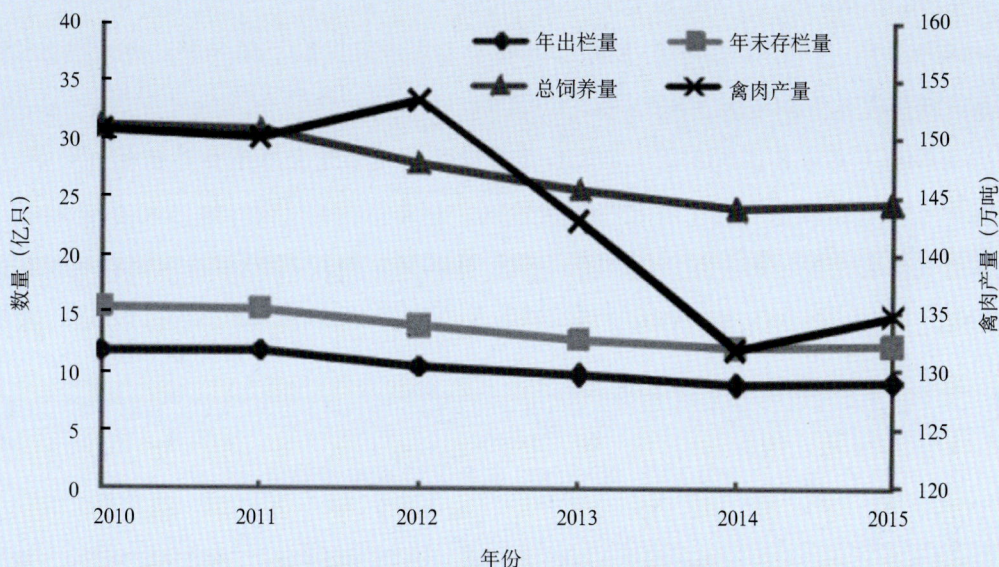

图3-4 2010—2015年广东家禽饲养情况
数据来源：2011—2016年《广东农村统计年鉴》。

量、年末存栏量和及总饲养量分别下降24.21%、15.14%、22.07%，禽肉产量下降10.72%（图3-4）。

饲养规模情况：2010—2015年，广东肉鸡饲养规模以中小型为主，2015年广东有肉鸡养殖场（户）2 142 183户，年出栏数758 915 328只，比2010年减少12.06%和18.00%（表3-6）。

表3-6 2010年、2015年广东肉鸡饲养规模对比情况

年出栏数（只）	2015		2010	
	场（户）数	年出栏数（只）	场（户）数	年出栏数（只）
1～1 999	2 107 087	165 401 883	23 93 519	156 071 700
2 000～9 999	20 015	99 863 569	26 468	145 549 403
10 000～49 999	100 60	183 406 711	13 342	343 163 486
50 000～99 999	3 279	127 514 270	2 070	140 934 166
100 000～499 999	1 360	88 335 355	377	69 980 138
500 000～999 999	347	582 32 288	36	22 180 050
≥100万	23	15 219 510	21	47 612 599
合计	2 142 183	758 915 328	2 435 833	92 5491 542

数据来源：2011年、2016年《广东农村统计年鉴》。

"十二五"末，广东肉鸡饲养小型养殖场（户）数量有所下降，而大型规模化养殖场数量增长迅速：年出栏数1～1 999只的场（户）数减少11.97%，年出栏数2 000～9 999只的场（户）

63

数减少24.38％，年出栏数10 000~49 999只场（户）数减少24.60％，年出栏数50 000~99 999只场（户）数增加58.41％，年出栏数10 0000~499 999只场（户）数增加260.74％，年出栏数500 000~999 999只场（户）数增加863.89％，年出栏数100万只以上场（户）数增加9.52％。广东肉鸡饲养逐渐朝规模化方向发展。

（2）家禽养殖主要分布在珠三角、粤北和粤西地区，茂名是全省家禽养殖第一大市。2010年，广东家禽饲养主要分布在珠三角、粤北和粤西地区，这3个地区总饲养量占全省的90.42％。2015年，广东家禽饲养仍主要分布在这3个地区，占比90.00％，但较2010年各地饲养规模均出现较大下滑。珠三角、粤北、粤西、粤东地区的总饲养数分别下降16.03％、13.25％、15.58％、10.87％（表3-7）。

表3-7　2010年、2015年广东各区域家禽饲养情况变化

区域	2015			2010		
	年末存栏数（万只）	出售和自宰数（万只）	总饲养数（万只）	年末存栏数（万只）	出售和自宰数（万只）	总饲养数（万只）
珠三角	1 0977.88	37 269.31	4 8247.19	13 294.08	44 164.72	57 458.80
粤北	1 0437.65	27 297.05	37 734.70	12 036.88	31 462.61	43 499.49
粤东	3 064.12	9 925.86	12 989.98	3 449.05	11 127.87	14 576.92
粤西	7 977.79	22 931.16	30 908.95	9 636.46	26 975.85	36 612.31

数据来源：2011年、2016年《广东农村统计年鉴》。

2010年，广东家禽出栏量前5位依次为茂名、云浮、广州、佛山和肇庆，年末存栏量排名前5位的地市依次为茂名、云浮、广州、江门和湛江。2015年，广东家禽出栏量排前5位顺序未发生变化，仍依次为茂名、云浮、广州、佛山和肇庆，年末存栏量排名前5位地市的顺序则变为云浮、茂名、广州、江门和湛江（表3-8）。

表3-8　2010年、2015年广东各地市家禽饲养情况变化

地市	2015		2010	
	年末存栏数（万只）	当年出售和自宰数（万只）	年末存栏数（万只）	当年出售和自宰数（万只）
广州	2 685.40	11 004.07	3 216.32	11 368.18
深圳	35.46	225.18	134.64	568.39
珠海	230.24	516.24	287.93	794.85
汕头	853.86	2 673.55	938.26	2 923.52
佛山	1 815.43	6 470.67	2 405.44	9 481.12
韶关	661.72	1 784.74	791.67	2 060.29

（续）

地市	2015		2010	
	年末存栏数 （万只）	当年出售和自宰数 （万只）	年末存栏数 （万只）	当年出售和自宰数 （万只）
河源	1 078.07	2 670.34	1 348.32	3 045.99
梅州	1 736.85	4 989.81	2 149.62	5 996.23
惠州	1 204.65	3 300.41	1 397.60	3 786.18
汕尾	743.17	2 501.55	875.70	2 830.71
东莞	127.28	405.06	170.03	746.21
中山	238.82	841.98	305.82	1 078.00
江门	2 593.65	7 157.78	2 989.54	7 947.00
阳江	635.99	1 840.58	733.18	2 135.60
湛江	2 440.83	7 178.65	2 931.71	8 333.94
茂名	4 900.97	1 3911.93	5 971.57	16 506.31
肇庆	2 046.95	7 347.92	2 386.76	8 394.79
清远	1 728.53	4 297.84	1 992.01	4 879.44
潮州	582.00	1 375.55	635.69	1 552.26
揭阳	885.09	3 375.21	999.40	3 821.38
云浮	5 232.48	13 554.32	5 755.26	15 480.66

数据来源：2011年、2016年《广东农村统计年鉴》。

3.2.2.3　肉牛

（1）全省肉牛产量稳中略增，仍以小规模散养为主。总体生产情况：2015年，广东全省肉牛产量132.21万头，比2010年（104.86万头）增长26.08%；出售和自宰肉用牛58.27万头，比2010年（53.48万头）增长8.96%；牛肉产量为6.97万吨，比2010年（6.27万吨）增长11.16%（图3-5）。

"十二五"期间，广东省肉牛产量稳中有升，除2012年减少0.67%外，其他年份分别以3.53%、9.20%、7.13%和4.81%的增长率逐年提高，特别是2013年增长率达到近6年来的顶峰，随后肉牛产量增长呈现放缓趋势。

"十二五"期间，广东省当年出售和自宰的肉用牛产量呈阶梯式增长。2011年增长率为4.60%，2012年维持上一年产量不变，2013增长率为4.33%，产量达到近6年来的顶峰，2014年维持上一年产量不变，随后进入平稳期，2015年开始出现微小幅度下滑。

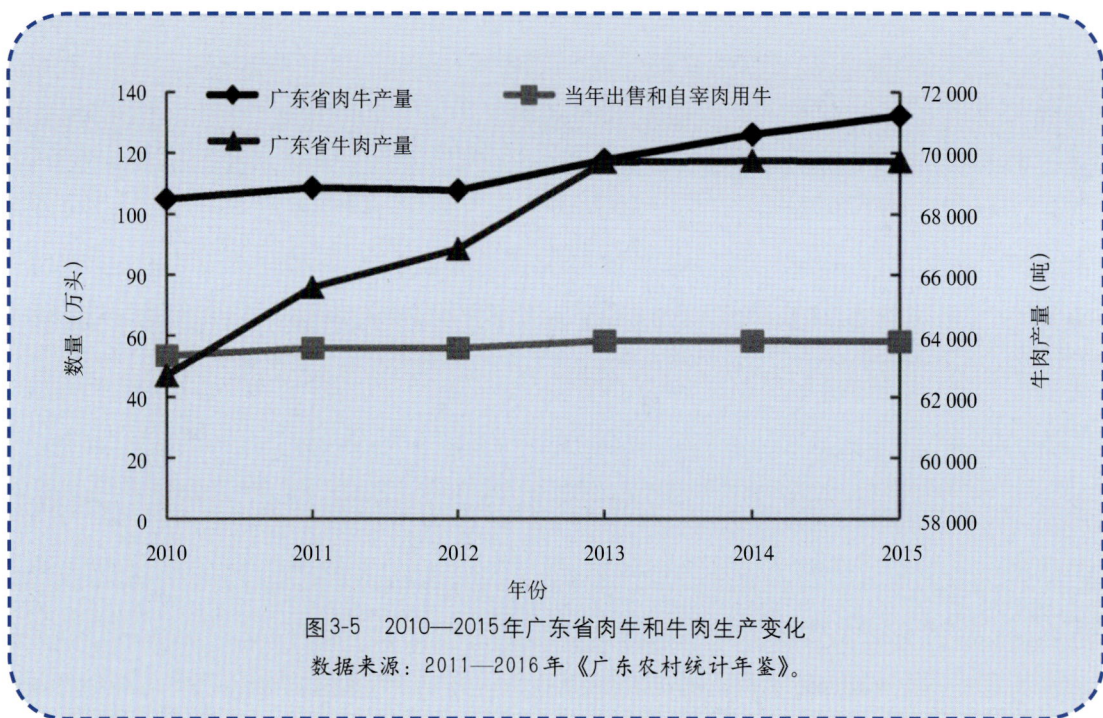

图3-5　2010—2015年广东省肉牛和牛肉生产变化
数据来源：2011—2016年《广东农村统计年鉴》。

"十二五"期间，广东省牛肉2011—2013年呈较大幅度的增长趋势，逐年增长率分别达4.61%、1.90%和4.30%。2013年以后，全省牛肉产量相对稳定，2014年仅增长0.05%，2015年降低0.02%，年均产量基本保持在6.97万吨左右。

饲养规模情况：2015年，广东省有肉牛养殖场（户）232537户，比2010年减少10.44%；年出栏量658 367头，比2010年增加2.18%，由此可见，单个养殖户的年出栏量有所增加。从表3-9可以看出，全省肉牛饲养仍以小规模散养为主，规模化养殖场较少；年出栏在1～9头的养殖场（户）229 635户、出栏量538 649头，分别比2010年减少10.78%、3.02%；年出栏10～49头的养殖场（户）2441户、出栏量67 490头，比2010年增加29.15%、39.44%（表3-9）。

表3-9　2010年、2015年广东省肉牛饲养规模对比

| 年出栏数 | 2015 | | 2010 | |
（头）	场（户）数	年出栏数（头）	场（户）数	年出栏数（万头）
1～9	22 9635	538 649	257 390	55.54
10～49	2 441	67 490	1 890	4.84
50～99	348	24 951	264	1.84
100～499	107	22 596	93	1.77
500～999	5	3 405	2	0.16
1 000以上	1	1 276	1	0.29
合计	232 537	658 367	259 640	64.43

数据来源：2011年、2016年《广东农村统计年鉴》。

(2) 粤西是全省肉牛主产区，湛江市牛肉产量稳居全省第1位。2015年广东省四大区域牛肉产量，粤西28 818吨，是全省牛肉生产的主要地区，粤北18 777吨，粤东11 917吨，珠江三角洲10 220吨，后三者产量相差不大（表3-10）。

表3-10　2010年、2015年广东各区域肉牛和牛肉产量情况变化

区域	2015			2010		
	生产量（万头）	出售和自宰数（万头）	牛肉产量（吨）	生产量（万头）	出售和自宰数（万头）	牛肉产量（吨）
珠三角	18.93	8.44	10 220.00	14.57	8.10	9 333.00
粤北	35.72	16.08	18 777.00	27.46	14.54	16 659.00
粤东	13.97	9.67	11 917.00	11.44	8.73	10 273.00
粤西	63.59	24.08	28 818.00	48.87	22.11	25 892.00

数据来源：2011年、2016年《广东农村统计年鉴》。

2010年，广东肉牛产量前5位依次为湛江、茂名、阳江、肇庆和梅州。2015年，广东肉牛产量排前5位顺序基本没有发生变化，仍依次为湛江、茂名、肇庆、阳江和梅州（表3-11）。

表3-11　2015年广东各市肉牛和牛肉生产情况

地市	生产量（万头）	出售和自宰的肉用牛（万头）	牛肉产量（吨）	地市	生产量（万头）	出售和自宰的肉用牛（万头）	牛肉产量（吨）
湛江	39.07	15.14	19 098	韶关	4.74	1.90	2 265
茂名	14.37	4.36	4 898	广州	1.74	0.97	1 287
阳江	10.15	4.58	4 822	江门	1.68	1.05	1 219
肇庆	10.67	4.18	5 349	潮州	0.94	0.68	867
梅州	9.97	4.27	5 240	汕头	0.54	0.44	550
汕尾	8.32	5.60	6 400	佛山	0.18	0.08	93
清远	7.53	3.67	4 330	珠海	0.02	0.01	16
河源	7.69	3.56	4 130	中山	0.04	0.02	25
云浮	5.79	2.68	2 812	东莞	0.10	0.08	75
惠州	4.50	2.05	2 156	深圳	0.00	0.00	0
揭阳	4.17	2.95	4 100	全省	132.21	58.27	69 732

数据来源：《广东农村统计年鉴2016》。

2015年，肉牛产量方面，湛江最高达39.07万头，其次是茂名、肇庆和阳江，分别为14.37万头、10.67万头、10.15万头，前4位排名维持上一年不变。

当年出售和自宰的肉用牛方面，湛江最高达15.14万头，其次是汕尾、阳江和茂名，分别为5.60万头、4.58万头和4.36万头，前4位排名维持上一年不变。

牛肉产量方面，湛江最高，达19 098吨，其次是汕尾、肇庆和梅州，分别为6 400、5 349、

5 240吨，前4位排名维持上一年不变。

3.2.3　畜牧业市场运行情况分析

3.2.3.1　"互联网+"和畜牧电商等现代综合流通渠道体系方兴未艾

传统多环节流通渠道体系的特点：一是中间环节多。从商贩、运输、屠宰再到肉摊，每层中间环节都有自己的利润，导致总的交易成本较高；目前广东省大型牲畜批发市场主要集中在广州地区，如广州嘉禾牲畜交易市场、天河牲畜批发市场和金戎牲畜交易市场，肩负广州以及珠三角部分城市供应肉类的"菜篮子"任务。二是流通模式落后、信息化程度低。大多数畜牧类是通过批发市场进行流通的，只有小部分的养殖户能与超市成功对接，利用电子商务平台发布供需信息，实现网上销售的商家更少；且缺乏肉类追溯信息，肉类品质难以保证。传统多环节流通渠道体系的肉类销售主要还是依赖于商家上门收购，产业的信息化程度低，尚未形成产业的电子商务。由于养殖户缺乏市场信息，盲目生产，导致畜牧类产品结构性、季节性、区域性的生产过剩。

现代综合流通渠道体系，相对于传统多环节流通渠道体系来说，旨在减少畜牧类流通的中间环节，增加畜牧类流通过程中的监管，提高畜牧类流通的效率和畜牧类产品的质量。广东首个肉类流通追溯体系于2014年5月正式投入运行，该系统能够将每个进场的经营者进行逐一备案，采集信息，并发放肉类追溯相关信息数据服务卡，传入数据库。同时，广东省积极推进"互联网+"畜牧业的发展。2015年是畜牧电商元年，虽然之前就有部分企业开始了电商的尝试，但2015年才在行业内达成共识；各类互联网概念令畜牧人应接不暇，包括产业生态链、解决最后一公里、村淘合伙人、大数据、互联网+金融+服务、股权众筹、社群思维等等。不但畜牧行业，互联网巨头也纷纷入局，京东、淘宝都开始押注农村电商。

3.2.3.2　猪肉价格持续维持高位，禽肉和牛肉价格相对稳定

猪肉零售价格：2015—2016年广东猪肉零售价格总体呈震荡上升趋势。2015年上半年，广东猪肉零售价格波动中趋于平稳，从7月开始大幅上升，整个下半年于高位运行。2016年，迎来春节小高潮继续上行后出现回落，4月跌落为全年最低价29.56元/千克，6月达到全年峰值37.98元/千克，7—12月略有下行，但仍持续高位运行。2016年猪肉零售均价为36.72元/千克，全年上升了8.24%，比2015年均值高15.82%（图3-6）。

2014年，广东肉鸡消费逐渐回暖。2015年，广东活鸡在春节后经历小幅下跌，价格在7—9月迎来较大涨幅并出现高价，之后逐渐退热至年底。2016年，受春节假期刺激，活鸡市场价格情况持续维持高位（图3-7）。

从2015年1月至2016年6月，广东省去骨牛肉价格相对比较稳定，平均价格在75.27元/千克左右，最大变化幅度仅为5.45%。2015年下半年去骨牛肉价格呈增长态势，至2016年春节前后达到最高的77.97元/千克，之后随着消费需求减少而价格下降（图3-8）。

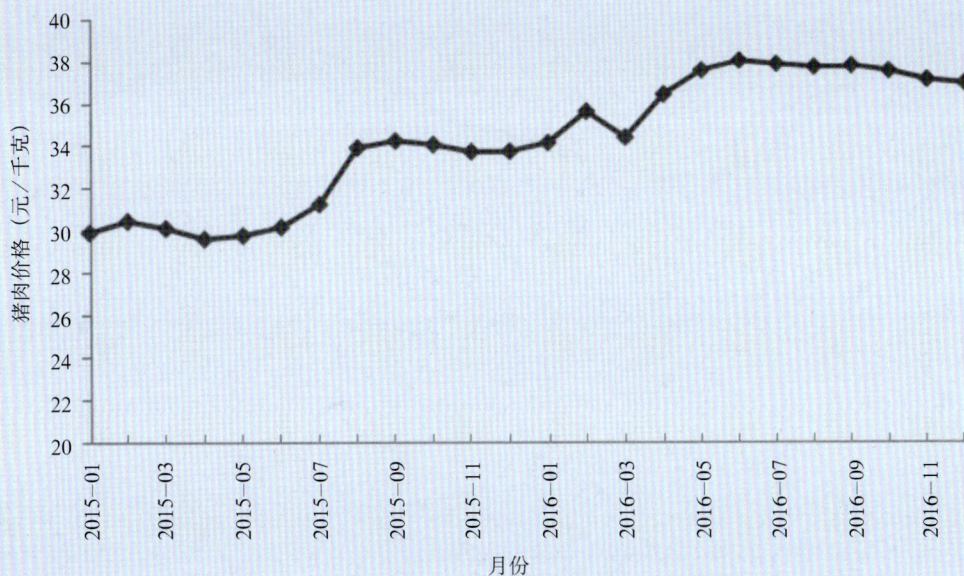

图3-6　2015—2016年24个月广东猪肉价格变化趋势

数据来源：中国畜牧业信息网。

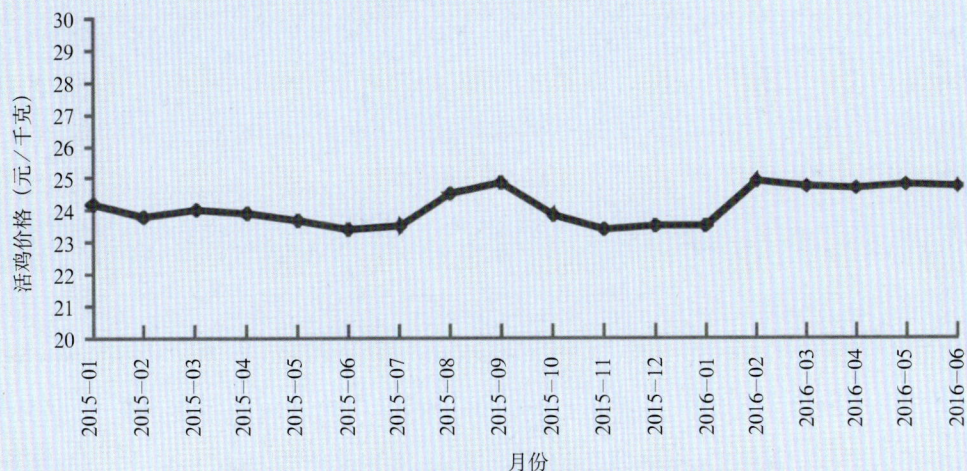

图3-7　2015年1月至2016年6月广东活鸡价格变化趋势

数据来源：中国畜牧业信息网。

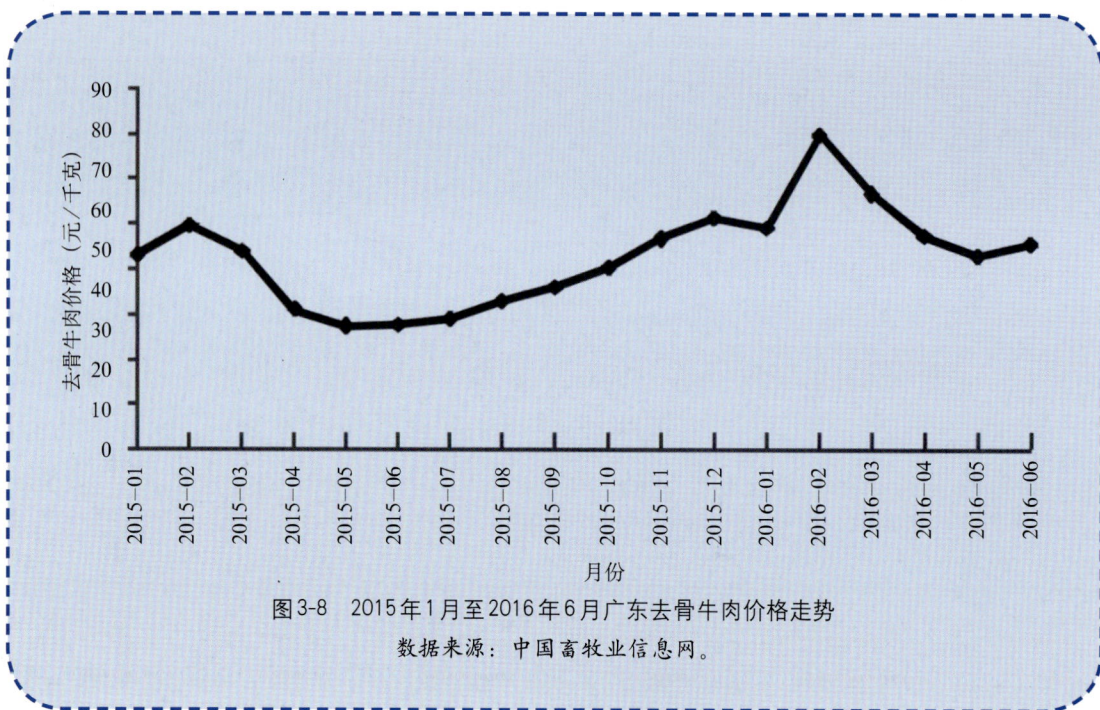

图3-8　2015年1月至2016年6月广东去骨牛肉价格走势

数据来源：中国畜牧业信息网。

3.2.3.3　全省畜牧业生产形势总体稳定，牛肉消费缺口最大

2015年，全省畜牧业生产形势总体稳定，肉类总产量424.25万吨、同比减少1.2%，出栏生猪3 663.44万头、同比减少3.4%，出栏家禽9.08亿只、同比增长2.04%。全省年末肉牛存栏132.2万头，同比增长4.8%（表3-12）。

表3-12　2015年广东省主要畜牧类产品产量

畜牧类产品	出栏量（万头、亿只）	产量（万吨）
肉类		424.25
猪肉	3 663.44	274.15
牛肉	58.27	6.97
禽肉	9.08	134.80
鸡肉	2.32	

数据来源：《广东农村统计年鉴2016》。

进出口方面，活动物及动物产品进出口均下降。据《广东农村统计年鉴》数据显示，2015年，广东活动物及动物产品进口金额为266 927万美元，同比减少10.01%，出口金额为219 363万美元，同比减少2.61%，出口数量和创汇金额较上年均下降，主要原因为2015年世界经济形势差于2014年。出口主要地区为我国港澳地区，其中，活猪（种猪除外）出口量为70671吨，出口金额为18 664万美元；活家禽出口量为4 793吨，出口金额为1 357万美元；鲜、冻猪肉出口量为12 602吨，出口金额为5 366万美元；冻鸡出口量为3 089吨，出口金额为1 022万美元（表3-13）。

表3-13　2015年广东省畜禽类出口主要商品数量和金额

商品名称	数量（吨）	金额（万美元）
活猪（种猪除外）	70 671	18 664
活家禽	4 793	1 357
鲜、冻猪肉	12 602	5 366
冻鸡	3 089	1 022

数据来源：《广东农村统计年鉴2016》。

外省调拨方面，广东省肉类主要来源于湖南和广西。广东家禽基本可以自给，外省调入主要是生猪和牛肉，其中，本省生猪自给率为80%左右，每年需从湖南、湖北、广西、江西等省调入生猪1 200万头左右，是国内生猪调入量最大的省份。广东省毗邻我国香港、澳门，以广东为基地供我国港澳生猪150多万头，占港澳市场份额的70%以上。

2015年初，受国内宏观经济下行压力加大影响，畜产品消费不旺，全省常住居民人均肉类消费量为36.46千克，其中猪肉29.70千克；人均禽类消费量为18.65千克，其中鸡肉12.26千克（表3-14）。广东省2015年末常住人口为10 849万人，故肉类总需求为597.89万吨，其中猪肉的消费需求为322.22万吨，禽肉的消费需求为202.33万吨。

表3-14　2015年全省人均主要畜牧类消费量（千克）

畜牧类产品	常住居民	城镇常住居民	农村常住居民
肉类	36.46	36.67	36.00
其中：猪肉	29.70	28.73	31.72
禽类	18.65	18.01	19.99
其中：鸡肉	12.26	11.81	13.21

数据来源：《广东农村统计年鉴2016》。

综上分析可知，2015年广东省肉类总产量424.2万吨，总需求为597.89万吨，自给率为70.95%；其中猪肉产量为274.15万吨，总需求为322.22万吨，自给率为85.08%，出口量7.55万吨，缺口55.62万吨，缺口均靠省际间调入补充；禽肉产量为134.80万吨，总需求为202.33万吨，自给率为66.62%；出口量0.79万吨，缺口68.32万吨，缺口均靠省际间调入补充；牛肉的供给量大部分靠进口维持，其供给缺口很大。

3.2.3.4　盈亏平衡分析

（1）饲养业主产品产值情况。2015年广东每头生猪主产品产值为1 935.60元，比2013年上涨9.78%，近3年呈现先降后升的走势，主要由于2007—2013年以来，广东年生猪存栏量均在2 200万头以上，而2014年减少至2 130.10万头，供给侧的下行压力向价格端传递，2015年4—7月广东生猪价格开始持续上涨，至12月价格才趋于缓和及下降调整。2015年广东每百只肉鸡主产品产值为2 738.70元，比2013年上涨4.82%（图3-9），近3年呈现先升后降的走势，主要受市场供大于求和H7N9疫情抑制两大重要因素影响。2013年，由于H7N9疫情影响，人们谈鸡色变，同时广东活禽经营市场实行统一休市，肉鸡销量大幅下滑，肉鸡价格下跌明显。随着疫情防疫和消散，鸡肉消费回暖。同时，随着广东家禽产量持续增长，禽肉产量也持续增长，使肉鸡价格进一步走低。

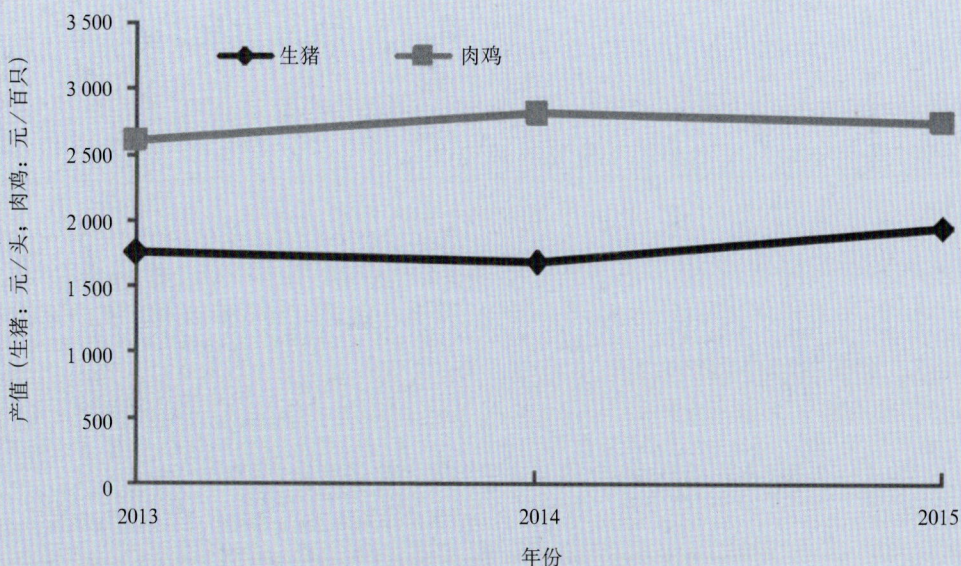

图3-9 2013—2015年广东饲养业主产品产值变化情况
数据来源：《广东省农产品成本收益资料汇编》。

（2）饲养业总成本情况。

① 2013—2015年生猪散养平均成本明显高于规模化养殖：广东生猪饲养分为大、中、小规模饲养和农户散养4种饲养类型。近3年数据分析表明，农户散养方式的养殖成本明显高于规模养殖方式的养殖成本，农户散养每头生猪平均成本比平均规模养殖成本高33.89%。4种养殖方式平均养殖成本从高到低依次为：农户散养＞中规模＞小规模＞大规模，农户散养平均成本比小、中、大规模养殖成本分别高出32.80%、27.84%、41.76%。近3年养殖成本走势表明，农户散养、小规模养殖呈现增长趋势，与2013年相比，2015年农户散养成本上涨8.06%，小规模养殖成本上涨5.57%；而中规模、大规模养殖成本呈现平稳略降趋势，与2013年相比，2015年中规模养殖成本下降1.61%，大规模养殖成本下降1.34%（图3-10）。

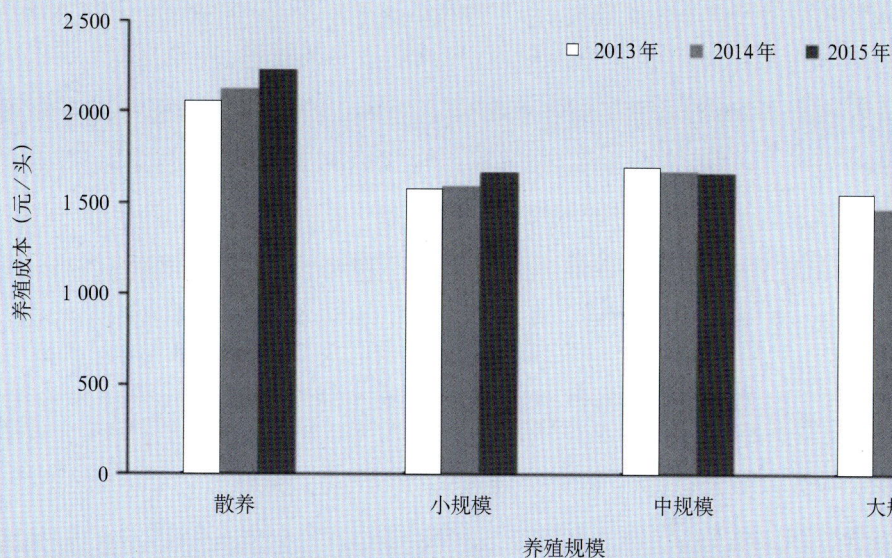

图3-10　2013—2015年广东生猪养殖成本情况

数据来源:《广东省农产品成本收益资料汇编》。

② 2015年生猪养殖成本仍主要由精饲料费、仔畜费、人工成本构成,不同规模生猪养殖三大类占总成本均在九成以上:总的来看,2015年生猪养殖成本仍主要由精饲料费、仔畜费、人工成本三大类构成,每头猪养殖三大类成本之和分别占农户散养、小规模、中规模、大规模4种养殖方式总成本的96.06%、94.66%、95.28%、93.54%;其次为医疗防疫费、燃料动力费及水费和死亡损失费,这些费用之和分别占4种养殖方式总成本的1.99%、2.45%、2.90%、3.30%(表3-15)。

表3-15　2015年广东生猪养殖成本构成情况（元／头）

养殖成本	散养		小规模		中规模		大规模	
	2015	2014	2015	2014	2015	2014	2015	2014
仔畜费	459.31	418.71	491.30	417.32	513.2	481.44	524.76	478.05
人工成本	756.16	704.32	212.59	198.72	128.17	106.50	65.82	63.43
精饲料费	935.59	920.54	883.59	885.25	950.58	1004.57	837.84	831.10
医疗防疫费	19.00	23.23	17.16	19.55	21.85	20.25	24.45	23.07
死亡损失费	10.99	11.96	16.14	14.97	18.97	23.07	15.82	16.54
燃料动力水费	14.71	15.10	7.74	7.32	7.55	6.72	10.15	7.04
其他费用	43.64	47.95	48.6	50.61	30.46	36.55	48.17	58.49

数据来源:《广东省农产品成本收益资料汇编》。

精饲料费：规模养殖平均精饲料费为890.67元/头，比2014年降低1.80％；农户散养费用为935.59元/头，比2014年增加1.63％。分4种养殖方式来看，从高到低依次为：中规模＞农户散养＞小规模＞大规模，中规模养殖方式分别比农户散养、小规模、大规模高出1.60％、7.58％、13.46％，但与2014年相比，中规模养殖方式降低5.34％，而其他养殖方式呈现平稳或略增趋势。

仔畜费：规模养殖平均仔畜费为509.75元/头，比2014年增加11.07％；农户散养费用为459.31元/头，比2014年增加8.84％。分4种养殖方式来看，从高到低依次为：大规模＞中规模＞小规模＞农户散养，大规模养殖方式分别比中规模、小规模、农户散养高出2.25％、6.81％、14.25％，与2014年相比，大规模、中规模、小规模、农户散养仔畜费分别增加9.77％、6.60％、17.73％、9.70％。

人工成本：规模养殖平均人工成本为135.53元/头，比2014年增加10.29％；农户散养费用为756.16元/头，比2014年增加6.85％。分4种养殖方式来看，从高到低依次为：农户散养＞小规模＞中规模＞大规模，农户散养分别比小规模、中规模、大规模高出255.69％、489.97％、1 048.83％，与2014年相比，农户散养、小规模、中规模、大规模人工成本分别增加7.36％、6.98％、20.35％、3.77％。

③2013—2015年，规模化程度越高，肉鸡养殖成本越低：广东肉鸡饲养分为大、中、小规模饲养3种饲养类型。近两年数据分析看来，3种养殖方式平均每百只肉鸡养殖成本从高到低依次为：小规模＞中规模＞大规模，小规模平均成本分别比中、大规模养殖分别高出10.56％、27.81％。从近3年养殖成本走势看来，中规模养殖方式呈现增长趋势，与2013年相比，2015年小规模养殖上涨18.21％；而大规模养殖呈现下降趋势，2015年下降6.78％（图3-11）。

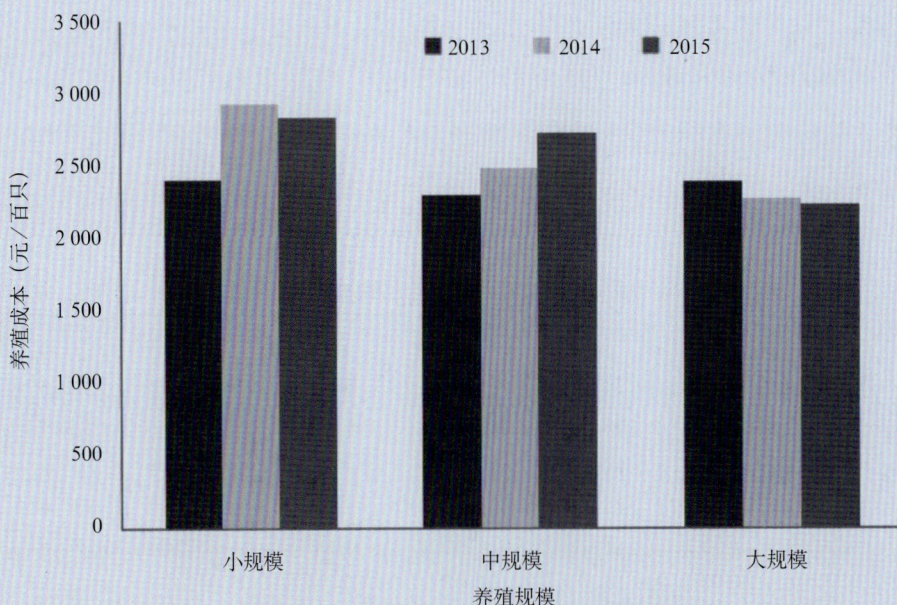

图3-11　2013—2015年广东肉鸡养殖成本情况

数据来源：《广东省农产品成本收益资料汇编》。

④2015年肉鸡养殖成本仍主要由精饲料费、仔畜费、人工成本构成，不同规模肉鸡养殖三大类成本占总成本九成以上：总的来看，2015年肉鸡养殖成本仍主要由精饲料费、仔畜费、人工成本三大类构成，每百只肉鸡养殖三大类成本之和分别占小规模、中规模、大规模3种养殖方式总成本的92.81%、91.49%、90.83%，尤其是精饲料费用，其占总成本的比重分别达76.49%、74.10%、72.76%；其次为医疗防疫费、燃料动力费及水费和死亡损失费，这些费用之和分别占3种养殖方式总成本的4.28%、4.73%、5.31%（表3-16）。

精饲料费：精饲料费分3种养殖方式来看，从高到低的顺序依次为：小规模>中规模>大规模，小规模养殖方式分别比中规模、大规模高出7.57%、33.52%，但与2014年相比，小规模、大规模养殖方式分别降低2.67%、5.00%，而中规模养殖方式增加10.87%。

仔畜费：仔畜费分3种养殖方式来看，从高到低依次为：小规模>大规模>中规模，小规模养殖方式分别比大规模、中规模高出9.95%、11.27%，与2014年相比，小规模、大规模养殖方式分别增加9.14%、20.82%，而中规模养殖方式降低16.22%。

表3-16　2015年广东肉鸡养殖成本构成情况（元/头）

养殖成本	小规模		中规模		大规模	
	2015	2014	2015	2014	2015	2014
仔畜费	293.75	269.16	264.03	315.13	267.17	221.13
人工成本	170.00	248.00	210.26	179.95	137.31	131.13
精饲料费	2 174.65	2 234.3	2 021.69	1 823.50	1 628.70	1 714.38
医疗防疫费	93.70	63.25	79.49	58.370	87.90	76.69
死亡损失费	18.30	20.10	22.47	25.58	18.08	16.11
燃料动力水费	9.68	12.06	27.13	16.15	12.81	24.11
其他费用	82.80	84.70	103.16	76.09	86.46	95.92

数据来源：《广东省农产品成本收益资料汇编》。

人工成本：仔畜费分3种养殖方式来看，从高到低的顺序依次为：中规模>小规模>大规模，中规模养殖方式分别比小规模、大规模高出23.68%、53.13%，与2014年相比，小规模养殖方式降低31.45%，而中规模、大规模养殖方式分别增加16.84%、4.71%。

（3）饲养业收益情况。

①2013—2015年生猪仅散养方式出现亏损：2013—2015年农户散养方式一直处于亏损状态，2015年亏损198.31元/头；规模化养猪则一直处于盈利状态，2015年平均盈利232.44元/头。4种养殖方式平均养殖净利润从高到低依次为：小规模>中规模>大规模>农户散养，分别为155.55、109.93、72.72、-258.73元/头。从近3年养殖净利润走势来看，4种养殖方式均呈现先降后升的波动趋势，且在2014年处于谷底，其中农户散养亏损最多，达376.58元/头；2015年处于高峰，其中以中规模养殖盈利最多，达258.94元/头，分别比小规模、大规模、散养高出5.51%、34.20%、

230.57%（图3-12）。

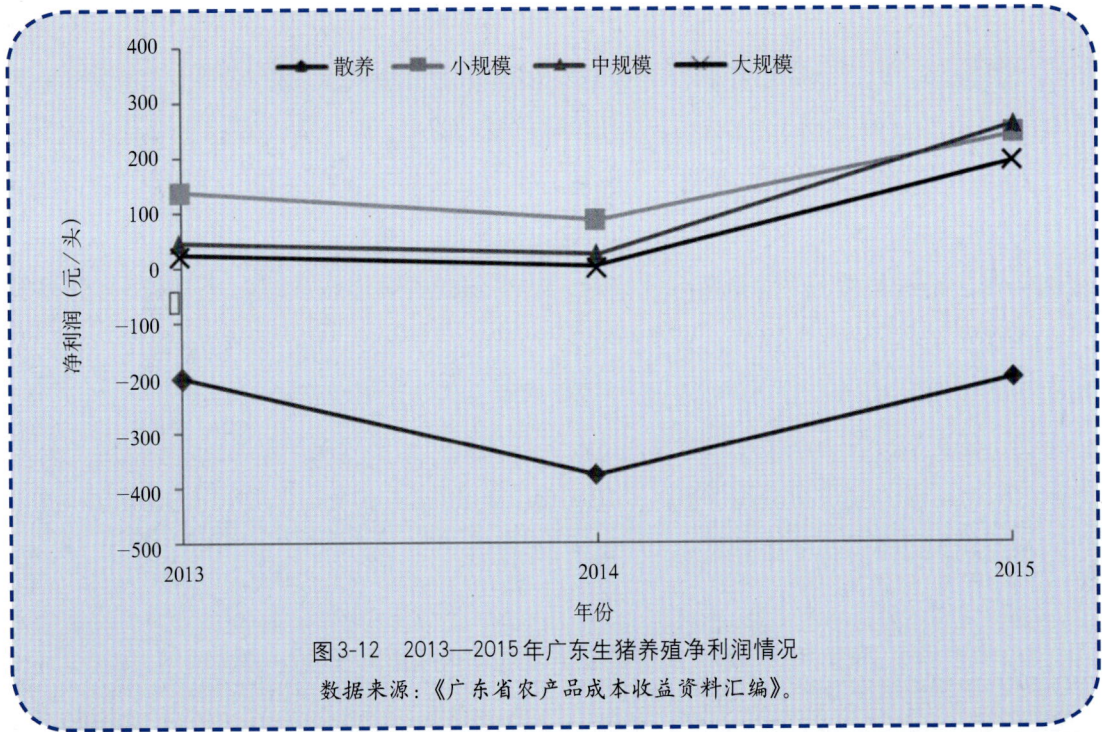

图3-12 2013—2015年广东生猪养殖净利润情况
数据来源：《广东省农产品成本收益资料汇编》。

② 2013—2015年中规模肉鸡养殖净利润明显高于其他养殖规模：2013—2015年肉鸡养殖一直处于盈利状态，2015年平均盈利159.44元/百只。3种养殖方式平均养殖净利润从高到低依次为：中规模＞小规模＞大规模，分别为336.31、122.29、92.53元/百只。从近3年养殖净利润走势来看，小规模、大规模养殖方式均呈现上升趋势，2015年分别比2014年上升34.59%、31.31%；中规模养殖方式呈现波动上升趋势，2014年至高峰，盈利达625.57元/百只，2015年中规模养殖方式分别比小规模、大规模养殖高出53.60%、76.00%（图3-13）。

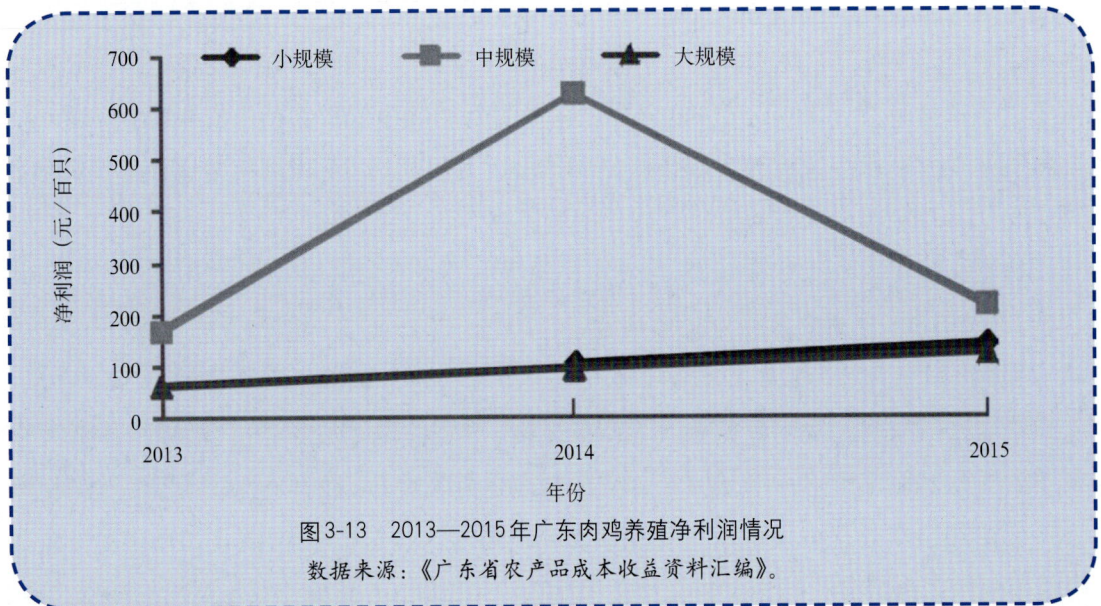

图3-13 2013—2015年广东肉鸡养殖净利润情况
数据来源：《广东省农产品成本收益资料汇编》。

3.3 广东畜牧业发展存在的问题

3.3.1 畜牧产业结构不合理

目前广东畜牧业仍以耗粮型的猪、鸡为主，肉牛、肉羊比重很低，仅占肉类产量的2%，与全国平均水平13%的差距很大。近年来牛羊肉市场需求日益增大，而广东畜种和草种两大繁育体系不健全，种畜、草种稀缺成为草食畜牧业发展的瓶颈。畜禽地方品种特色资源开发利用不足，优势产业开发仍有很大空间。

3.3.2 饲养管理水平较低

当前我国对外开放不断深入，畜牧业面临国外进口畜产品的冲击，虽然广东畜牧业生产水平在国内处于领先，但与发达国家相比仍有较大差距。畜禽生产长期未能摆脱市场周期性波动影响，陷入"多了少，少了多"的怪圈，近年还出现价低、效差、周期变长的趋势，其根本原因在于广东省畜牧业的饲养管理水平较低。如广东生猪养殖成本比美国高出40%，而且近年养殖成本呈快速上涨趋势。据测算，近10年广东生猪养殖成本年均增长10%，其中环保成本增加1倍。因此，随着我国开放国外畜禽产品进口，广东畜牧业生产将面临较大的国际市场竞争压力。

3.3.3 养殖废弃物资源化利用程度低

受环保和土地承载能力限制，广东被农业部列入生猪产业约束发展区，养猪业要"减量提质"。同时由于部分养殖场户环境保护意识薄弱，畜禽养殖废弃物处理及综合利用需要成本，养殖场未能与周边种植农户建立有效联系，种养未能有效结合，粪肥无法被周边土地有效资源化利用，排到环境造成污染。养殖污染治理压力大、任务重，畜牧业发展面临环保约束日益加大，发展空间越来越小。

3.3.4 重大动物疫病防控形势依然严峻

近年来，禽流感、口蹄疫等动物源性病毒变异加快，新型亚型病毒陆续出现，广东畜禽流通量大，又是候鸟迁徙的主要途经地和栖息地，极易传播病原，动物疫情风险很大，H7N9流感病毒在市场中时有检出。基层动物卫生监督机构、编制、经费等与责权不匹配，检疫监督工作人员少，工作经费、基础设施设备严重缺乏，特别是暂停收取检疫费后，相应经费没有落实，基层检疫工作开展困难加大。病死畜禽无害化处理体系建设任务艰巨，工程项目选址、用地、环评等重点环节的推进困难重重。

3.3.5 屠宰行业规范管理任务艰巨

各级屠宰监管职能划转质量普遍较低，屠宰监管队伍力量薄弱、手段落后、经费缺乏，屠宰管理法律法规及规章制度有待健全。屠宰厂设置规划没有落实到位，各地非法存在的屠宰场点多，关系复杂，影响面大，审核清理工作困难重重。私屠滥宰隐蔽性强、违法成本低，打击难度大。生猪私屠滥宰违法活动大多在城乡结合部，情况复杂，人口流动性大，给日常执法与监管带来较大难度。

3.3.6 饲料、兽药及畜产品质量安全隐患仍然存在

近年来，随着人们对食品安全的关注度不断提高，广东省各级农业部门切实加强了农业投入品和农产品质量安全监管，农产品质量安全形势逐步向好。但是饲料、兽药产业从业者素质参差不齐，监管力量不足的问题仍然存在，生猪养殖、屠宰环节"瘦肉精"案件、抗生素滥用和残留超标等现象仍然时有发生。饲料中滥用原料药、药物添加剂，忽视停药期（休药期）引起兽药残留，给畜产品安全造成的隐患及其负面影响也比较突出。首先，一些企业为追求高效益和高利润，在饲料添加剂或饲料中超剂量添加兽药，且不在标签上标示所含化学药名称和休药期，并向养殖户销售；其次，一些养殖企业和养殖户缺乏合理使用兽药和饲料的知识，盲目用药；还有一些养殖企业或养殖户不按停药期的要求，在出栏前还继续使用含有兽药的饲料，从而造成动物产品的药物残留超标。

3.4 广东畜牧业发展的对策建议

从当前形势和未来发展趋势看，畜牧业仍然是广东农业农村经济发展中最具活力的增长点和朝阳产业。广东畜牧业发展可按照"减猪稳鸡、增加牛羊、突出特色、做强种业、提升品质"的思路，紧紧围绕保供给、保安全、保生态"三大任务"，以转变畜牧业发展方式为主线，进一步优化结构布局，坚持数量质量并重，强化科技兴牧，推进农牧结合，促进畜牧业健康可持续发展。

3.4.1 完善扶持政策，夯实畜牧业发展基础

继续实施畜牧良种补贴和对畜禽养殖、牧草生产机械购置补贴等政策，增加标准化养殖扶持政策投入，实施南方草地畜牧业推进行动。着力构建畜牧业稳定发展的长效保障机制，强化金融保险政策支持，切实提高畜牧业抗风险能力和市场竞争能力。重点推进政策性家禽养殖保险试点工作。贯彻实施《广东省家禽经营管理办法》，推进家禽集中屠宰、冷链配送、生鲜上市，增强质量安全保障，促进产业转型升级。

3.4.2　加大资金投入，推进畜牧业供给侧结构性改革

一要调优猪鸡结构布局。根据土地承载能力和环境容量，推进生猪区域布局调整，推动畜牧业向资源禀赋型转变。认真落实《农业部关于促进南方水网地区生猪养殖布局调整优化的指导意见》，在珠三角地区和水网地区，限制生猪养殖业发展并逐步减少养殖量，引导减少中小规模生猪养殖。同时，要稳定家禽行业发展，提高家禽业规模养殖水平。二要大力发展草地畜牧业。继续实施中央和省级草地畜牧业专项资金，扶持建设牧草种子繁育场，选育推广优良牧草品种以及种植和利用技术。加强牛羊优良品种试验推广，引进繁育优良种质资源，扶持建设种公牛站、种牛羊场，推广人工授精技术，提高良种覆盖率。创建一批生产基础好、发展优势明显、带动能力强的牛羊养殖基地。对中央和省级草地畜牧业项目，各级要加强跟踪管理，强化指导服务，加快建设进度，保证建设质量，确保验收合格、发挥效益。

3.4.3　做强畜禽种业，培育优势特色畜牧业

广东优良畜禽资源丰富，要继续推进畜禽种业做强做大。重点发展优质种猪、种禽产业，建设10家以上国家生猪核心育种场，20家以上省级核心育种场和扩繁场，组建3万头生猪核心育种群。继续推进地方优良畜禽品种资源保护和产业化开发利用，树立优质品牌，打造一批上规模、竞争力强、附加值高的特色产品，推动地方优势特色畜牧业加快发展。如广东天地食品集团对小耳花猪改良开发出"壹号土猪"，广东天农公司成功构建并推广了"清远麻鸡"一体化生产等，其发展模式值得借鉴推广。

3.4.4　推进种养结合，破解畜牧业环保困局

要统筹考虑种养规模和环境承载能力，重点推进以资源合理配置和循环利用为主要内容的生态畜牧业建设。扶持养殖企业加强沼气工程、漏缝高床等设施设备建设，鼓励规模养殖场、畜牧小区开展周边对接，建设与种植业、林业对接的沼液管网等设施，实现畜禽废弃物就近就地资源化利用。鼓励建设畜禽粪尿为主原料的有机肥厂，探索建立有机肥生产和使用的财政补贴政策。世界银行贷款农业面源污染治理项目实施中，其中8亿元用于扶持全省约300家生猪养殖场建设环保示范工程。

3.4.5　强化科技支撑，增强畜牧业核心竞争力

全面推进畜牧业领域的现代农业产业技术体系建设，健全畜牧业技术推广服务机构，加快畜牧业先进适用技术和机械设备的推广应用，大幅度提高畜产品科技含量和附加值。加快构建农科教、产学研紧密结合的科技创新体系，提高畜牧业科技创新能力，坚持走创新发展之路，力争突破畜牧业发展的重大技术瓶颈，为现代畜牧业发展提供强有力的科技支撑。

3.4.6 构建"互联网＋畜牧业"产业体系，提高畜牧业经营水平

继续发挥龙头企业和标准化示范场的市场竞争优势和示范带动能力，鼓励龙头企业建设标准化生产基地，采取"公司＋农户"等形式带动农户发展畜牧业。大力支持畜牧业合作经济组织发展，带动散养户和中小规模户发展。支持有条件的畜禽养殖场自创品牌，提升产品附加值。鼓励规模养殖场户与大中型超市、屠宰加工企业建立直接的产销对接关系，推广电子商务、物流配送、直供直销等新型畜产品流通方式，提高畜牧产业经营水平。完善畜牧信息网络建设，将互联网新技术融入畜牧业产前、产中、产后各个环节，并最终实现畜牧产业的"智慧化"。

3.4.7 规范行业管理，提升饲料业整体素质

努力保持饲料产量平稳增长，质量安全水平显著提高，巩固全省饲料业的领先地位。进一步严格实施饲料管理新规，严格依法行政许可，提高准入门槛，启动全省饲料企业100强培育工程，树立行业标杆，发挥引领作用。鼓励饲料企业采取兼并重组、联合发展等形式进行整合，提高产业集中度和现代化水平。支持有实力的饲料企业向饲料原料生产、畜牧水产养殖、畜产品加工等领域延伸产业链，增强抗风险和可持续发展能力。鼓励综合实力强的饲料企业到国外、省外投资办厂，拓展发展空间。

3.4.8 加强执法监管和溯源系统建设，保障饲料和畜产品安全

加强畜牧业执法队伍建设，落实执法经费，开展经常性的执法检查工作。加强饲料生产、经营和畜禽养殖环节的监管，严格落实饲料质量安全、"瘦肉精"、"生鲜乳"等专项整治工作及监督检测抽样计划，严把产品出厂关，把不合格产品控制在源头，强化案件查处，确保不出现饲料和畜禽产品质量安全事故。鼓励企业建立饲料和畜产品质量安全追溯系统，实现全程监控可追溯，保障饲料和畜产品安全。加强部门协调与配合，形成高压打击态势。

3.4.9 加强疫病防控，确保畜牧业生产安全

贯彻实施《国务院办公厅关于建立病死畜禽无害化处理机制的意见》与省政府发布的《广东省中长期动物疫病防治规划（2012—2020年）》，坚持"预防为主"，实施分病种、分区域、分阶段的动物疫病防治策略，有计划地控制、净化严重危害养殖业生产的动物疫病，全力抓好重大动物疫病防控，确保不暴发区域性重大动物疫情。要进一步加强官方兽医、基层防疫队伍和兽医实验室的建设和管理，强化动物诊疗机构和执业兽医监管，积极探索和引导发展兽医社会化服务新模式，全面提升广东动物防疫管理水平。

参考文献

侯磊,甘国夫.我国畜牧业发展现状趋势的分析[J].畜牧兽医科技信息,2012(10):6-7.

胡梅梅.中国畜产品贸易逆差成因与对策[J].世界农业,2015(5):198-202.

姚亚龙.浅谈我国畜牧业发展现状及前景[J].甘肃畜牧兽医,2016,46(15):32-33.

郑惠典.广东省畜牧业发展现状和思路举措[J].广东饲料,2015,24(2): 15-18.

吕向东,包利民,乌兰.2015年前3季度中国畜产品贸易形势分析[J].世界农业,2015(12):139-143.

广东统计信息网.“十二五”时期广东农业发展情况分析[EB/OL].http://www.gdstats.gov.cn/tjzl/tjfx/ 201608/t20160804_ 341417.html,2016-05-09.

广东统计信息网.广东畜牧业生产现状分析和建议[EB/OL].http://www.gdstats.gov.cn/tjzl/tjfx/ 201602/t20160229_324599. html,2015-12-04.

林群,熊毅俊,郑业鲁,等.2015年广东生猪产业发展形势及对策建议[J].广东农业科学,2016,43（5）：20-25.

农业部.全国生猪生产发展规划（2016—2020年）（农牧发[2016]6号）[R].2016-04-18.

赵辛.鲜活农产品供应链价格风险生成机理与管理机制研究[D].重庆:西南大学,2013.

洪涛.2015年我国畜牧业及猪业电子商务模式的创新[J].猪业科学,2016,33(2):54-56.

广东省价格成本调查队.2015广东省农产品成本收益资料汇编[M].北京:中国统计出版社,2016.

陈海燕.中国畜牧业政策支持水平研究[D].北京:中国农业大学,2014.

任智慧,刘俊盈.区域性畜牧业发展政策若干问题思考[J].农业经济问题,2012(8):26-31.

韩昕儒,李国景,钱小平,等.中国畜产品供求变动分析及展望[J].农业消费展望,2015(5):72-80.

第 4 章

广东农业装备发展研究

摘要

2015年全国农机总动力111 728.07万千瓦，"十二五"期间累计增长16.96%，全国农作物耕种收综合机械化水平达63.82%，"十二五"期间提高了11.5%，作业机械化水平快速提升。农机化生产经营服务收入达5 522亿元，"十二五"期间增长32.5%，农机化作业服务能力和经营效益显著提升。

2015年广东省农机装备总动力约为2 696.789 2万千瓦，在全国排第16位，"十二五"期间累计增长14.99%。2015年农作物耕种收综合机械化水平为45.2%，在全国排第27位。2015年全省水稻耕种收综合机械化水平为67.61%，其中机耕率为97.28%，机插率为13.43%，机收率为82.24%。全国水稻机械化综合水平78.12%，广东省低了10.51个百分点，全国水稻机耕率为98.94%，广东省低了1.7个百分点，全国水稻机插率为42.26%，广东省低了28.83个百分点，全国水稻机收率为86.21%，广东省低了3.97个百分点。全省农机工业稳步发展，2015年全省农机行业资产合计总额为55.07亿元，占全国农机行业比重的1.97%，同比2014年增加了2.59%。设施农业发展基础得到加强，2015年启动省级现代农业"五位一体"示范基地项目，促进了全省设施农业的种植面积较大提高。2015年广东水果种植面积和产量仍然保持稳定增加，但果蔬机械化发展却比较缓慢，畜牧养殖机械年末拥有量为15.154万台，总动力达到87.469 6万千瓦，呈上升趋势。农机化社会服务能力不断增强，农机服务领域开始呈现多元化格局，农机服务队伍不断扩大。

广东经历了"十一五"、"十二五"中国农机化发展的"黄金十年"，农业机械化水平实现了跨越式进步。与全国相比，广东农作物耕种收综合机械化水平还处在落后位置，农机总动力的增长速度也相对落后。广东水稻全程机械化发展不平衡，机插和干燥环节机械化水平低；经济作物生产机械化水平较低，适合于丘陵山区生产的农机具缺乏，设施农业的发展模式需要调整；农机补贴力度不够，农机与农艺需进一步融合，农机新产品鉴定管理还没理顺；农业机械化教育和培训力量薄弱，农机专业高等教育弱化，职业教育空白，基层培训不足；农业机械化领域面对信息化浪潮准备整体不足。

面对广东省农业装备发展现状和存在问题，建议加强领导和规划，做好顶层设计；着力构建以增加有效供给为重点的创新和鉴定推广体系，形成农机化管理、科研、推广、生产协同创新发展机制；全力推进水稻生产全程机械化进程，重点支持推动水稻集中育插秧和烘干机械化等薄弱环节发展；推动出台设施用地、金融信贷、农业设施保险、用电优惠等扶持政策，做好规划布局，推动设施农业加快发展；支持省内高校和科研单位农业机械化相关学科的高层次人才引进工作，优化学科团队的结构，加强基层农机管理人员及技术人员的培训，在制度安排上切实保障对农机装备操作人员技能提升培训的投入比例。

4.1 国内农业装备发展现状和趋势

4.1.1 农机总动力稳步增长，作业机械化水平快速提升

"十二五"期间，中央财政农业机械购置补贴资金累计1 221.8亿元，推动了农机装备总量、结构、作业水平、科技等方面的快速发展。2015年我国农业机械总动力111 728.07万千瓦，比2014年增长3.4%，"十二五"期间累计增长16.96%。2015年农业机械原值9 389.99亿元，比2014年增长6.42%，"十二五"期间累计增长31.32%，农业机械保有量稳步增长（图4-1）。

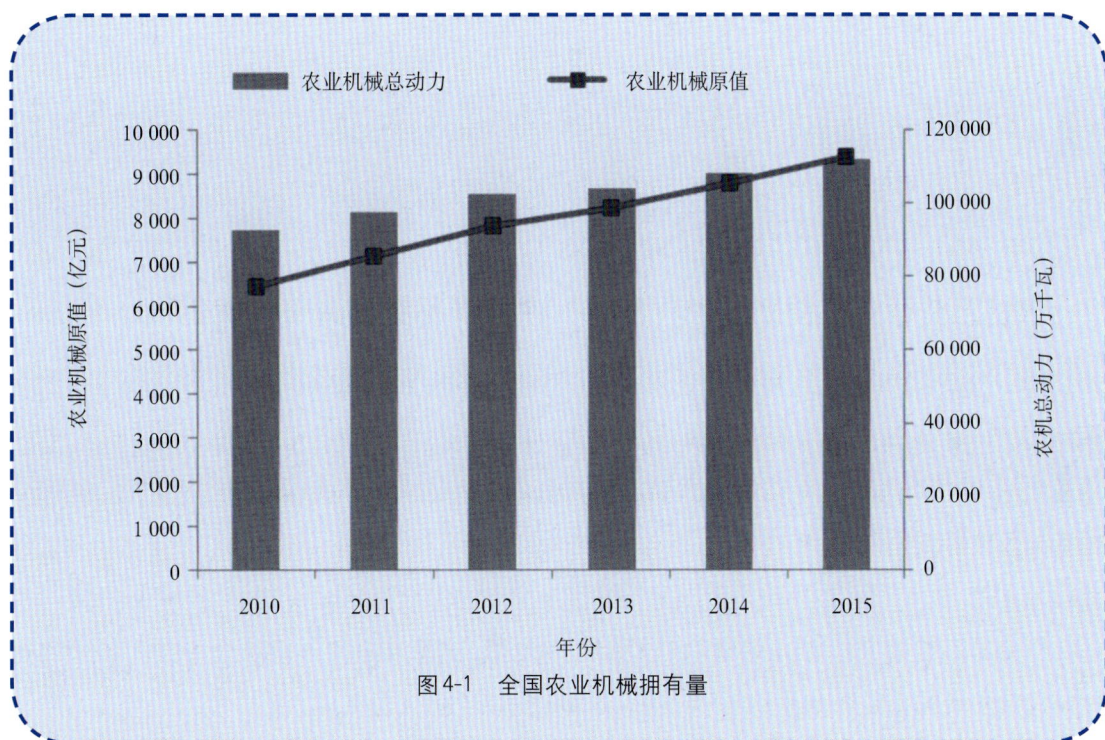

图4-1 全国农业机械拥有量

随着农机总量的增长，我国农业机械化作业水平快速提升。2015年全国农作物耕种收综合机械化水平达63.82%，"十二五"期间提高了11.5个百分比，年均增长超过2个百分比。机耕率、机插率、机收率达80.43%、52.08%、53.4%，分别增长10.82、9.04、14.99个百分比。

近年来，我国粮食作物生产机械化稳步推进，2015年小麦、水稻、玉米耕种收综合机械化率分别达93.66%、78.12%、81.21%，"十二五"期间分别增长了2.34、17.61、15.27个百分比。粮食机械化作业薄弱环节水稻机械种植率、玉米机收率得到快速发展，2015年分别达到42.26%、64.18%。小麦已全面实现全程机械化，水稻、玉米基本达到全程机械化要求。粮食作物机械化开始向产后加工发展，2015年谷物烘干机拥有量6.87万台，"十二五"期间增长了45.3%，机械烘干粮食数量

10 766.4万吨，机械化烘干率为17.3%，粮食机械化烘干成为机械化作业薄弱环节（图4-2）。

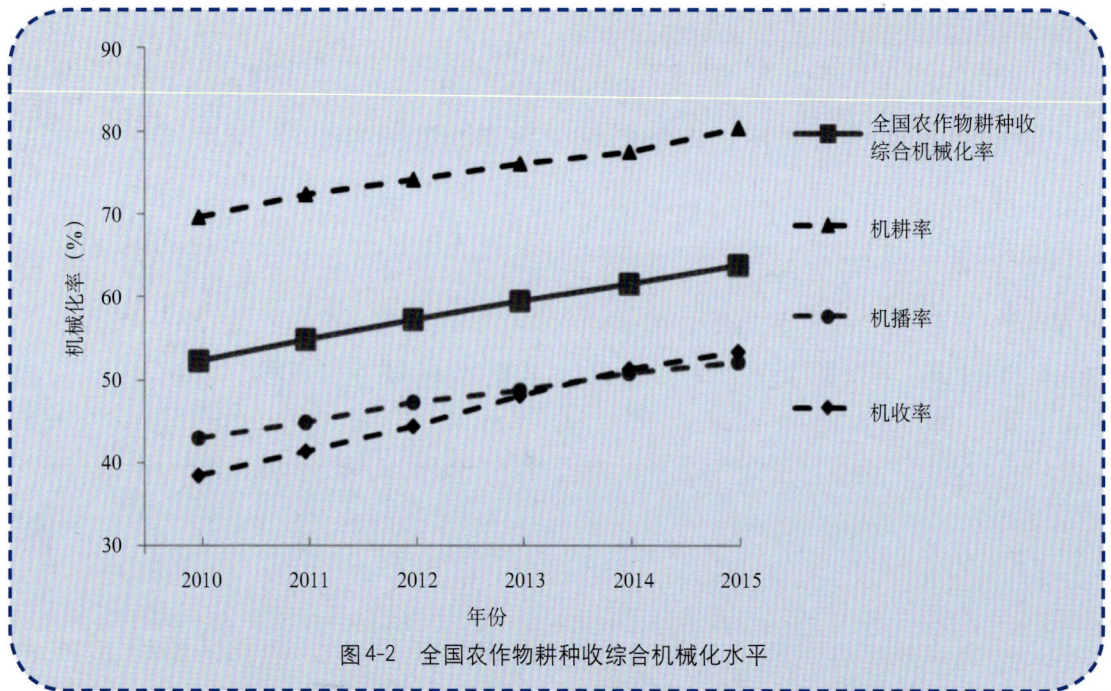

图4-2　全国农作物耕种收综合机械化水平

4.1.2　农机工业行业规模跃居世界首位，农机产品结构进一步优化

2015年，全国规模以上农机企业2 422家，主营业务收入4 523.60亿元，同比增长8.2%；利润总额为259.76亿元，同比增长9.16%（图4-3）。其中拖拉机、联合收割机、农机具、零部件等是农机工业的主力军。2015年全球农机工业总产值约910亿欧元，我国农机工业产值约占64.6%，行业规模跃居世界首位。

我国农机工业产品形成了基于适应我国农业生产需求的产品体系，包括种植业机械、畜牧业机械、农产品加工机械、林业机械等7大领域65个大类，337个中类，1374个小类。其中种植业机械是我国农机发展的重点，包括468个小类，3 500多种产品（表4-1）。

表4-1　我国农机产品分类情况

序号	领域	大类数（个）	中类数（个）	小类数（个）
1	种植业机械	14	113	468
2	畜牧业机械	7	45	164
3	渔业机械	5	20	103
4	林业机械	14	34	104
5	农产品加工机械	16	108	495
6	农业运输机械	5	8	27
7	可再生能源利用机械	4	9	13
	合计	65	337	1 374

数据来源：中国农业机械化协会。

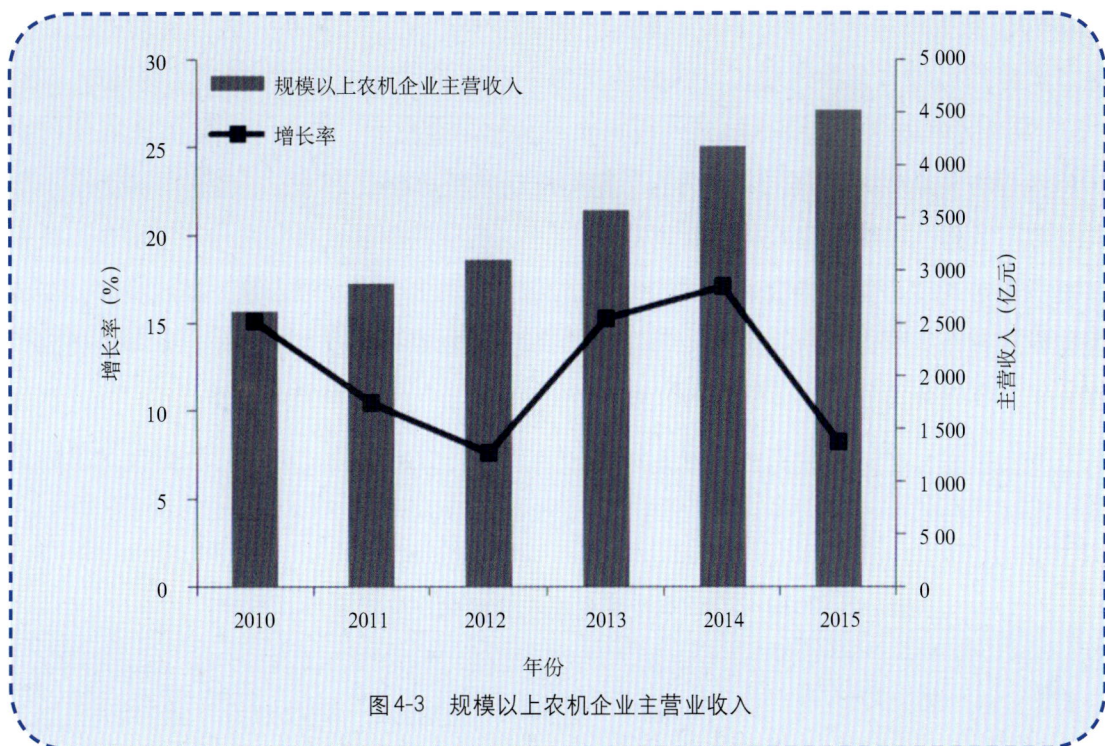

图4-3　规模以上农机企业主营业收入

随着我国农业机械工业快速发展，农机装备结构逐步优化。2015年我国大中型拖拉机保有量607.3万台，"十二五"期间增长35.4%，小型拖拉机出现负增长。大中型拖拉机总动力19 202.22万千瓦，占拖拉机总动力53.5%，2015年拖拉机农机具配套比1.73，"十二五"期间增长4.8%。农机动力机械逐步向高效率、大功率方向发展，配套农机具日益丰富，逐步向多功能复式作业方向发展（图4-4）。

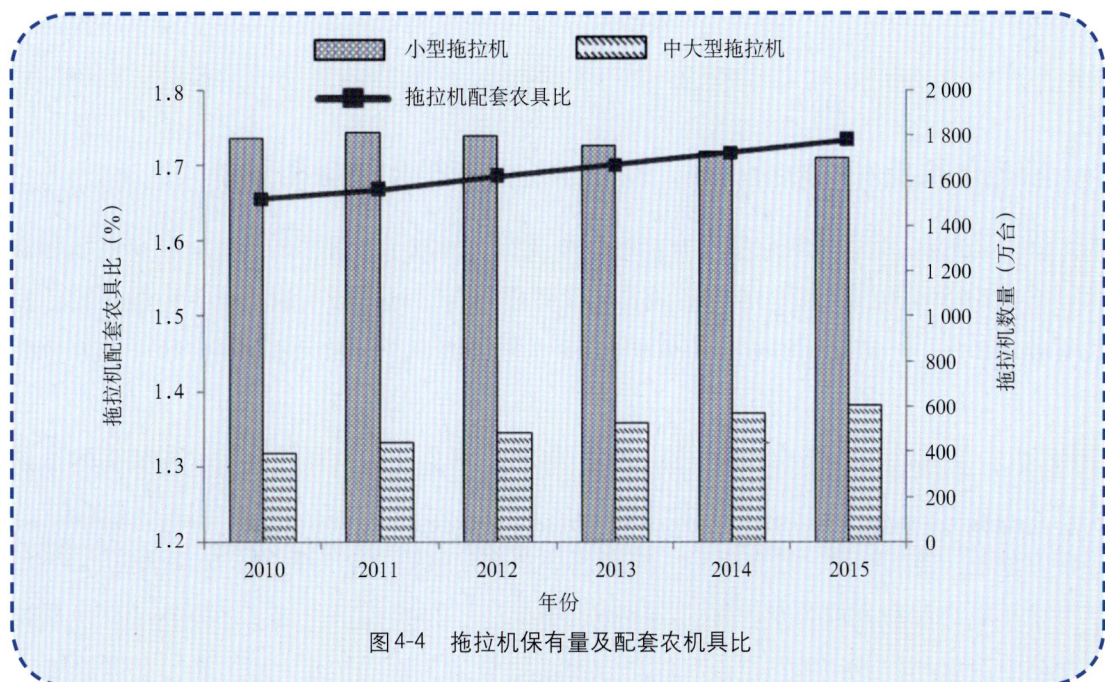

图4-4　拖拉机保有量及配套农机具比

主要农作物生产关键环节的农业机械如水稻插秧机、机动喷雾机、联合收割机、谷物烘干机、温室大棚产品保有量快速增长，产品性能进一步提升，促进了农机产品结构调整（表4-2）。"十二五"期间水稻插秧机增长54.1%，成为水稻种植主要机型，其中乘坐式高速插秧机快速发展，2015年保有量达24.24万台。"十二五"期间机动喷雾机增长25.4%，已基本淘汰了小型喷雾器，向高效、节药、喷嘴可调等高端机型发展。"十二五"期间联合收割机增长42.9%，其中稻麦联合收割机自走式占87%，半喂入式占比8.9%，发展方向主要为大喂入量、高脱净率、高清选率的高性能纵置轴流全喂入联合收割机。"十二五"期间谷物烘干机增长45.3%，但高能耗制约着我国粮食烘干，高效节能谷物烘干机成为发展趋势。"十二五"期间温室大棚增长47.7%，塑料大棚仍为主要温室类型，高性能连栋温室增长133.3%。温室大棚的温控、通风、除湿等环节机械化水平提升。

表4-2　2010—2015年我国主要农业机械产品拥有量（万台）

年份	大中型拖拉机	农用排灌动力机械	水稻插秧机	机动喷雾机	联合收割机	谷物烘干机	温室大棚
2010	392.2	2 159.3	33.3	461.4	99.2	3.8	1 134.0
2011	440.6	2 284.1	42.7	518.1	111.4	4.2	1 266.3
2012	485.2	2 280.6	51.3	544.3	127.9	3.6	14 502.6
2013	527.0	2 258.0	60.5	559.2	142.1	4.3	1 995.0
2014	568.0	2 295.7	67.0	614.0	158.4	5.4	2 079.7
2015	607.3	2 315.8	72.6	618.9	173.9	6.9	2 168.4
"十二五"增长率	35.4%	6.8%	54.1%	25.4%	42.9%	45.3%	47.7%

数据来源：农业部全国农业机械化统计年报。

4.1.3　农机化科技水平持续提高，新装备提升农机化质量和效益

"十二五"期间，我国农机自主研发能力显著提升，形成了大规模的农机化科研队伍和研发创新平台体系。2015年我国已拥有24家省级农机化科研院所、34所设有农机化专业的高校；拥有国家重点实验室2个、国家工程实验室（研究中心）3个、国家工程技术研究中心8个；农业部综合性重点实验室2个、专业（区域性）重点实验室12个、科学观测实验站8个。

"十二五"期间，我国农机着眼重点作物、薄弱环节及技术瓶颈的突破，布局实施了重大科研任务，中央财政投入5.4亿元，带动企业自筹投入5.4亿元（表4-3）。实现了四个"突破"：一是突破了复式整地、定位施肥、精量播种、高速栽插、高效施肥、全价收获、节水灌溉等关键技术，形成了大中小马力段配套粮食全程作业装备配套体系。二是突破了土壤、动植物信息快速获取解析、多源信息融合与作业控制、定位导航作业等关键技术，形成了水、肥、种、药变量施用技术

及装备。三是突破了低碳环控型温室和高光效轻简温室结构及配套设施、节能与绿色能源利用、水肥一体化等高效生产设施农业设备，促进了设施农业节本增效。四是突破了节能节地型新型养殖设施、环境调控、养殖数字化监控与远程管理、养殖废弃物无害化处理及资源化利用等成套技术及设备，促进了健康养殖和智能化养殖。

表4-3 "十二五"期间我国农机化领域主要国际科技计划项目

序号	项目名称	类别	实施年度	总投入（万元）	财政支持（万元）
1	现代多功能农机装备制造关键技术研究	国家科技支撑计划	2011—2013	29 373	12 973
2	农业与食品行业制造与自动化生产线关键技术与示范	国家科技支撑计划	2012—2014	5 998	2 898
3	智能化农机技术与装备	国家"863"计划	2012—2015	27 580	11 380
4	农业精准作业技术与装备	国家"863"计划	2012—2015	6 505	6 505
5	旱作高速移栽系统应用基础技术研究	国家"973"计划	2012—2013	380	380
6	大田作物机械化生产关键技术研究与示范	国家科技支撑计划	2013—2017	2 928	2 928
7	现代化农业农机装备研究与示范	国家科技支撑计划	2014—2016	11 336	5 256
8	现代节能高效设施园艺装备研制与产业化示范	国家科技支撑计划	2014—2016	16 544	8 744
9	农产品产地商品化处理关键技术与装备	国家科技支撑计划	2015—2018	7276	3 276
合　计				107 920	54 340

数据来源：《中国农业机械化发展报告》。

　　按照增产增效并重、农机农艺融合、良种良法配套、生产生态协调的基本要求，构建了主要农作物全程机械化生产模式，全面推进了先进适用新技术新装备的应用，提升了农机化作业质量和效益。2015年机械化深松、保护性耕作面积达2 287.49万公顷，占机耕面积19%。"十二五"期间机械深松面积增长31.5%，保护性耕作面积增长53.8%，土壤结构得到一定程度改善，土壤肥力、蓄水保墒和抗旱防涝能力大幅提高，作物产量提高10%～15%左右。2015年机械化免耕播种、精少量播种面积达5 613.26万公顷，占机插面积64.8%，基本覆盖了小麦、玉米等旱作物的种植环节。"十二五"期间我国机械化免耕播种、精少量播种面积大约增长20%左右，实现了稳步增长。玉米精量播种可减少种子用量15～25千克/公顷，增产约400千克/公顷。"十二五"期间我国先后大力推广了机械深施化肥、节水灌溉、水肥一体化、高地隙宽幅变量喷雾、农用飞机喷雾等节水、节肥、解药技术。2015年机械深施化肥、节水灌溉、农用飞机喷雾作业面积分别为3467.06

万、1 570.66万、219.07万公顷，"十二五"期间分别增长13.6%、25.7%、16.4%，有效缓解了水资源紧缺的问题，减少了农业面源污染，实现了农业生产节本增效。2015年机械化秸秆还田面积4606.54万公顷，占机收面积的52.6%，"十二五"期间增长38.1%。秸秆还田增肥增产作用显著，一般可增产5%~10%，同时杜绝了秸秆焚烧所造成的大气污染（表4-4）。

表4-4　2010—2015年我国先进农机装备技术推广应用面积（万公顷）

年份	机械深松	机械化免耕播种	保护性耕作	精少量播种	机械深施化肥	机械节水灌溉	机械化秸秆还田	农用飞机作业
2010	927.27	1 115.25	431.69	3 389.51	2 996.13	1 166.55	2 851.7	183.05
2011	1 104.95	1 257.27	571.55	3 432.28	3 259.44	1 335.24	3 168.69	187.83
2012	1 054.09	1 411.88	645.13	3 762.4	3 220.34	1 479.23	3 491.34	238.39
2013	1 078.47	1 341.31	773.14	3 885.24	3 256.54	1 420.02	3 699.83	251.19
2014	1 089	1 342.1	862.28	4 138.92	3 415.93	1 561.82	4 315.6	225.97
2015	1 353.69	1 402.23	933.8	4 211.03	3 467.06	1 570.66	4 606.54	219.07
"十二五"增长率	31.5%	20.5%	53.8%	19.5%	13.6%	25.7%	38.1%	16.4%

数据来源：农业部全国农业机械化统计年报。

4.1.4　农机化作业服务专业化，生产经营服务效益显著提升

近年来我国农机化作业服务主体迅速发展，形式多样化，主要包括农机合作社、农机作业公司、跨区作业服务队、农机大户、农机协会等组织。农机化作业服务模式专业化，主要分为：全程服务，农机服务主体向农户提供全程机械化作业服务；菜单服务，农机服务主体根据农户需要提供部分环节机械化作业服务；综合服务，农机服务主体流转农户土地，成为农业生产主体。

"十二五"期间，农机化作业服务组织、农机户分别增长6.4%、6.8%，2015年分别达到18.2万、43.4万个，服务主体稳步增长。"十二五"期间，拥有农机原值20万~50万元的服务主体、拥有农机原值50万元以上的服务主体分别增长35.3%、107.6%，服务主体逐渐向规模化方向发展（表4-5）。

表4-5　2010—2015年我国农机化作业服务组织（个）

年份	农机化作业服务组织	农机户	拥有农机原值20万~50万元的服务体	拥有农机原值50万元以上的服务体
2010	171 465	40 589 009	433 084	57 314
2011	170 572	41 110 833	440 232	69 502
2012	167 038	41 923 428	457 377	78 100
2013	168 574	42 386 670	517 643	87 664
2014	175 124	42 910 686	557 840	110 084

（续）

年份	农机化作业服务组织	农机户	拥有农机原值20万~50万元的服务体	拥有农机原值50万元以上的服务体
2015	182 453	43 369 276	585 815	118 990

数据来源：农业部全国农业机械化统计年报。

2015年我国农机化生产经营服务收入达5 522亿元，"十二五"期间增长32.5%，农机化作业服务能力和经营效益显著提升。2015年农机专业合作社作业服务面积达4 374万公顷，约占全国农机化作业总面积的13%。2015年全国跨区作业面积达2 577万公顷，主要服务为跨区机收作业，机收作物依次为小麦、水稻、玉米。"十二五"期间跨区作业面积出现先增长后减少的趋势，主要因为农机购置补贴政策的深入实施，农户自购自用和区域内社会化服务比重增加。随着全国推进粮食作物全程机械化，各区域农机结构优化，逐渐摆脱了发展不平衡的现状（表4-6）。

表4-6　2010—2015年我国农机化作业服务情况

年份	农机化生产经营服务收入（万元）	农机专业合作社作业服务面积（万公顷）	农机跨区作业面积（万公顷）	跨区机耕面积（万公顷）	跨区机插面积（万公顷）	跨区机收面积（万公顷）
2010	41 673 218		2 884.1	488.9	184.7	2 146.1
2011	45 090 718		3 292.4	507	224.3	2 460.2
2012	47 790 382	3 546.1	3 429.6	575.4	258	2 495.2
2013	51 079 826	3 916.4	3 671.9	676.7	308.5	2 600.5
2014	53 600 643	4 192.9	2 972.1	593.9	281.9	1 767.6
2015	55 219 769	4 374.2	2 577	526.5	257.5	1 652.3

数据来源：农业部全国农业机械化统计年报。

4.1.5　国内农业机械化发展趋势

"十三五"期间，我国农业机械发展将以"智能、高端、高效、环保"为目标，围绕核心技术自主化、主导装备精益化、薄弱环节机械化，国产农机产品市场占有率实现90%以上，高端产品市场占有率达30%，化肥和农药有效利用率达到40%。

智能农机装备将迅猛发展，农业机械化与农业信息化进一步融合。农机作业传感器、智能决策与控制、智能服务等技术，突破智能设计、作业管理关键技术得到突破，大型专用拖拉机、田间作业及收获、设施精细生产等智能技术主导产品抢占市场。

引领高端高效农机装备产品快速发展，重点发展方向如下：① 200马力及以上，8速及以上动力换挡新型高效拖拉机；②变量施肥播种机械，实现免耕、变量分层施肥一体化作业；③精量植保机械，具备自动防滑、变量作业功能；④大喂入量高效收获机械；⑤大型粮食节能干燥机械；⑥畜禽智能养殖机械。

绿色环保农机装备的推广应用加快。紧紧围绕"一控两减三基本"的目标，加快深松整地、保护性耕作、精准施药、化肥深施、节水灌溉、秸秆机械化还田收贮、残膜机械化回收利用、病死畜禽无害化处理及畜禽粪便资源化利用等机械化技术的推广应用，积极发展农用航空。

4.2 广东农业装备发展现状

4.2.1 农机装备总量稳步增长，装备水平进一步提高

2015年广东省农机装备总量稳步增加，农机装备总动力约为2 696.7892万千瓦，同比上年增长2.4%，"十二五"期间累计增长14.99%（图4-5）。全省农业机械原值达到204.74亿元，比2014年增加2.6个百分点，"十二五"期间累计增长29.36%。据省农业部门调查显示，2015年省农机装备总动力稳步增长的主要原因是农机装备结构逐步优化，在耕整、机插、收割等环节年末拥有量持续增加，大中型拖拉机2.8732万台，同比增长2.1%；耕整机33.083 1万台，同比增长6.6%；水稻插秧机1.055 6万台，同比增长5.5%；联合收获机2.563 6万台，同比增长7.4%；农用灌溉动力机械88.295 9万台，同比增长3%，特色经济作物机械开始进入应用坏节，畜牧水产机械发展保持良好的趋势，稳步发展（图4-6）。

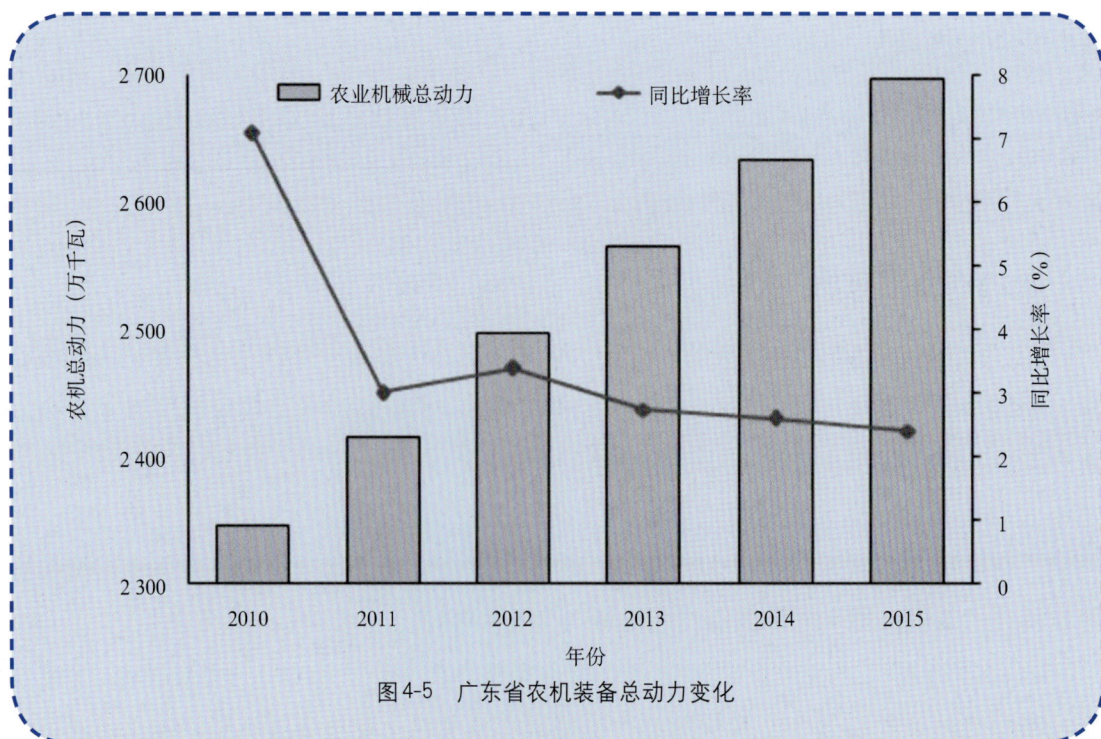

图4-5 广东省农机装备总动力变化

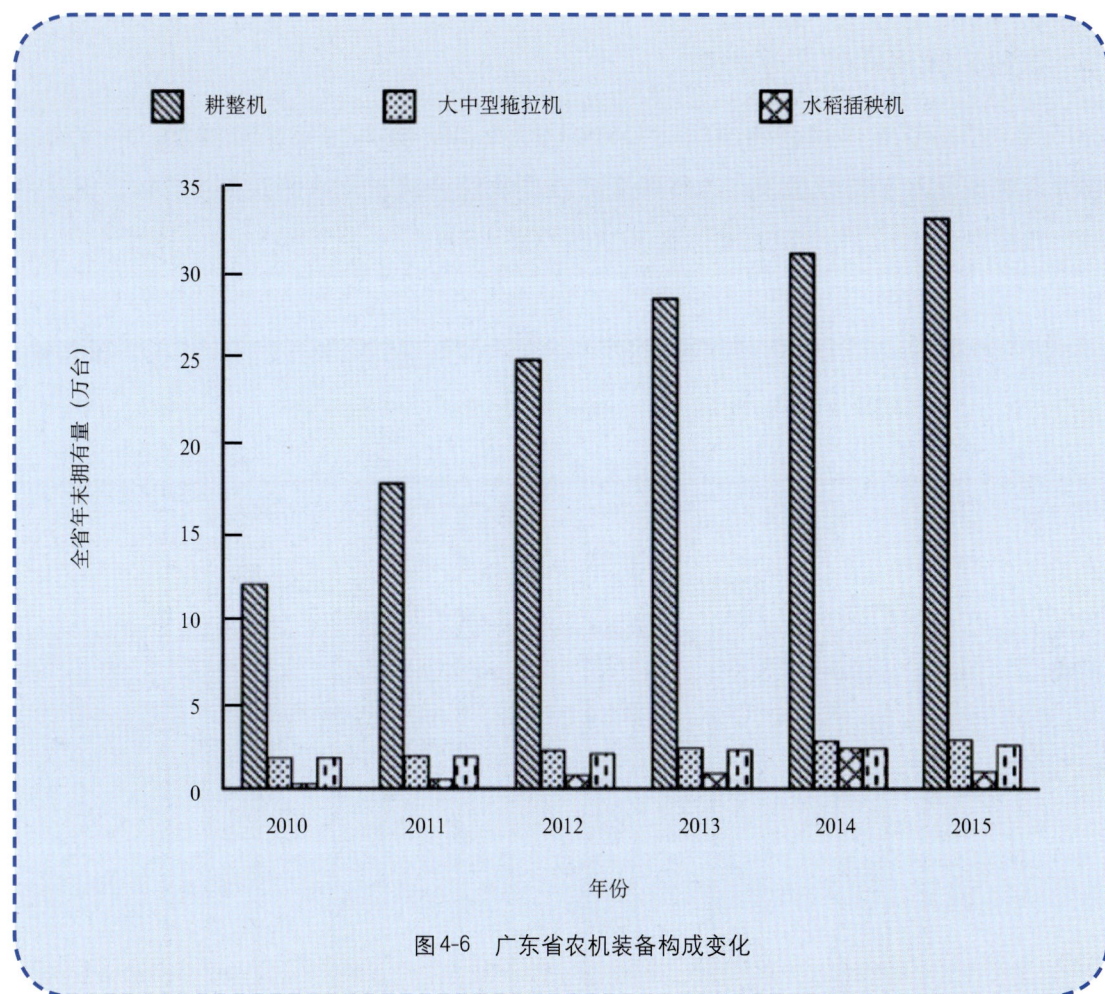

图4-6　广东省农机装备构成变化

2011—2015年，广东省农机装备总动力持续增加，但是增长速度逐步放缓，由2011年的3%降至2015的2.4%，逐步向优化农机装备结构，提高农机利用率的方向发展。2015年，全国农机总动力达到111 728.07万千瓦，广东省农机装备总动力占全国农机总动力的2.41%，在全国排名16，与全国其他省份相比，广东省农机装备能力低于湖南、广西、江苏、山东等地区，但高于临近的浙江、福建、江西等地区，说明广东省的农业机械化发展形势稳定良好（表4-7）。

表4-7　2011—2015年全国及部分省份农业机械装备总动力（万千瓦）

年份	全国	广东	江苏	浙江	福建	江西	山东	湖南	广西
2011	97 734.66	2 414.808	4 106.11	2 461.25	1 250.81	4 200.03	12 098.25	49.35.59	3 033.15
2012	10 2559	2 496.674	4 214.64	2 489.4	1 286.8	4 599.68	12 419.87	5 189.24	3 195.91
2013	103 906.8	2 564.89	4 405.62	2 462.2	1 336.76	2 014.13	12 700	5436	3 382
2014	108 056.6	2 632	4 405.62	2 420	1 368	2 118	13 100	5672	3 382
2015	111 728.1	2 696.8	4 825.49	2 360.13	1 384.13	2 260.82	13 353.02	5894.06	3 803.18

4.2.2　农业机械化作业水平分析

　　2015年，广东省农作物播种面积达458.861 9万公顷，较2014年略有增加，但全省农作物耕种收综合机械化水平持续增长。2015年全省农作物综合机械化水平达到45.2%，机耕率达到81.64%，机插率达到5.77%，机收率达到36.06%（图4-7）。

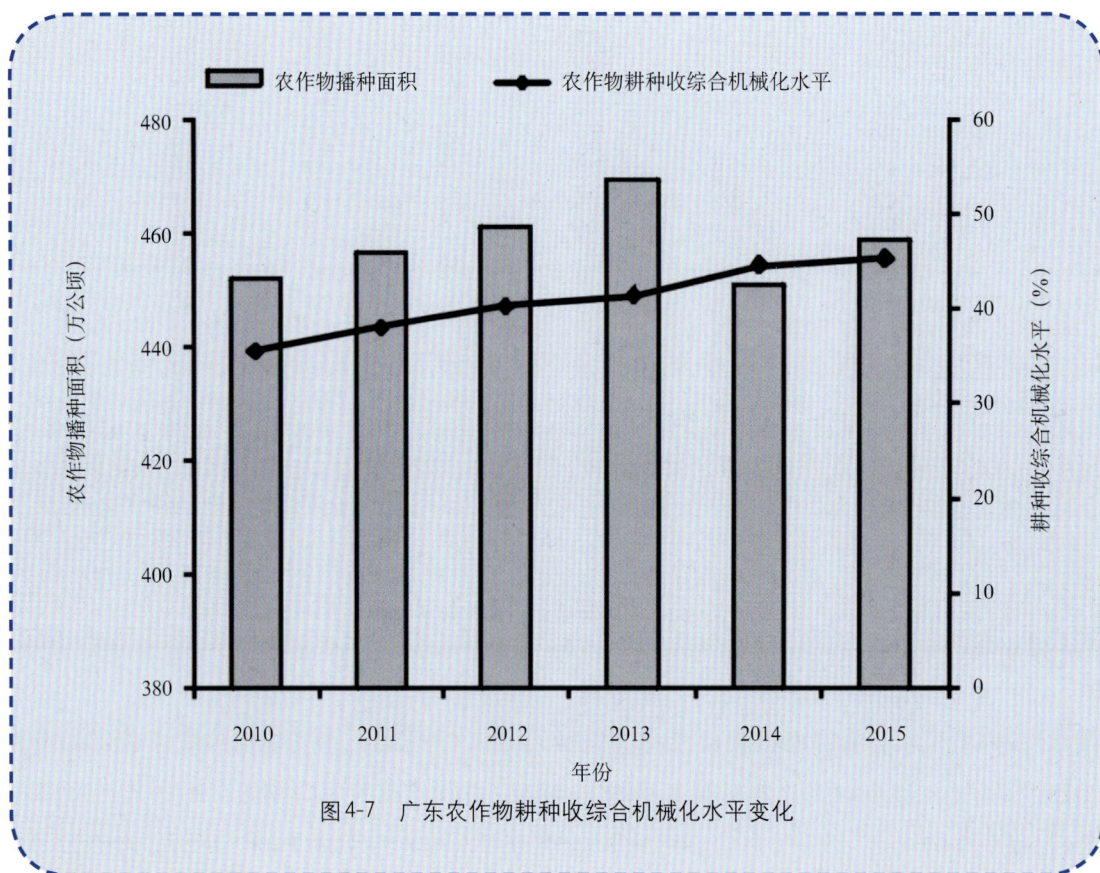

图4-7　广东农作物耕种收综合机械化水平变化

　　广东省农业机械化作业程度发展趋势与全国基本一致，农机化作业程度均呈上升状态，2015年全国农作物耕种收综合机械化水平达63.82%，"十二五"期间提高了11.5%，年均增长超过2%，广东省提高了9.7%，年均增长1.94%，比全国年均增长低0.36个百分点。2015年，全国机耕率、机插率、机收率分别达80.43%、52.08%、53.4%，"十二五"期间分别提高了10.82%、9.04%、14.99%。2015年，广东省耕地、播种及收获作业中机械化作业面积一直保持比较平稳的增长速度，机耕率、机插率、机收率分别为81.64%、5.77%、36.06%，"十二五"期间提高了13.87、4.19、9.66个百分点。其中耕地机械化作业程度最好，2015年达到81.64%，大部分作业实现了机械化；其次是收获机械化作业程度，2015年达到36.06%，发展速度持续增加；播种机械化作业程度较低，到2015年达到5.77%，是全省农业机械化全程机械化的薄弱环节（图4-8、图4-9）。

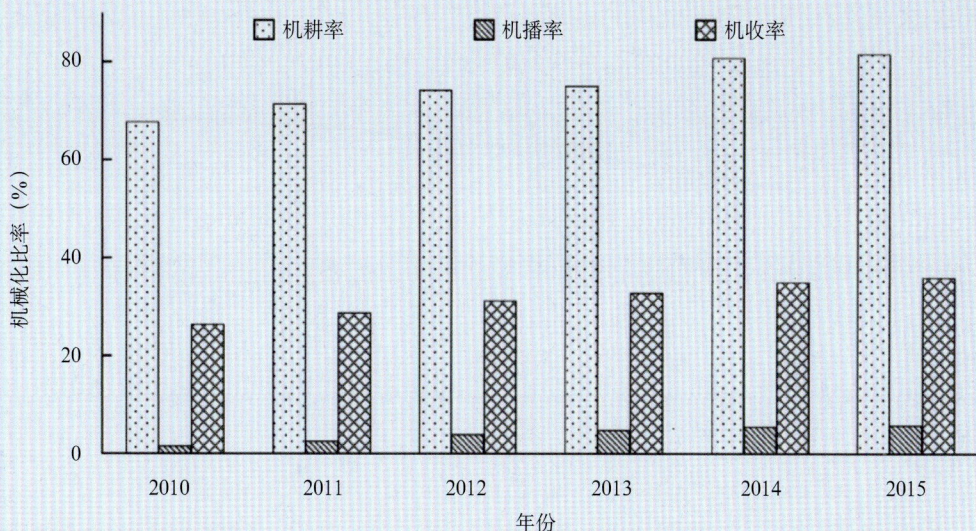

图4-8　2010—2015年广东农作物耕种收机械化水平变化

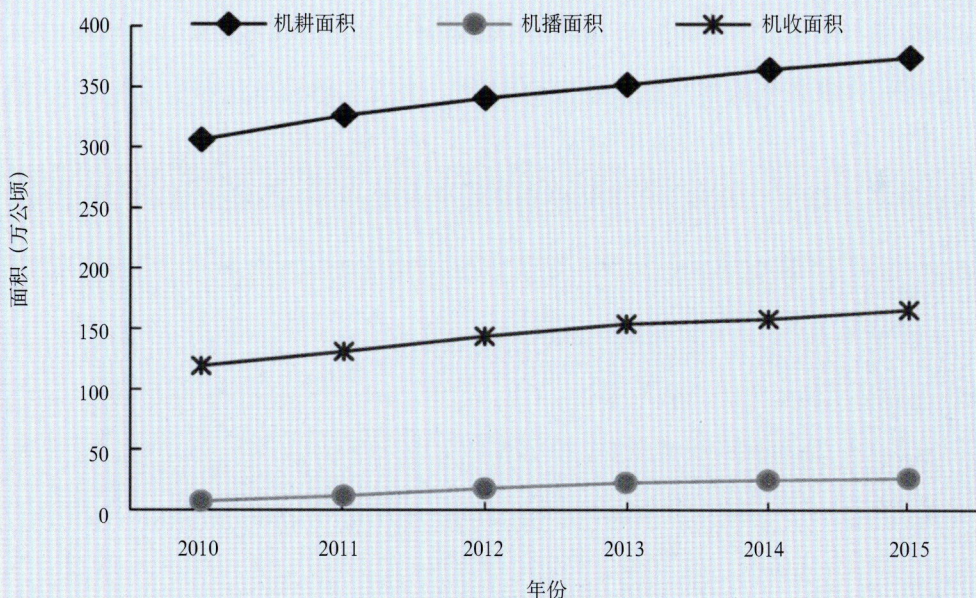

图4-9　广东农作物耕种收机械化作业面积变化

4.2.3　水稻生产全程机械化稳健推进

2015年，广东水稻播种面积继续小幅度下降，降幅较2014年有所收窄。但水稻综合机械化作业程度一直保持比较平稳的增长速度，2015年水稻机械化综合水平达到67.61%，其中机耕率为97.28%，机插率为13.43%，机收率为82.24%。这与广东省各级农机部门着力推进水稻机械化生产中的育插秧和烘干等薄弱环节机械化进程有密切关系（图4-10）。

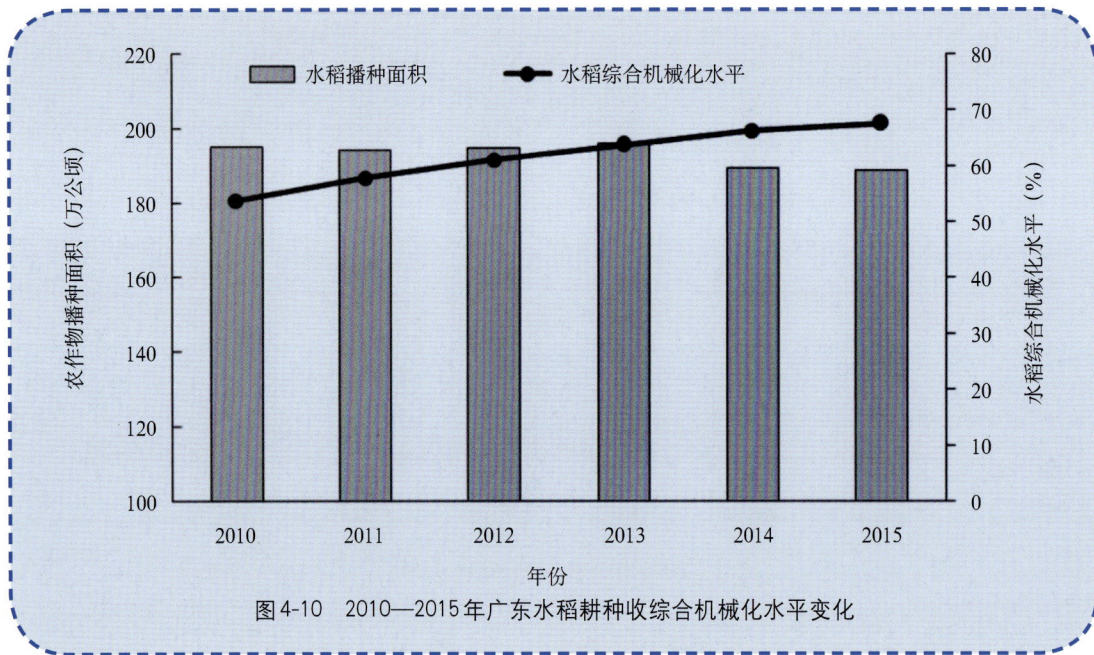

图4-10　2010—2015年广东水稻耕种收综合机械化水平变化

受不利天气、病虫害损失等综合因素影响，从2013年开始，全省水稻产业发展形势下滑。在水稻播种面积微幅下降情况下，水稻机耕面积出现滑坡现象，但是水稻机插和机收面积保持比较平稳的增长速度，发展程度较低（图4-11）。2015年，全国水稻机械化综合水平78.12%，广东省低了10.51个百分点；全国水稻机耕率为98.94%，广东省低了1.7个百分点；全国水稻机插率为42.26%，广东省低了28.83个百分点；全国水稻机收率为86.21%，广东省低了3.97个百分点。

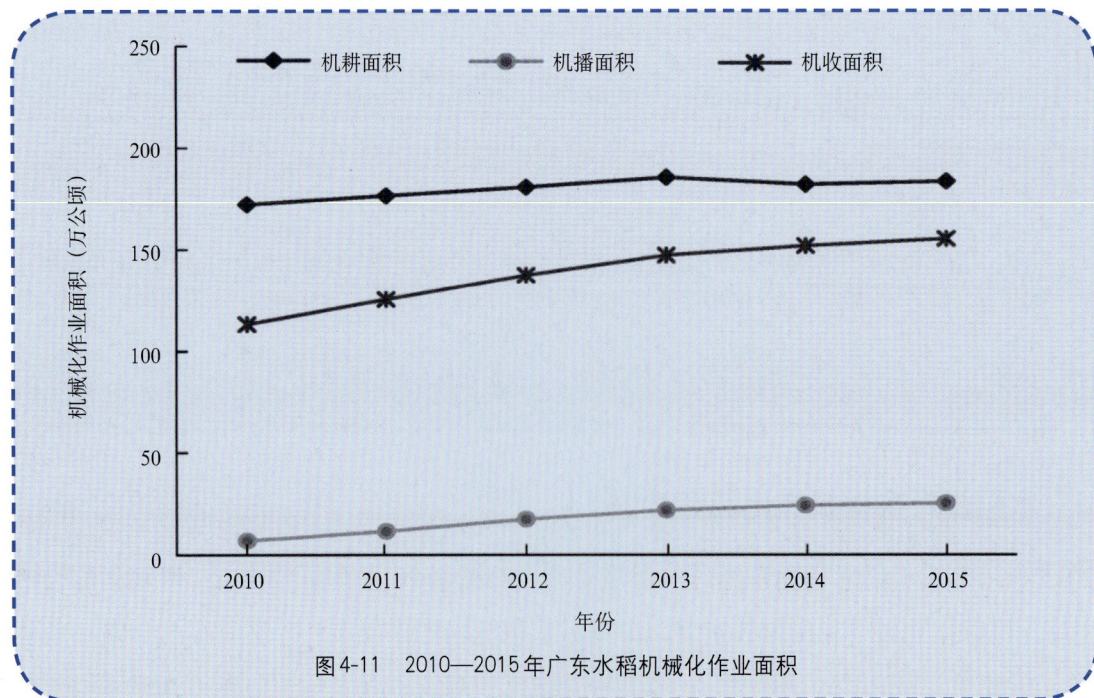

图4-11　2010—2015年广东水稻机械化作业面积

2015年，全省水稻耕整地机械化作业程度最高，达到97.28%，已基本实现了机械化；水稻收获机械化作业程度很高，发展速度很快，从2011年开始平均每年同比增加近4个百分点；水稻播种机械化作业程度程度一直稳步增长，但发展程度较低，是水稻全程机械化的薄弱环节。因此通过举办水稻生产全程机械化技术集成培训现场会，示范推广水稻生产机械化技术，重点推广育插秧机械化，全年新增水稻插秧机479台，完成机插秧面积29.6万公顷，机插率达13.4%（图4-12）。

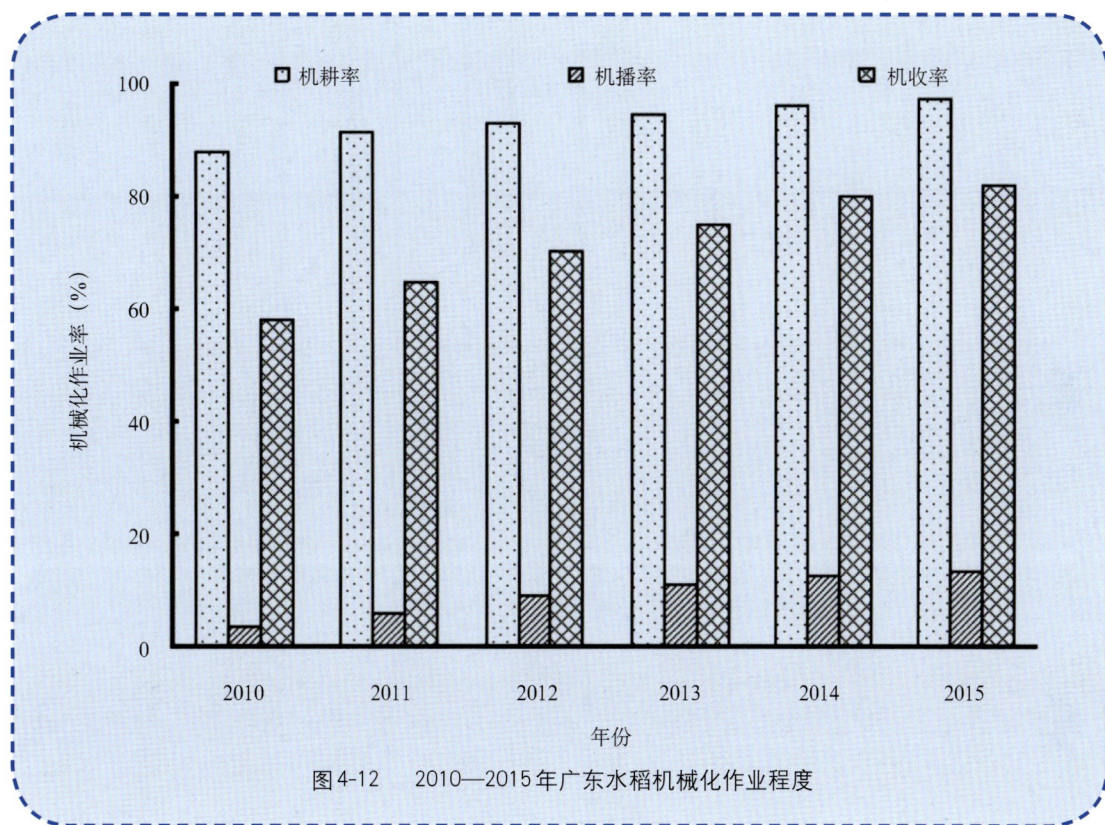

图4-12　2010—2015年广东水稻机械化作业程度

4.2.4　农机工业稳步发展

2011—2015年，全省规模化以上农机企业数量及产品销售收入总体上稳步增加，发展趋势同全国基本一致。2015年，全省规模化以上农机企业59家，同比2014年减少4.83%，占全国总数的2.4%（图4-13）；产品销售收入（主营业务收入）98.1亿元，同比2014年减少2.32%，占全国农机企业产品销售收入（主营业务收入）的2.17%（图4-14）。

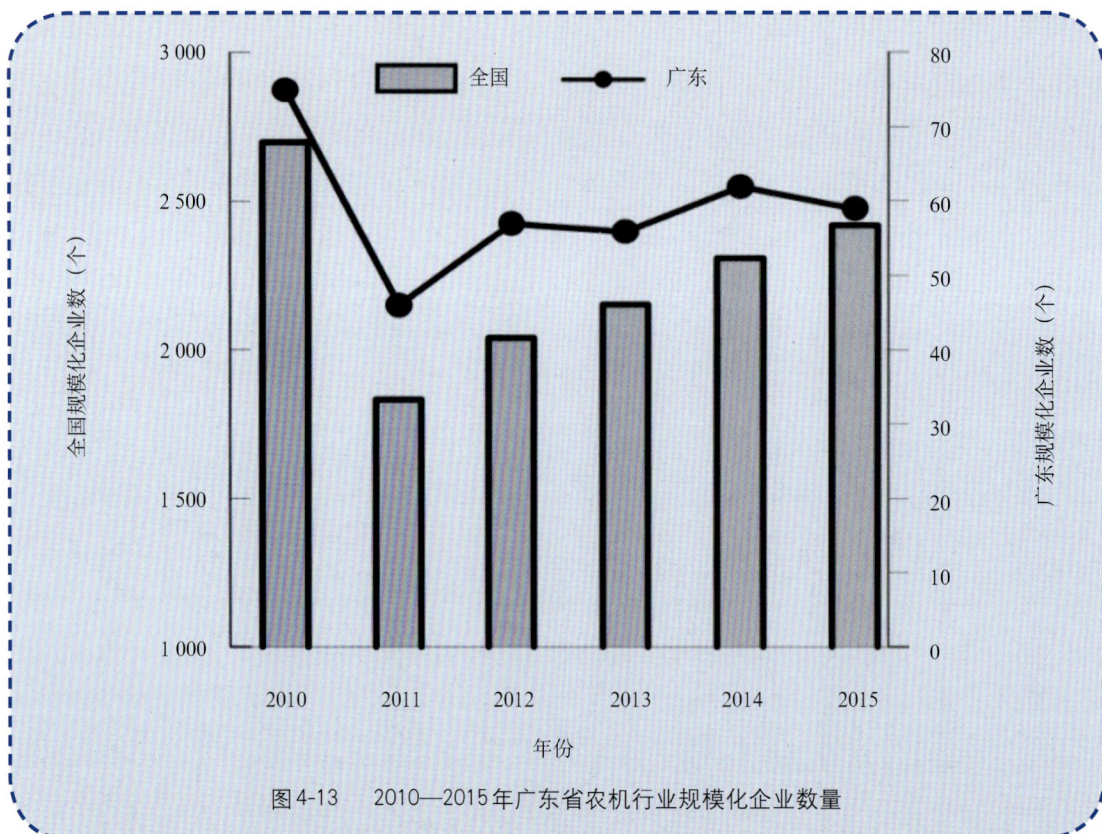

图4-13　2010—2015年广东省农机行业规模化企业数量

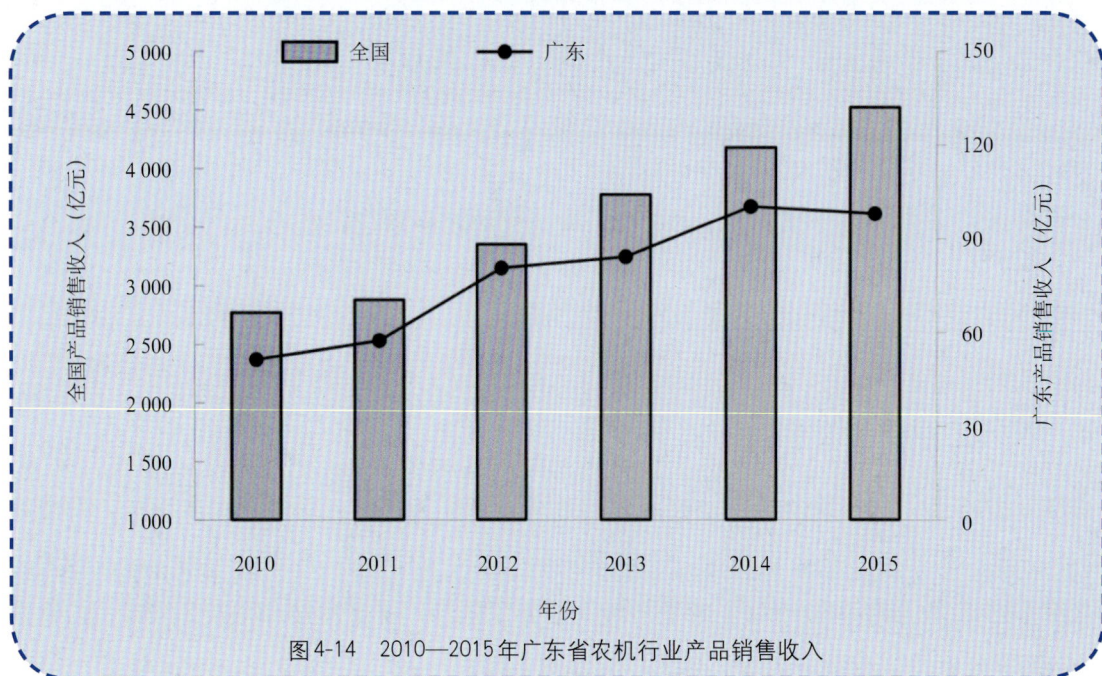

图4-14　2010—2015年广东省农机行业产品销售收入

　　2015年，全省农机行业资产合计总额为55.07亿元，占全国农机行业的1.97%，同比2014年增加2.59%。全省农机行业利润总额为4.52亿元，占全国农机行业比重的2.2%。"十二五"期间，全省农机行业资产总值一直保持稳步增加，利润总额波动比较大，但是总趋势是增加的（图4-15、图4-16）。

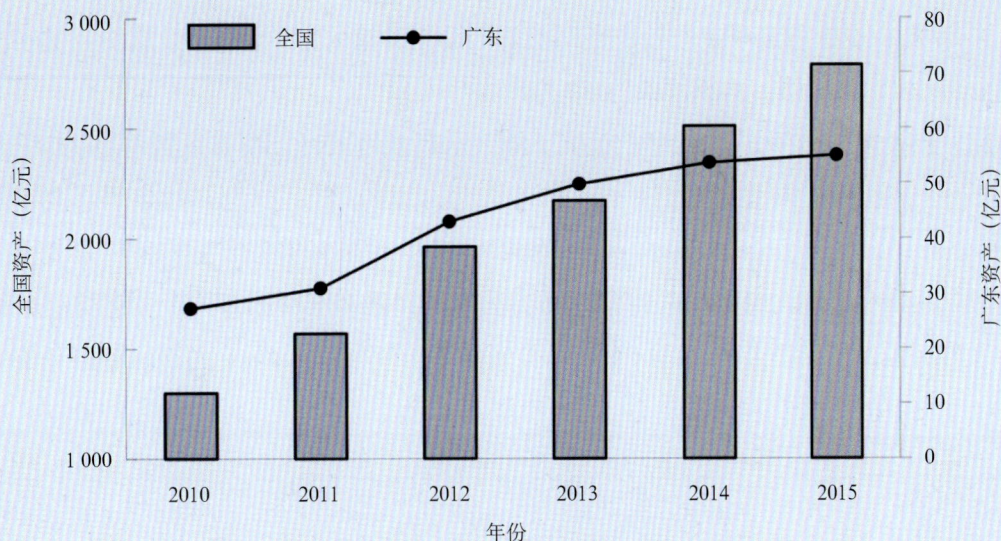

图4-15 2010—2015年广东省农机行业资产情况

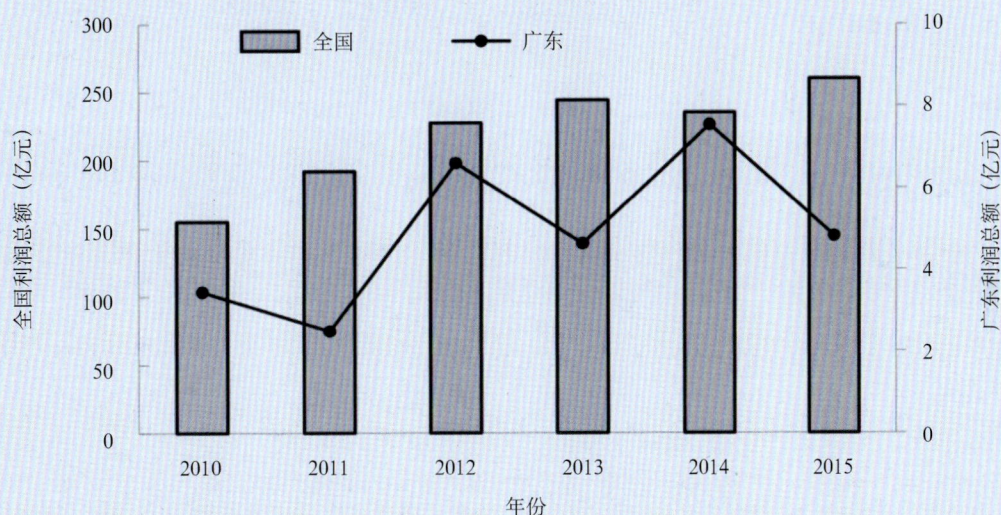

图4-16 2010—2015年广东省农机行业利润总额

4.2.5 设施农业发展基础得到加强

广东省设施农业发展主要有以下特点：一是区域聚集效应明显，广东省设施大棚主要集中在广州、韶关、惠州、汕头、湛江、中山及汕尾等7市，设施农业面积均在万亩以上，其中广州、韶关、惠州及湛江4市的设施大棚面积占全省的70%。二是产业集中度较高，设施农业中种植对象主要是蔬菜、花卉、水果、食用菌及药材等各类特色经济作物。2015年，设施栽培中种植面积最大的是蔬菜，达1.02万公顷，占全省设施种植面积的54%；其次是花卉，面积0.553万公顷，占29%。三是提质增效成效明显，设施农业生产可以做到周年生产、按需种植、缩短周期、增量提质、稳定均衡、安全供应等效果，2015年广东省兰花设施栽培，每产值可达30万～40万元，利润可达30%～50%；设施蔬菜年生产效应是同类露天蔬菜种植的3～6倍。设施农业发展已成为广东省推动农业产业转型升级、提质增效的加速器。

2015年，启动实施省级现代农业"五位一体"示范基地项目，在粤东西北地区77个县（市、区）各建设一个省级现代农业"五位一体"示范基地，温室调控、水肥一体化节水灌溉等先进设施和技术得以应用，促进了全省设施农业种植面积的较大提高，2015年达到1.374万公顷，同比上年增加13.9%；其中塑料大棚面积达到1.172 5万公顷，同比上年增加12.1%；连栋温室种植面积达到0.184 1万公顷，同比上年增加34.04%；日光温室0.017 8万公顷，比2014年降低9.87%（图4-17）。

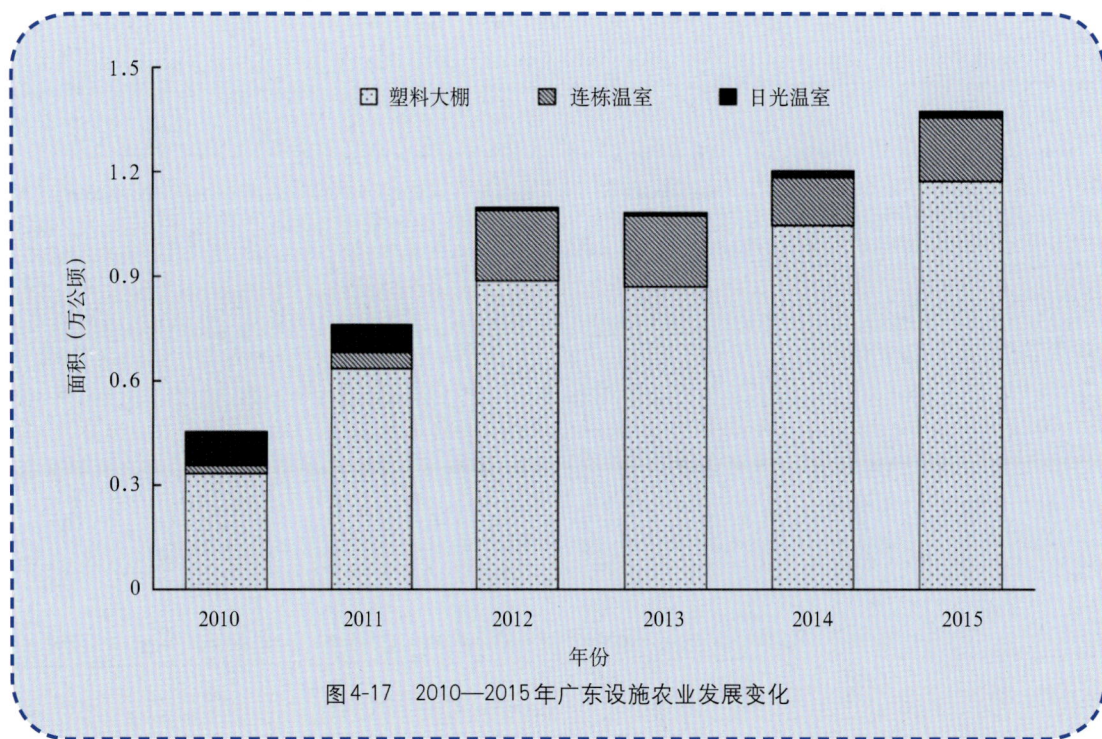

图4-17　2010—2015年广东设施农业发展变化

4.2.6　水果生产机械化发展缓慢

广东地处热带亚热带，水果品种资源丰富，特色鲜明，2015年广东水果种植面积和产量仍然保持稳定增加，珠三角、东西两翼、粤北山区3大经济区域的水果年末种植面积分别为250 806、149 705、228 879公顷，总产量分别为332万、136万、314万吨。但果蔬机械化发展却比较缓慢，到2015年末，全省果蔬加工机械拥有量仅有1.033 1万台，果树修剪机0.841 1万台（图4-18）。广东省水果加工企业规模普遍较小，加工能力和水平仍较低。

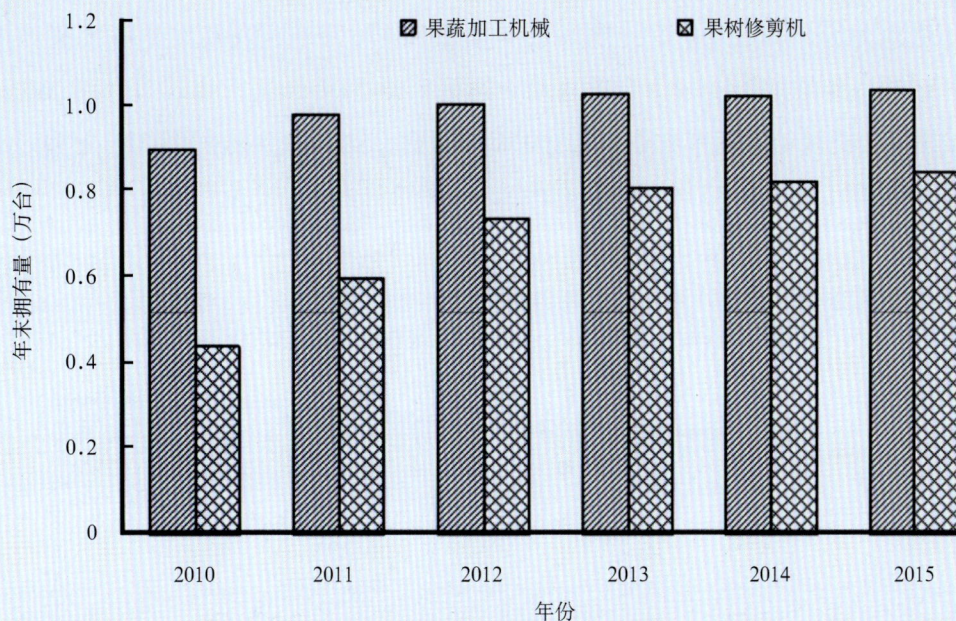

图4-18 广东果蔬生产机械化发展变化

4.2.7 畜牧生产机械化程度呈上升趋势

2015年，畜牧养殖机械年末拥有量为15.154万台，总动力达87.469 6万千瓦，"十二五"期间，全省畜牧养殖机械年末拥有量增加5.39万台，增长55.2%；总动力增加18.882 2千瓦，增长27.53%。同比2014年畜牧机械的年末拥有量和总动力增加不明显（图4-19）。

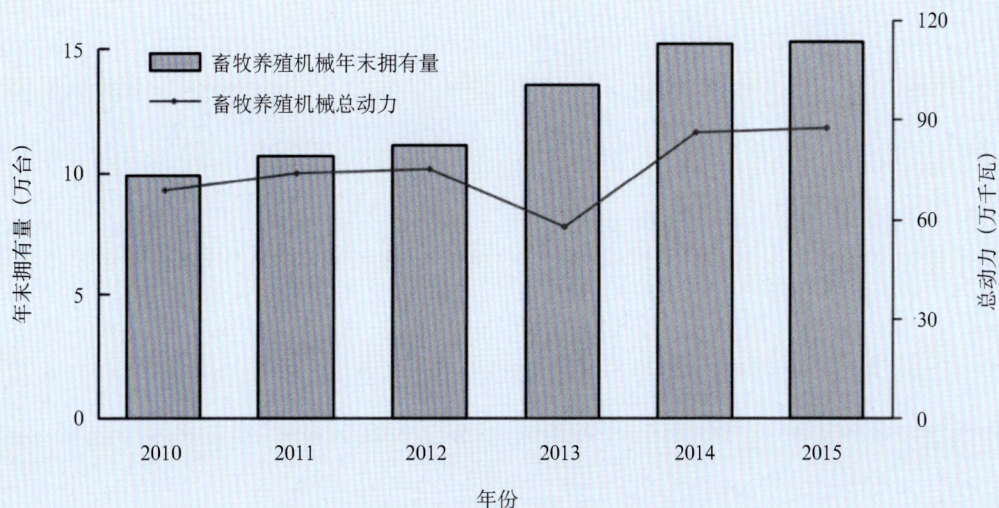

图4-19 2010—2015年广东畜牧养殖机械变化

2015年，畜牧养殖机械中饲草料加工机械年末拥有量最大，达9.066 4万台，比2011年增加0.382 6万台；总动力为59.566万千瓦，比2011年增加1.887 6万千瓦。其次是畜牧饲养机械达到5.320 9万台，比2011年增加3.416 2万台；总动力达到15.045 4万千瓦，比2011年增加3.769 8万千瓦。畜产品采集加工机械年末拥有量最小，为0.184 4万台，比2011年增加0.022 2万台；总动力为1.540 5万千瓦，比2011年减少0.316 8千瓦（图4-20、图4-21）。

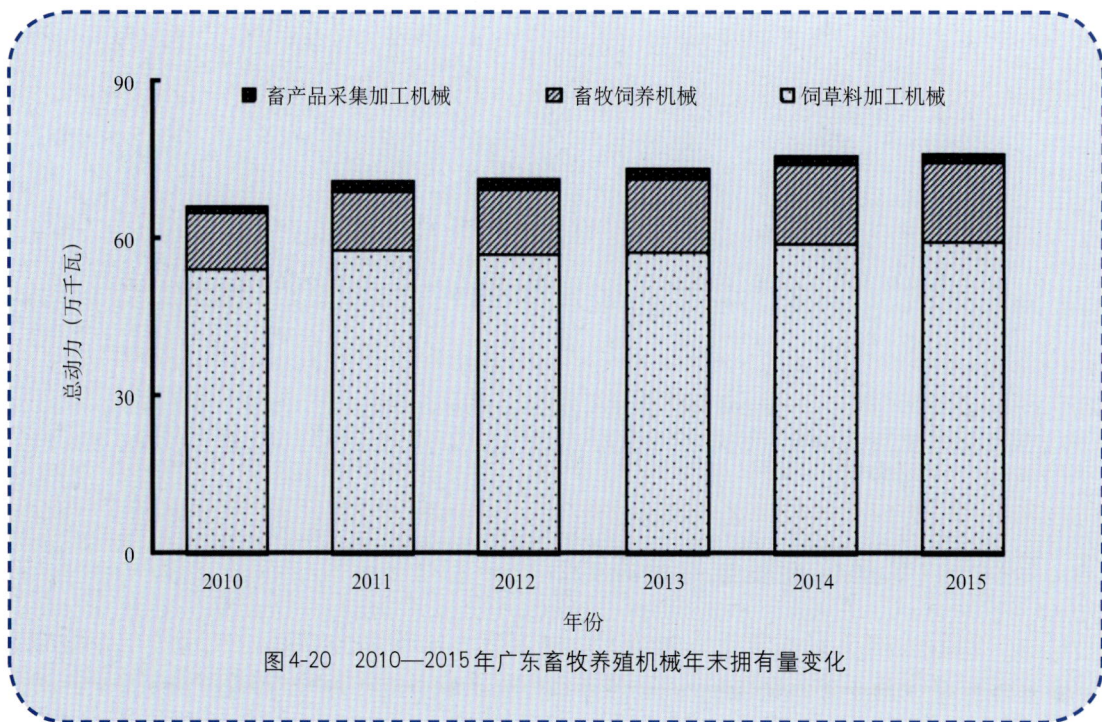

图4-20　2010—2015年广东畜牧养殖机械年末拥有量变化

图4-21　广东畜牧养殖机械总动力变化

4.2.8　农机化科技活跃，进步明显

　　广东省农业机械化科研资金的投入不断增加，2015 年达到 4 050.79 万元，比 2011 年的 793 万元增加 410.81%，比 2012 年的 685 万元增加 491.36%，比 2013 年的 3 158.5 万元增加了 28.25%，比 2014 年的 2 430.18 万元增加了 66.69%（图 4-22）。广东省现代农机装备研究所及科研院校等农机科研机构，着力加大开展农机科研工作力度，获得一批农机科研成果。如省现代农机装备研究所"南方特色果蔬贮运保鲜关键技术及应用"、"基于农情信息自动感知精准水肥灌溉关键技术的研发与应用推广"的两个成果获得 2015 年广东省科技奖，目前拥有农业部"南方农业机械与装备重点开放实验室"、"水田农业装备技术重点实验室"、教育部"南方农业机械与装备关键技术教育部重点实验室"、科技部"国家农业机械工程技术研究中心南方分中心"、科技厅"广东省现代农业装备工程技术研究开发中心"、农业厅"广东省现代农业（精准智能装备）产业化重点实验室"等一批农机科研平台。

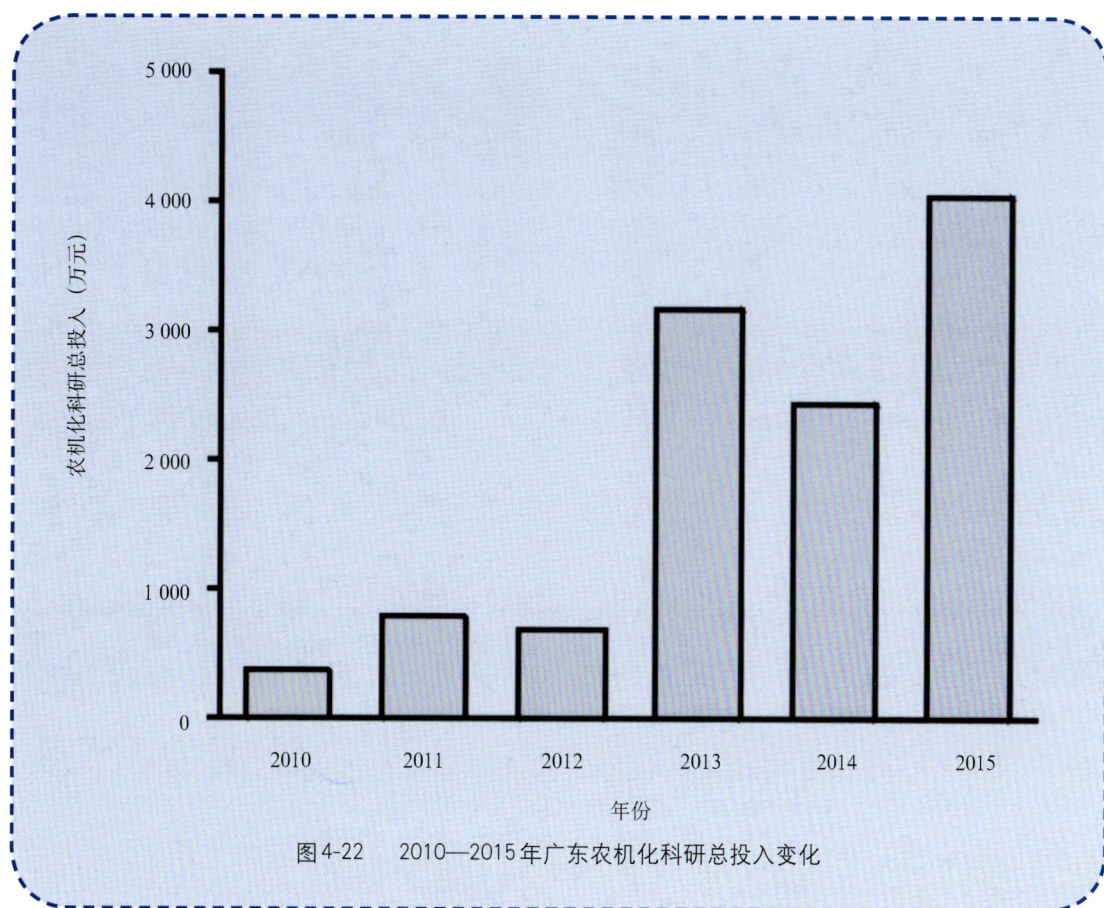

图 4-22　2010—2015 年广东农机化科研总投入变化

4.2.9　农机社会化服务能力不断增强

　　广东省人多地少，人均耕地面积小，近年来随着市场经济发展，农机服务领域开始呈现多元化格局，已拓展到农机生产的全过程，包括了生产制造、推广应用、维护修理、农机销售等多环

节的服务，农机服务队伍不断扩大。2015年，农机化作业服务组织及人数持续增加，农机化作业服务组织2 288个，比2014年增加3.01%，年末拥有农机化作业服务组织25 773人，比2014年增加0.64%。拥有农机原值20万～50万元作业服务组织机构895个，年末拥有人数7 672人；拥有农机原值50万元以上的作业服务组织机构个数为441个，年末拥有人数7803人；农机户1 086 034个，比2014年降低1.74%；农机化作业服务专业户166 219个，比2014年增加0.74%；农机专业合作社数量1 023个，比2014年增加5.64%；农机化中介服务组织个数小幅增加到14个，年末拥有人数增加到365人；农机经销点增加2 240个，比2014年增加4.4%；农机经销企业438个，比2014年降低10.25%；农机维修厂及维修点8 405个，比2014年降低6.25%；拖拉机驾驶培训机构36个，比2014年降低2.7%（图4-23，表4-8）。

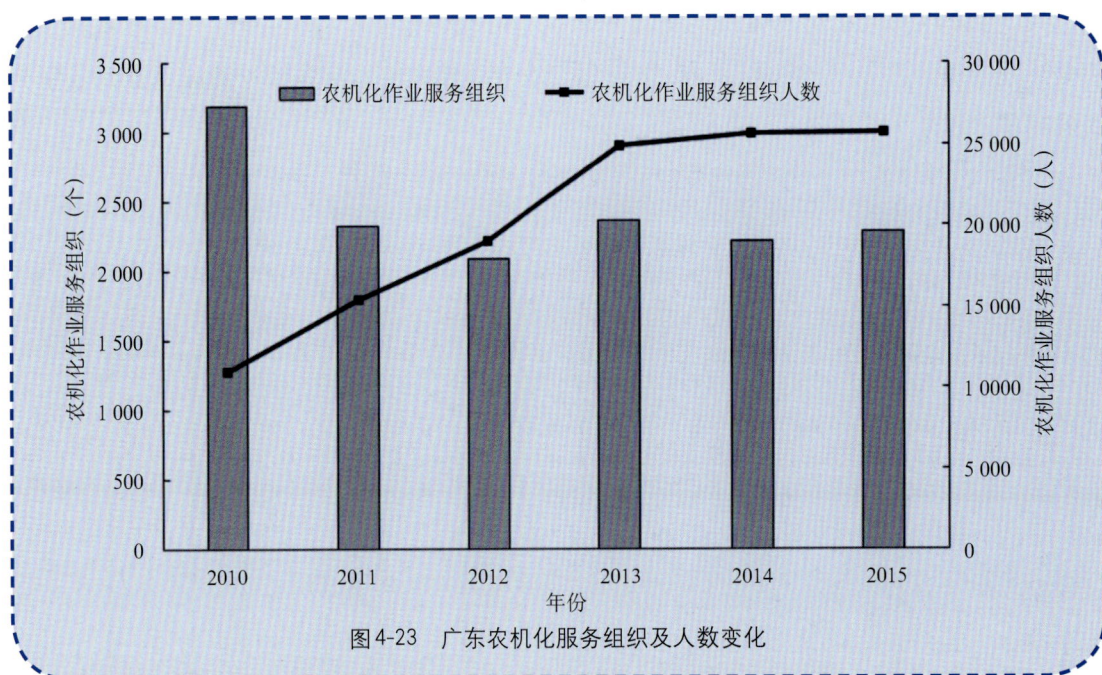

图4-23　广东农机化服务组织及人数变化

表4-8　2010—2015年农机化产业服务组织变化

服务组织	2010	2011	2012	2013	2014	2015
农机化作业服务组织（个）	3 188	2 327	2 091	2 363	2 220	2 288
年末人数(人)	10 972	15 393	18 995	24918	25 609	25 773
农机户（个）	964 467	980 545	1 054 363	1055258	1 105 266	1 086 034
年末人数(人)	1 254 575	1 250 985	1 366 298	1298641	1 35 6991	1 328 652
农机化作业服务专业户	151 960	135 481	140 005	169665	165005	166 219
年末人数(人)	204 495	187 301	195 615	221138	219422	220 410
农机专业合作社（个）	266	411	558	792	970	1 023
年末人数(人)	4 182	8 332	11 948	17 258	19 755	20 146
农机化中介服务组织（个）	22	20	11	12	13	14

（续）

服务组织	2010	2011	2012	2013	2014	2015
年末人数(人)	304	199	233	296	361	365
农机维修厂及维修点（个）	11 339	11 080	10 910	9 783	8 966	8 405
年末人数(人)	28 534	28 259	27 740	25 833	23 416	21 662
农机经销企业（个）	457	446	453	482	488	438
年末人数(人)	2 644	2 673	2 879	2 942	2 892	2 521
农机经销点（个）	2 022	1 977	2 147	2 173	2 145	2 240
年末人数(人)	5 644	5 491	5 911	6 156	6 192	6 191
拖拉机驾驶培训机构（个）	43	39	40	39	37	36
年末人数(人)	414	361	368	376	352	330

4.2.10 各区域农机装备水平分析

4.2.10.1 各区域农机化发展趋于平衡

2015年，珠三角、东西两翼和北部山区农业机械总动力都出现稳步增加趋势，其中东西两翼的农机总动力最高，而山区农机总动力最低，分别为936.43、1 059.18、636.36万千瓦，比2014年增加2.17、2.18、3.49个百分点（图4-24）。

2015年珠三角、东西两翼和北部山区农业综合机械化水平均呈现小幅增加，分别为45.23%、46.48%和41.62%，珠三角和东西两翼差距缩小，略高于北部山区，其中珠三角农业综合机械化水平与2014年持平，东西两翼则比2014年提高0.78个百分点，北部山区比2014年提高1.04个百分点，比珠三角和东西两翼的高（图4-25）。

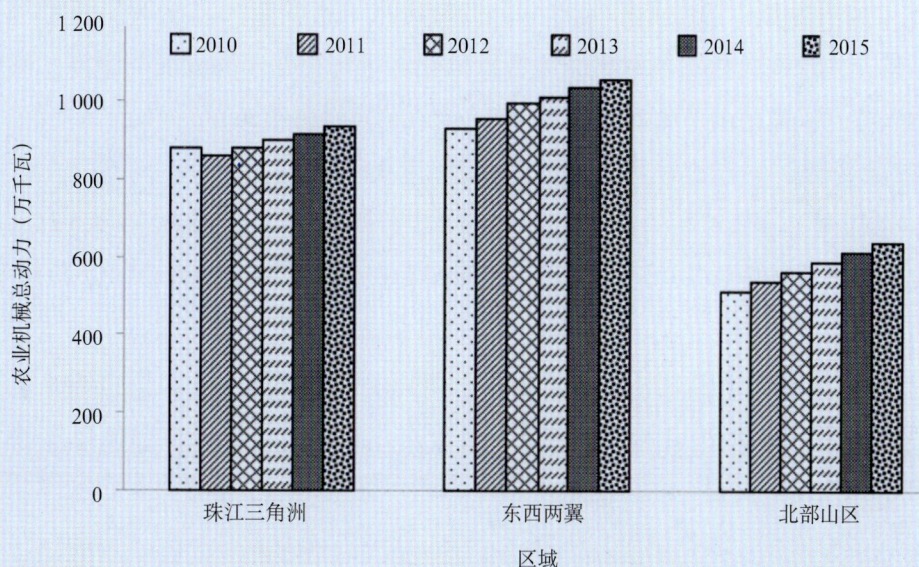

图4-24 2010—2015年广东三大区域农业机械总动力对比

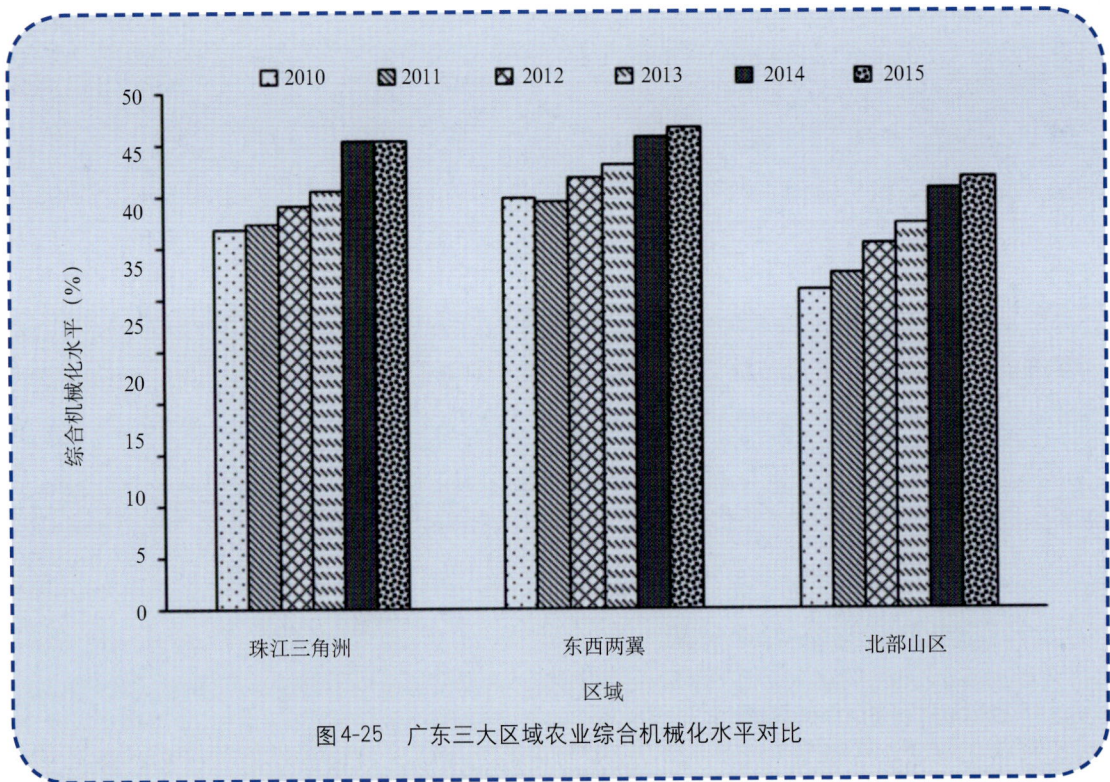

图4-25　广东三大区域农业综合机械化水平对比

4.2.10.2　珠三角——江门农业综合机械化水平最高

2015年，珠三角地区农业机械化总动力达到936.427 3万千瓦，农业综合机械化水平达到45.23%，多数地区的农机化装备能力及作业水平持续增长，促进珠三角地区农业机械化装备能力全面持续提升。从农业机械总动力来看，同比2014年珠三角地区总体增加19.87万千瓦，广州、江门、肇庆、惠州及东莞等地的农业机械总动力均有不同程度增长，中山和珠海增加幅度很小，而佛山呈现下滑趋势。从农业综合机械化水平来看，江门农业综合机械化水平最高，为55.95%，比2014年增加3.32个百分点；其次是东莞的综合机械化水平增幅较大，比2014年增加1.06个百分点；而广州、佛山、珠海、中山及肇庆的综合机械化水平却存在不同程度的下滑，其中下滑幅度最大的是广州，综合机械化水平比2014年减少2.5个百分点（图4-26）。

4.2.10.3　东西两翼——茂名农机总动力增加幅度大

2015年，东西两翼多数地区的农机总动力增加幅度较大，该地区农机化装备总动力及作业水平的变化幅度较大。从农机装备总动力来看，东西两翼农机化装备总动力总体比2014年增加22.61万千瓦，茂名、湛江、阳江、汕尾及揭阳等市的农机装备总动力都有一定幅度的增加，其中茂名增加的幅度最大，为10.00万千瓦，其次是湛江，增加4.47万千瓦。从农作物作业综合机械化水平看，东西两翼地区总体比2014年增加0.78个百分点，各地市作业综合机械化发展水平相差不大，茂名、湛江、汕尾、揭阳、汕头、阳江等市的综合机械化水平都存在一定程度增加，茂名比2014年增加2.18个百分点，潮州增加1.31个百分点。汕尾出现小幅度下滑，下降0.1个百分点（图4-27）。

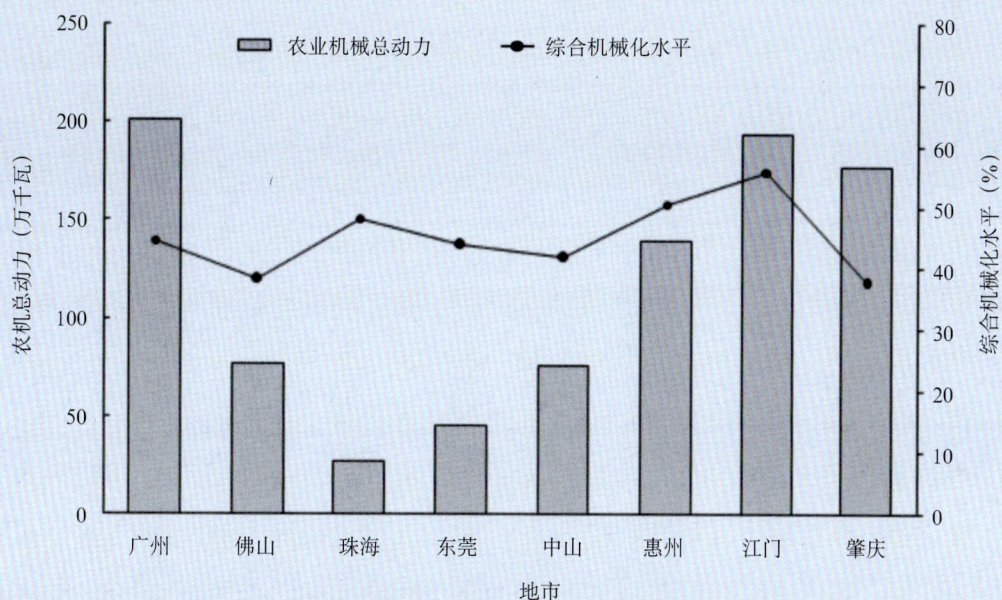

图4-26 2015年广东珠三角区域农机装备能力及作业水平对比

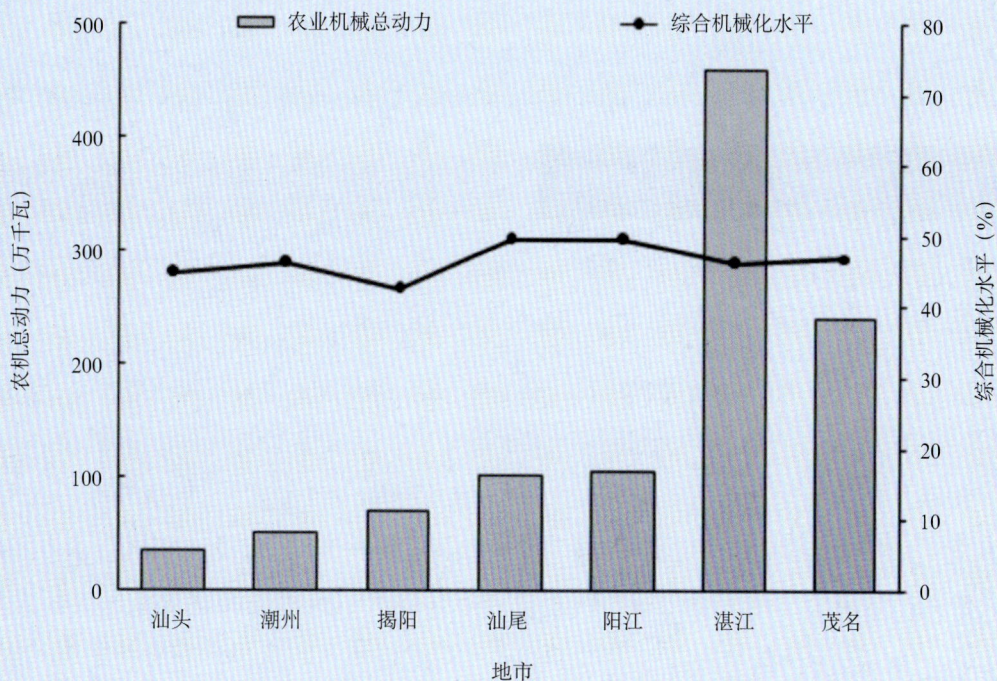

图4-27 2015年广东东西两翼区域农机装备能力及作业水平对比

4.2.10.4 北部山区——多地区农机总动力持续增长

2015年，北部山区各市农机总动力持续增长，比2014年增加21.48万千瓦。其中韶关农机化装备总动力增幅最大，为10.59万千瓦，其他各市农机化装备总动力的增加幅度波动不大。从综合机械化水平来看，北部山区总体增加 1.04 个百分点，其中梅州、清远的综合机械化水平增加较大，分别为 2.73、2.11 个百分点，而韶关有小幅下滑，下降 0.36 个百分点（图 4-28）。

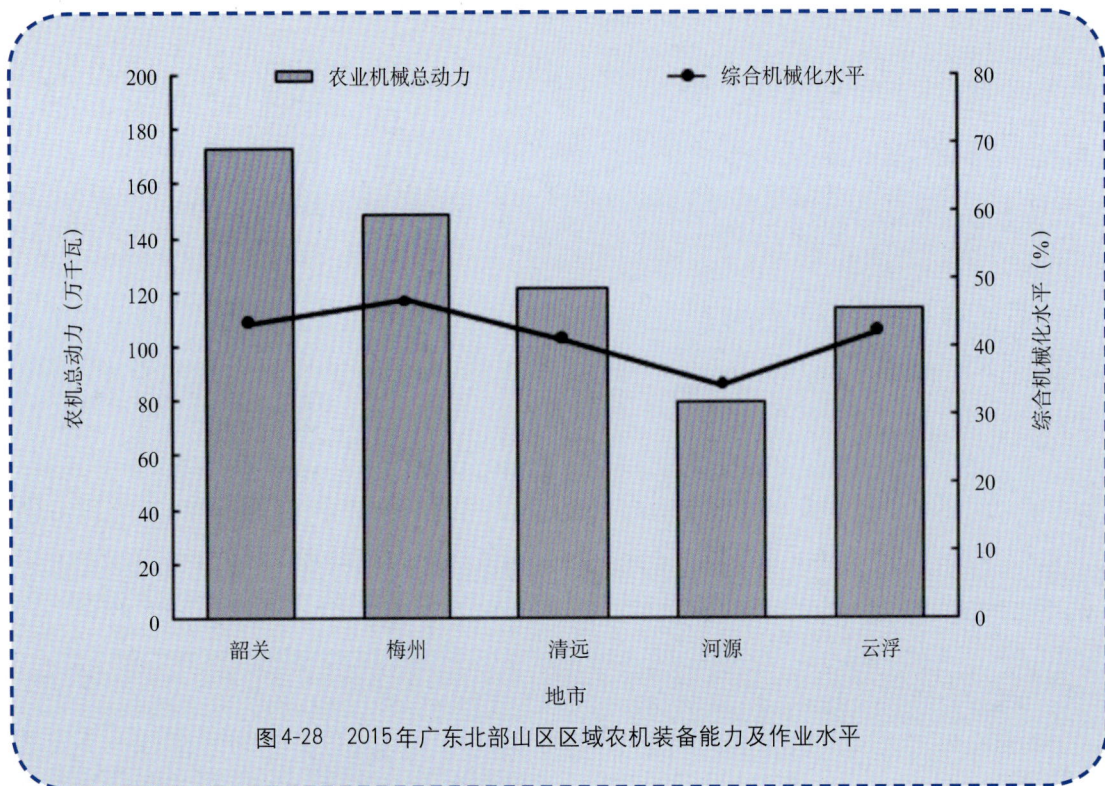

图 4-28 2015 年广东北部山区区域农机装备能力及作业水平

4.3 广东农业装备发展存在的问题

4.3.1 农村劳动力结构性短缺带来产业人力资源危机

2015 年广东省有乡镇劳动力 3918.7 万人，从事第一产业的劳动力 1 351.8 万人，从事农业生产的劳动力占乡镇劳动力的 34%，且人数呈逐年减少趋势。中国农民工中 40 岁以下的占 60%，平均年龄 37 岁；在家务农的劳动力平均年龄超过 55 岁，农业劳动力老龄化，"谁来种地"的问题日益突出。到 2020 年，中国城镇化率将达到 60%，比 2013 年提高 6.3 个百分点，农村劳动力加快转移，结构性短缺将更加突出。农村劳动力结构性短缺一方面促进了农民使用农业机械提高生产效率、减少劳动强度，但从另一角度来看，当前用来解决"谁来种地"的农民专业合作组织的人员同样存在结构性短缺问题，有些地区的合作社成员最低年龄是 50 多岁，所以第一产业急需年轻化、知识化的人力资源来推动产业发展。

4.3.2 家庭规模经营小、农业生产基础设施滞后制约农机化推进

目前，我国农业人口人均耕地约 1 333 平方米，几乎是世界上最小的，大约是美国的 1/200、

印度的1/2；2015年广东省实有耕地面积263.33万公顷，按7859万人口计，人均耕地仅334平方米。虽然广东省加快了土地流转的步伐，但流转速度还尚未达到农业规模化发展要求。土地细碎化、农田水利设施差、经营规模小、生产的比较效益偏低，实际上都归结到一个问题：我国的农业生产体制——小规模的家庭承包责任制。小田块与大机械、分散经营与规模效益的矛盾仍然突出，部分地区机耕道、桥梁难以满足大中型机械通行要求，农机存放、粮食烘干、机具维修保养等设施建设制约因素仍然较多。可见，农机化的加快发展需要规模化的支持和基础设施的保障。

4.3.3　国家节能减排政策倒逼农机行业转型升级

农业部农业机械试验鉴定总站发布的《关于涉及农用柴油机排放标准升级的部级推广鉴定信息变更的通知》明确提出，从2015年10月1日起，不再受理配套中国第二阶段排放柴油机的农业拖拉机的部级推广鉴定申请；从2016年4月1日起，不再受理配套中国第二阶段排放柴油机的其他农业机械的部级推广鉴定申请。8月28日，中国农机工业协会宣布，10月1日起，农用柴油机排放标准由"国二"升级为"国三"，从2016年4月1日起，农机主机生产企业不能再生产和销售装配有"国二"发动机的整机。农机排放标准由"国二"升至"国三"，是农机研发技术的一次系统性升级。随着国家对"三农"支持力度的加大、农民收入水平的提高和新型农业经营主体的崛起，农民对多样、智能、高效、环保节能的高端农机产品需求明显上升，在市场多重因素倒逼机制作用下，农机行业转型升级迫在眉睫。

4.3.4　广东省农机化发展速度相对缓慢

与国内水平相比，广东省农机化整体发展水平不高。2015年广东省农作物耕种收综合机械化水平为45%，在全国排第27位。2015年广东水稻耕种收综合机械化水平67.7%（全国为78.12%），其中机插率为12.73%（全国为42.26%），与全国整体水平相比差距较大。

4.3.5　购机补贴政策需要完善

广东省2003年开始实行省级农机购机补贴，2004年国家开始实施购机补贴，为广东省的农机化发展注入了持续的发展动力。但近年来，农机购置补贴政策实施进度开始有所减慢，推动作用减弱。原因主要有以下方面：

4.3.5.1　基层农机力量薄弱，管理经费不足

基层的农机管理机构不健全，组织管理经费缺乏。由于人员和组织管理经费不足，机具核实及结算进度较慢。

4.3.5.2　农户购置补贴机具的积极性不高

因人均耕地面积较少，且种植效益不高，致使部分农户宁可把土地丢荒，使用农业机械的热

情不高。广东农村土地确权工作刚刚起步，土地流转及集约化经营未成规模，农业产业化的滞后直接影响了对农业机械的需求。

4.3.5.3 部分补贴机具的分档不合理

以节水灌溉设备为例，由于2014年农业部统一进行分档，主要分为首部和田间管网带首部两部分，而广东省农户在实际实施时，因为田间面积的多样化，需要田间管网及首部进行不同的组合，导致补贴分档不适应广东省的实际生产需要。

4.3.5.4 补贴机具未能满足农业生产需要

菠萝、甘蔗、香蕉等粤西地区种植面积较大的地区，对农业机械的需求量大，但由于机具价格昂贵或补贴目录中缺乏相关的机具，难以满足当地的农业生产需要。

对于插秧、育秧环节的机具补贴一直有需求，虽然广东省2014年对插秧机敞开补贴，但由于插秧、育秧一直是成本较高的环节，而省里又取消了省级财政的补贴，影响了农民机械化插秧的积极性。

广东省经过13年购机补贴政策的实施，通用类的农机装备需求进入平缓增长状态，对于一些先进、特色农机装备的需求还未得到市场的快速回应，市场还未找到并建立新的增长点，满足不了当前农民对新机的购买需求。

4.3.5.5 农机化监理体制不顺、人力财力不足

广东农机安全监理问题主要体现在体制、经费、人员三方面。体制不顺表现在相当一部分监理机构未参公管理，导致广东省农机监理体制的不规范性，以及农机监理行政执法地位的"非法性"；体制上的不足导致事业经费补充不足，以及农机事故处理设备、安全检查设备、交通设备、通讯设备等硬件配备不齐，也导致检测手段跟不上农机发展要求，农机安全监管难以发挥作用；人员不足体现在，目前全省共有农机安全监理机构120个，全省农机安全监理共有738人，管理数十万台农用机械难度很大。除此之外，农业保险的不到位，使农民在发生农机事故后赔偿问题无法解决。

4.3.5.6 农机化推广基层力量薄弱

广东省基层农机推广体系已基本确立，面临的问题与监理部门很相似。首先是机构设置不一，有的是独立设置的推广站，有的是跟安监机构一起设置加挂推广站牌子，也有跟农技综合设置站的等。机构设置的混乱使基层农机推广机构有边缘化的趋势。其次是与基层农机推广工作实际需求相比，农机推广投入经费严重不足。现在各级基层农机推广机构只有人员经费，几乎没有规定的工作经费。据不完全统计，县级基层农机推广工作有财政保障的还不到一半，个别地方即使有工作经费也难以适应新时期农机推广工作的发展。乡镇基层农机推广工作几乎都没有专项推广工作经费，导致正常的农机推广工作无法开展。

4.3.5.7 新产品鉴定不能受理的情况影响科技创新积极性

目前农机试验鉴定存在无法受理部分企业委托的新产品委托检验和推广鉴定的情况。如果是

申请委托检验，检验依据是非标准方法，主要是申请检验单位提供的自制方法/试验大纲、企业产品标准等，这些非标准方法基本上都不会在检验检测机构的资质认定能力范围内，即不可能受理其检验申请，目前许多新产品鉴定检验不能受理就是基于此。如果是推广鉴定，从目前相关的法律法规要求看，想将新产品纳入推广鉴定的范畴，需要走"制定施行该产品的有关标准（地标/行标/国标）→申请相关的资质认定（计量认证）→制定施行该产品的推广鉴定大纲→申请该产品的鉴定能力认定"过程，这是一件很艰巨的事情。鉴于此，农业部、广东省制定的农机购置补贴实施方案，为新产品纳入购置补贴特地开设了另一通道（非推广鉴定），但因缺乏顶层设计，难以有效开展实施。

以上现象造成了很多企业新产品因无法进行定型检验和推广鉴定，使企业的新产品无法进入农机购机补贴范畴。企业投入大量的时间和人力、物力、财力进行新产品的研发，但在推向市场的环节，因为无法申请鉴定而进入不了补贴市场，对于企业的创新积极性非常不利。

4.3.5.8 农业装备科技创新存在问题

（1）科研机构少、人才结构不合理。在农业装备科技人员中，高层次科技人员匮乏，基层科技人员知识老化、人才结构不合理，绝大多数科技人员从事的是技术推广和管理工作，包括广州、韶关和汕头等市级和县级农业机械研究所，已名存实亡，原来的科研人员大部分转为从事推广、管理或其他工作，科研工作基本处于停顿状态。

（2）创新能力有待提高。广东省绝大多数农机企业受限于微薄的盈利水平，研发投入短缺，农业装备制造行业技术创新研发的投入在机械工业系统内是比较低的行业之一，成果绝大部分来源于科研机构和高校，创新动力不足。近年广东省加大了对农业装备科技经费的投入力度，但由于体制和重视程度等原因，对农业装备科研开发特别是对共性技术、关键技术的研发投入和支持力度远不能满足农业发展需要。

4.3.5.9 农业机械化教育和培训力量薄弱

（1）人才培养。广东省农机专业教育不断弱化，年轻的专业人员严重断档。不少农机学校为了生存，为了学生就业，纷纷摘掉"农"帽，有的停办，有的改成汽车院校，有的转为机械修造。目前，广东仅有华南农业大学保留农机专业，每年为农机行业输送100多名毕业生（含研究生）。据华南农业大学2013年一份数据调查显示，2009—2013年华南农业大学农机专业共毕业441人，其中从事生产第一线的学生仅有76人，占17%，几乎没有正规的院校为生产一线补充新鲜血液。这对广东农机企业、乃至整个广东农机化发展无疑是最大的制约。

（2）基层培训。长期以来，受资金缺乏、重视不够、体系弱化等多方面影响，基层技能型人才短缺始终是广东省农业机械化事业发展的短板。2015年广东省乡村农机从业人员近113万人，农机户108.6万个，农机从业人员中受过培训、取得职业技能鉴定证书的人员仅2 926人，其中修理工仅1 881人。

4.3.5.10 农机与农艺需进一步融合

农机农艺融合一直是农机化发展过程中需要重视的问题，结合的好就会加快推动农业现代化的发展，反之则阻碍发展。对水稻而言，农机农艺融合问题已成为制约水稻机械化发展的"瓶颈"，水稻生产机械化发展最大的难点之一是种植机械化。目前，水稻机械化种植以机插秧为主攻方向，但因品种熟制、种植模式和栽插的农艺要求不同而推广受限。宽行、窄行及宽窄行，密植、稀植及密稀植，常规稻、杂交稻及超级杂交稻，早稻、中稻及晚稻等多种栽培方式并存，大大增加了机具开发的成本和难度。特别是杂交稻和超级杂交稻的机插秧问题，是目前困扰水稻种植机械化发展的一个难点。除种植这个关键环节外，更应从农田土地整治、育种、播种、栽插、植保到收获各环节全面系统研究。过去，育种目标多注重提高产量，新品种审定一般不注重对机械作业的适应性；栽培技术的设计也主要是针对手工生产方式，较少关注适应机械化生产方式；种植模式和农艺要求千姿百态，这些无疑对标准化的机械生产带来了难度。

4.3.5.11 水稻全程机械化发展不平衡

广东与湖南、湖北、江西、福建等省同属双季稻区，与之相比，广东仍未占据第一阶梯的位置，处于中等偏下的水平。近年来，尽管广东省的水稻综合机械化水平得到大幅度提高，但是短板仍非常明显，尤其是机插秧环节和干燥环节已成为水稻全程机械化的重点和难点。2015年，全省拥有插秧机10 556台，占全国插秧机拥有量的不到1.5%，机插水平13.4%，远低于全国平均水平（41%）；拥有谷物烘干机2 181台，占全国谷物烘干机拥有量的不到3.2%。

4.3.5.12 经济作物生产机械化水平低

广东省甘蔗生产机械作业水平不高，除机耕整地水平75%外，其他环节机械化水平非常低。尤其是甘蔗种植、培土和收获环节机械化，目前还处于试验、示范阶段。而这些环节用工量最多，占整个甘蔗生产用工量70%以上，人工种植效率266.8～400.2平方米/人·天，人工费每亩60～80元；砍收0.5～0.7吨/人·天，人工纯砍费从2006/2007年榨季40元/吨提高到2010/2011年榨季的120元/吨，超过印度、巴西、古巴等甘蔗主产国该成本的150%，造成广东省甘蔗多年增产不增收。国家对此高度重视，农业部向全国印发《关于甘蔗生产机械化技术指导意见的通知》（农办机〔2011〕38号），要求加快甘蔗生产机械化发展。

马铃薯和花生等其他作物的机械化生产尚处于起步阶段，2015年广东省马铃薯收获机167台，花生收获机16台，其他环节的机械装备还没有统计数据。2015年广东省薯类作物播种面积有35.12万公顷，花生36.59万公顷，急需机械化的支持。

4.3.5.13 丘陵山区机械化生产严重滞后

广东省地势特点是"七山一水二分田"，大面积的丘陵山地都用来种植果树、茶叶等农作物，但由于地势原因一般农业机械派不上用场，加上当前用工成本高，完全依靠人力造成了作物成本急剧增加。因此广东省急需研发大量的适合丘陵山地的机械化技术与装备，包括省力化果树修剪机具、轻简型果园施肥机具、水肥一体化滴灌调控技术、轻简型施肥机具、轻简型水果采摘机具、果园货运系统采摘机具、果园货运系统与装备、果树采摘机器人移动平台集成技术等。

4.3.5.14 对设施农业的认识和观念需要转变

（1）补贴不够。2013年中央财政安排农机购置补贴资金217.5亿元，其中设施农业补贴资金约2.3亿元，仅占1%，可见设施农业装备补贴种类少、补贴额度低。原因有两点：一是国家购置补贴的政策重心主要是提高主要农作物关键环节机械化水平；二是对设施农业行业认识不够全面，对设施农业发展现状了解的还不够。

（2）观念误区。广东气候潮湿温暖，加上设施农业尤其是设施大棚的一次性投入高，致使推广一直发展不快。设施大棚可以不受气候、季节的变化，实现持续稳定的生产；可以高度集约化立体栽培；需要劳动力少，劳动强度低；相对传统种植效益更高，尽管第一次投资高，但从整体经济效益看，是高投入高产出的产业。

4.3.5.15 农业机械化领域面对信息化浪潮准备不足

从智能农业和农机发展需求分析，适应我国农业现代化的智能农机及大数据应用，主要涵盖农机定位监控与自动驾驶、农机作业参数智能监测与计量、作业环境数据采集与处理、智能设备协同与精准作业、数据远程传输与分析决策、数据共享与应用等领域。2016年7月28日国务院印发的《"十三五"国家科技创新规划》提出，要突破决策监控、先进作业装置及其制造等关键核心技术，形成农林智能化装备技术体系，支撑全程全面机械化发展。当前，我国包括广东省农机制造工业基础能力薄弱，制造的数字化、信息化、智能化水平尚处于起步阶段，农机装备低端产能过剩，产品质量及可靠性指标远达不到发达国家水平，高端农机装备仍需大量进口，发达国家信息化、智能化技术的快速应用，进一步拉大了与我国农机制造的差距。

4.4 广东农业装备发展的对策建议

4.4.1 加强领导和规划，做好顶层设计

根据《农机装备发展行动方案(2016—2025)》、《全国农业机械化发展第十三个五年规划》等国家层面的战略部署，按照"增量提质、分类推进、突出重点、优化结构、安全监管"的思路，围绕水稻生产机械化水平再上台阶，设施农业发展水平明显提高，特色经济作物生产机械化取得实质性突破，丘陵山地农机化有明显进步，进一步明确广东省农业机械全程化、全面化的内涵与范围，针对广东省农业生产产前、产中、产后各个环节的全过程机械化的薄弱环节，全面了解广东省作物、产业、区域的全面化存在的问题。从技术、装备、组织、人才、设施、政策等方面进行全方位的统筹考虑和规划，明确广东省农业机械化发展的重点、优先发展的战略步骤；通过农机政研学、鉴推企协同联动机制，统一认识，对广东农机装备产业的发展进行全面设计与规划，采取差别化的措施，突破关键和薄弱环节机械化，加快广东农机装备产业发展，明确保障措施与

扶持政策。

4.4.2 着力构建以增加有效供给为重点的创新和鉴定推广体系

一是以政府主导，多方参与，形成农机化管理、科研、推广、生产协同创新发展机制；二是扶持国家农业机械工程技术研究中心南方分中心、南方农业机械与装备关键技术教育部重点实验室、南方农业机械产业技术创新中心等已有科技平台做强，充分发挥这些农机创新平台的辐射作用；三是加快农业生产急需的关键环节农机装备研发及农机农艺融合技术研究，加快对传统技术的进一步优化、提升，提高农机产品科技水平，促进农机产品技术和结构升级；四是对新技术新需求进行协同攻关，加快开发智能精准农业、设施农业、节水农业装备，推进农机化与信息化、智能化的进一步融合；五是提高农机企业的信息化、智能化水平，促进广东省农机产品向多品种、高效、精准、节能发展；六是加快研企推对接，以填空白、补弱项、提质量为着力点，从供给侧和需求侧两端发力，逐步实现农业生产各个领域、各个环节都"有机可用"、"有好机用"；七是创新鉴定推广模式，确立新型实用技术路线，扩充传统装备作业功能，吸收新技术、新观念，加大新技术、新装备的推广力度，推进新技术、新装备的应用。

4.4.3 突出重点，全力推进水稻生产全程机械化进程

贯彻落实《农业部关于开展主要农作物生产全程机械化推进行动的意见》，大力推进广东省的水稻生产全程机械化进程。要实现水稻机械化水平再上台阶，要从粮食安全的战略高度，加快推进水稻生产全程机械化。

一是通过多层次、多形式的试点示范，优选熟化机型，强化适用技术组合集成，完善重点环节、重点区域、重点品种的技术路线和模式，促进水稻生产全程机械化技术的推广应用。二是集中各种资源的力量，重点支持推动水稻集中育插秧和烘干机械化技术等薄弱环节发展，建设育插秧中心和烘干中心，在有条件的地区努力发展大米加工龙头企业，推广烘干中心＋大米加工厂模式，通过大米加工品牌企业带动稻谷烘干机械化水平。探讨研究育秧温室的多种用途，提高水稻育秧设施的利用率。三是打造水稻生产全程机械化示范县区，在水稻主产区，主攻水稻生产全程机械化，选择部分机械化基础较好的县区，整合资源，率先实现生产全程机械化。四是大力发展高性能联合收获机械，加快老旧水稻收割机的报废更新。五是促进土地流转，通过补贴和鼓励政策向种粮大户倾斜，鼓励普通农户积极开展土地流转，为全程机械化创造条件。

4.4.4 推动设施农业加快发展

4.4.4.1 制定扶持政策

推动出台设施用地、金融信贷、农业设施保险、用电优惠等扶持政策，营造发展设施农业良好氛围。

4.4.4.2 做好规划布局

结合各地资源特色、产业优势和市场区位，优化完善全省设施大棚建设区域布局，重点建设珠江三角洲高端花卉和蔬菜产业设施大棚优势区、粤西热带花卉和北运菜产业设施大棚优势区、粤北反季节设施瓜菜南药产业设施大棚优势区；建设生产规模大、供种能力强的省级区域性商品化农作物育苗基地。

4.4.4.3 突出扶持重点

（1）特色优先。优先扶持广东省果、菜、花、茶、药等岭南特色优势产业，建设种植设施大棚和区域性农作物商品化育苗基地。

（2）标准化建设。组织制定不同类型设施大棚建设参考标准，按标准支持各地进行建设，推动设施大棚建设规范化、标准化。

（3）支持和引导国家级、省级农业现代化示范区和农业龙头企业、农民合作社、家庭农场、种植大户等建立设施大棚，发挥新型农业经营主体建设农业设施的主力军作用。

4.4.4.4 提升设施装备技术水平

提高大棚设施技术的自动化、智能化水平，加速技术集成，以蔬菜、花卉等高效高值农业为重点，实施"五位一体"工程，引导扶持建设一批先进高标准现代农业设施；加快节水技术的优化组装和智能化发展，为农业生产提供适用的节水灌溉技术支撑。

4.4.5 增强农机社会化服务的支撑作用

一是鼓励种植大户开展全程或主要生产环节托管，由农机专业户、农机合作社承接农机作业，实现统一耕作，规范化生产，推进农机专业化服务。

二是培育农机社会化服务领头羊，提高机具使用率，提升资金效能。要把新机具新设备推广的重点转移到农业经营主体，拓展服务内涵。

三是探索公益性农机推广服务的多种实现形式，激发经济活力，增加公共服务供给。

四是发挥社会中介组织作用，协调推进农机企业产业联盟、农机营销网络、维修服务中心、农机化信息中心的构建，为政府、农机制造企业、流通企业和农机用户提供专业化服务。

4.4.6 加强农机人才队伍的建设

支持省内高校和科研单位农业机械化相关学科的高层次人才引进工作，加强基层农机管理人员及技术人员的培训，划拨一部分资金专项用于农机装备操作人员技能提升培训，继续深入实施新型职业农民培育工程，进一步提高免费和资助政策的覆盖面，并在制度安排上切实保障对农机装备操作人员技能提升培训的投入比例。

参考文献

工信部.《中国制造2025》重点领域技术路线图[R]. 2015.

陈志. 智能农机装备"十三五"科技发展方向和重点[R]. 2016.

农业部. 全国农业机械化发展第十三个五年规划[R]. 2017.

中国农业机械化协会. 中国农业机械化发展报告（2004—2014）[M]. 北京：中国农业出版社，2015.

广东省农业厅. 2011—2015年广东省农业机械化统计年报[R]. 2012—2016.

广东农村统计年鉴编辑委员会. 广东农村统计年鉴2016 [M]. 北京：中国统计出版社，2016.

广东省统计局. 广东统计年鉴2016[M]. 北京：中国统计出版社，2016.

工业和信息化部，农业部，发展改革委. 关于印发《农机装备发展行动方案（2016—2025)》的通知（工信部联装〔2016〕413号)[R]. 2016.

罗锡文. 我国农业全程全面面临的新挑战和应对策略[R]. 2016中国农业机械学会国际学术年会大会报告，2016.

姬立平. 农机监理的三座大山[J]. 现代农业装备，2013(6):13-14.

戴农. 水稻生产机械化发展现状、问题和思考[J]. 现代农业装备，2014(1):16-20.

姬立平. 农机推广之困：基层农机推广体系亟待完善[J]. 现代农业装备，2014(6):27-29.

何乐言. 建立职业教育体系培养农机专业人才[J]. 现代农业装备，2015(3):16-17.

姬立平. "五位一体"——广东设施农业新起点[J]. 现代农业装备，2015(5):10-12.

姬立平. 寻路广东甘蔗生产机械化[J]. 现代农业装备，2016(2):10-12.

第 5 章

广东农业科技创新与推广研究

摘要

　　近年来，广东省贯彻落实创新驱动发展战略，主动适应经济发展新常态，采取系列创新举措，加快农业科技创新与推广应用步伐，建立健全基层农业技术推广服务体系，提升了农民科学文化素养，推动了农业科技引领创新发展。2015年广东省农业科技贡献率达62.7%，高出全国6.7个百分点；全省主要农作物良种良法得到推广应用，农业科技成果转化率为53%左右，稳定地促进了农业增效、农民增收和农村经济发展。

　　广东省有丰富的农业科研机构和推广机构，科技创新主体丰富，科技创新平台建设加强，农技推广体系健全。此外，广东近年启动实施了国家农业科技服务云平台建设工作，高度重视"互联网＋农业科技"，着力推进农业信息化工程推动政务服务、示范展示、数据采集、监测评估、项目监理、科技服务等一体化应用，引领现代农业产业转型升级。

　　近年广东启动现代种业提升工程、畜禽良种工程，择优培育了一批育繁推一体化种业企业，优质稻、超级稻、鲜食玉米、生猪、家禽等育种处于国内先进水平，主要农作物杂交种子自给率达到60%以上。畜禽遗传资源得到有效保护与开发利用，建设国家畜禽核心育种场18家，畜禽新品种配套系总数达31个，温氏WS501猪配套系、温氏青脚麻鸡2号配套系、科朗麻黄鸡配套系等3个配套系等一批新品种获得国家畜禽配套系证书，数量位居全国前列。以企业为主体的现代种业科技创新体系逐步建立，温氏集团、广东鲜美种苗股份有限公司成功挂牌上市。积极推动华大基因与省农科院、华南农业大学及创新团队的合作，着力打造高水平的育种创新平台建设。2011—2016年间，共有758个作物品种通过广东省农作物品种审定，通过审定的品种数量除2012年略有下降外，其他年份都是逐年上升。其中，通过品种审定的有水稻品种349个、花卉品种107个、蔬菜品种103个、玉米品种82个。

　　"十二五"期间，广东研究集成农业新技术98项，建立作物高产高效多熟种植模式46个，研发农产品储藏加工等新技术、新工艺57项，开发配方肥、土壤改良剂等新产品32个，申请专利165项，授权114项，显著提升了产业技术创新对粮食安全和主要农产品供给的保障能力。其中，畜禽和航天育种技术、重大动物疫病快速诊断与防控技术、疫苗和饲料产品等研发水平位居全国领先地位，部分达到国际先进水平。根据广东省科技厅网站"成果查询"功能，2011—2016年间，广东省通过登记应用于"农、林、牧、渔业"且"高新科技领域"属于"农业"的科技成果达268项，包括2011年36项、2012年62项、2013

年58项、2014年40项、2015年54项、2016年18项。其中，广东省农科院第一主持完成成果59项、华南农业大学第一主持完成成果34项。

2012—2016年5年间，广东省共推介农业主导品种167个，涉及水稻、玉米、蔬菜、马铃薯、甘薯、花生、甘蔗、果树、茶树、蚕桑、大豆、花卉、畜禽等。这些品种中，五山丝苗、正甜68、白沙迟花晚萝卜、冠华4号节瓜、广薯87甘薯、岭南黄鸡1号、2号、3号配套系5年均获推介。广东省主推技术91项，包括综合技术、种植技术、高产栽培技术、养殖技术、农机化技术、信息技术、加工技术等。经过多年的农业品种和农业技术推广，2015年，广东省主要农作物、猪、家禽良种覆盖率分别达97%、95%、85%，水稻优质率达72%以上，黄羽肉鸡种苗、种猪供应量分别占全国的65%和8%，水稻生产耕种收综合机械化水平突破65.8%。

广东省根据新阶段农业发展特点和市场需求变化，建立起几种主要的推广模式：产学研相结合推广模式、农业科技协同创新推广模式、基层服务体系推广模式、基层农技推广服务云平台推广模式，形成政府与市场互动发展、互为补充的农技推广新格局。

当前，广东省在农业科技创新和推广中还存在以下问题，如农业科技资源共享程度和利用效率较低；农业科技与产业需求不够紧密，科技创新成果转化缓慢；创新激励机制不足，农业科技创新推广缺乏动力；推广人员业务水平不高，队伍结构难稳定等。据此，提出农业科技创新和推广的对策建议：建立和完善稳定的财政支持机制，促进农业科技优势资源整合；加速科技成果转化政策落地，完善科技创新农业产业发展机制；强化创新人才激励机制，壮大农业科技创新人才队伍；加强农技推广人员培训，调动基层农技人员的积极性等。

5.1 国内外农业科技创新与推广发展现状与趋势

5.1.1 国外发展现状与趋势

农业科技创新和推广是提升农业科技水平、推动现代农业发展的重要支撑。国外发达国家一直非常重视农业科技创新、强化科技应用程度、完善技术推广体系，取得了较好的效果。①重视农业科技创新。如农业科技研发、农业技术推广以及农民职业培训一直是美国政府的重要职能之一，使得该国的社会化服务体系完善且有效率。欧盟各国则投入大量经费用于动植物遗传育种、安全检疫等方面的科技攻关，并取得了显著的成效。农业发达国家的科研机构和人员比较稳定、研究手段先进，研究内容与农业紧密结合，且来自政府的科研支出、企业的科研基金、国际的资助等经费支持稳定充足。②强化科技应用程度。现代农业的发展就是先进科学技术应用于农业各个环节的过程，即通过现代科技手段转变农业发展方式，应用现代管理思维优化农业结构的过程。如从事农业生产人口仅占全国总人口1.2%的美国，是以家庭经营为主进行农业生产，每个农场实现了高度机械化，极大地提高了农业生产率，使之成为世界最大的农产品出口国。畜牧业高度发达的澳大利亚通过广泛使用农业机械，使得每个农民平均可管理4 000只绵羊或100头奶牛。农业技术在温室中得到全面应用的荷兰已成为世界第三大农产品出口国。③完善技术推广体系。农业发达的国家都有完整的农业科研、教育和推广体系，与其农业生产相互衔接，为现代农业建设提供有力支撑。美国的农业技术推广体系由政府部门、科研单位和民间社团组织共同构成；日本则由政府的农业改良普及事业和农协共同完成其农业科技推广。农业发达国家的科技推广体系具有一定的共同点：一是服务范围广，涵盖产前、产中和产后全程。二是产、学、研有机结合，使新技术的开发具有较强针对性，且提高了科研成果推广的效率。三是得到了政府的政策支持和资金资助。下面以美国、以色列、日本为例，分析国外发达国家农业科技创新与推广的现状与趋势。

5.1.1.1 美国

美国是当今世界经济最发达的国家之一，同时也是世界农业强国，农业效益高，现代化程度也高。农业在美国经济中的比重不大，但美国政府对农业采取了强有力的支持和保护政策，使农业成为美国在世界上最具竞争力的产业。美国拥有由政府体系内的科研系统、私人公司系统和民间自我服务组织系统组成的农业科研机构体系，主体由联邦农业部科研机构、赠地大学的农业科研及推广机构和私人企业科研机构等三方面组成；通过法律来调动农业相关科研创新主体加大研发投入力度，提高农业研发的积极性；并建立了教育、研究、推广"三位一体"的美国农业科技推广体系，主要由联邦农业推广局、各州农业技术推广站、县农业推广办公室等三个层次组成，而且每个层次的农业技术推广机构都有适合其特点的组织结构模式。

美国农业在其国民经济中占有很重要的地位，其农业已实现了产加销一体化，农业生产以高效率著称。尤其是美国农业科技发展水平居世界首位，农业科技成果推广率已达85%，农业科技对农业增长的贡献率达到80%。美国农业科技创新与推广的优越性主要表现在以下几个方面：一是动植物良种繁育技术超前，农业生物技术广泛应用在动植物良种培育中；二是动植物重大病虫害防治技术先进，以化学防治为主、兼综合防治，重视生态环境保护；三是土壤肥料研究领域广阔，其创造的土壤少耕、免耕理论与技术风靡全球，土壤诊断分类学理论及土壤系统分类等都处于世界先进水平；四是节水灌溉技术水平高，水利用效率达到70%~80%；五是农业机械化、自动化水平高；六是电子计算机广泛应用于农业各个领域。

5.1.1.2 以色列

以色列采取由全国农业科技管理委员会统一管理的科研体制，农业科研机构主要由独立的公益性研究机构、农业科教机构和公司类社会研究机构组成。以色列政府将农技推广定性为公益性事业，政府在农技推广系统中发挥主体作用，农业科技推广体系由国家农业技术推广中心和区域推广服务中心两个层次组成。以色列政府大力支持研究、开发与推广，给投资者和创业家提供多种优惠，包括优厚的投资津贴、政府贷款保证、免除税额和高风险企业创业基金等。以色列政府采取一些措施设立和吸引风险投资基金。自1992年以来，以色列在生物技术和医疗领域吸引了50多家风险投资基金。以色列有相当多公司类农业科研机构，其领域涵盖了农业研究的方方面面，包括材料、化工、电子、基因、细胞、医学、生物工程等。这些科研机构、科技创新推广组织之间互为独立，但彼此之间又相互渗透、依存、合作与竞争，分工明确、相互协作，这种多元化的分工模式有力地提高了农业科技创新能力，也确保了农业创新的潜力。农业生物技术作为优先发展的重点，以色列出台了多种政策和法规从多个层面上进行鼓励、扶持，同时加大农业科研投资强度，开辟多元化的农业科技融资渠道。

以色列科技进步对农业增长的贡献率达到96%。以色列农业发达，科技含量较高，高附加值，以色列的高效种养与精准农业技术、节水灌溉技术、农产品采后保鲜和包装、卫星遥感技术与生物传感技术等世界领先。以色列只有中北部约20%的土地适宜耕种，其中水浇地占48%。以色列分为10个农业区，主要农作物有小麦、玉米、棉花、柑橘、葡萄、蔬菜和花卉，产量最多的是柑橘。通过兴修水利，使用先进技术，提高机械化程度，农业获得迅速发展，粮食已基本实现自给，水果、蔬菜和花卉除了满足国内需要外，还出口到欧、美市场，棉花单产水平是世界最高的，水果和蔬菜单产水平在世界也位居前列或中上等。畜牧业主要饲养猪、牛、羊（绵羊与山羊）、鹅、鸭、火鸡、蛋鸡等，产品率较高，主要畜产品均已达到世界上等水平。

以色列是当今世界发展节水灌溉技术最有成效的国家之一。目前，以色列滴灌技术已发展到第6代，供无土栽培使用低流量滴灌喷头。微灌方法的采用，带来了施肥技术的巨变，即水肥一体化兴起，每公顷农田用水量，从1960年的8700立方米，减少到现在的5250立方米，水肥利用率达90%，并有效防止了土壤盐碱板结化。目前，以色列使用灌溉施肥（水肥一体化）技术相结合的地区，已达灌溉区的80%。

5.1.1.3　日本

日本的农业科研机构主要由国立与公立科研机构、大学、企业（民间）等几大系统组成，日本农业科研机构由农林水产省农林水产技术会议直接领导和协调，在全国农业科研系统中居主导地位。日本国立农林水产研究机构是日本的国家级农业科学研究机构；地方公立农业科研机构主要面向本地区，属于区域性应用研究开发性机构，为本区域农业发展提供技术支持和开展技术推广与服务；日本民间企业农业科研的研究范围是那些具有良好应用性的开发研究项目。从日本的农业科技研究开发经费来看，非营利团体、公立研究机构、大学约占60%，而相关企业等用于农林水产领域的研究开发经费仅占销售额的0.53%，明显低于企业研发投入平均占销售额3.04%的比例。日本的农业科技推广有两套系统：一是政府机构，日本建立了由中央和各都、道、府、县政府组成的政府推广体系；二是农民自治组织，即农协推广服务机构。农协在农业科技推广体系中占有十分重要的位置。以农协为纽带的农技推广模式，一方面能及时地将科研成果转化为生产力，另一方面，避免了科研、推广工作的盲目性，提高了效率。

日本受资源限制，现代农业发展走的是一条劳动密集、技术密集之路。目前，日本农业是世界精密度最高的农业，土地单产世界第一。一是注重先进物质装备与高新技术的配套应用，实现了农业生产技术手段和基础设施装备的现代化，大幅提高了本国的农业生产力水平；二是注重农业产业链的延伸，发挥产业链发展规模和品牌效应，以"一村一品"形式发展农业产业，日本有全面的农业科教体系，在农业生产的产业链将农业科研机构、企业、农协、农户等涉农利益相关方集成，形成一个完整的产业服务体系，不仅提高了农业科技的社会化服务水平和农民的组织化程度，而且提升了国内的农业产业水平。

5.1.2　国内发展现状与趋势

我国已进入必须更加依靠科技进步促进现代农业发展的历史新阶段，在工业化、城镇化、信息化和农业现代化同步推进的新时期，加快农业创新驱动、内生增长和供给侧结构性改革，走产出高效、产品安全、资源节约、环境友好的中国特色新型农业现代化道路，对农业科技提出了更高的要求。近年来，国家及相关部委先后出台了《"十三五"国家科技创新规划》、《国家创新驱动发展战略纲要》、《关于深化体制机制改革加快实施创新驱动发展战略的若干意见》等政策文件，明确了加快创新驱动发展的目标与重点领域，提出到2020年，我国农业科技创新整体实力进入世界先进行列，中国特色的农业科技创新体系得到优化；到2050年，建成世界农业科技创新强国，引领世界农业科技发展潮流，对全球农业科学发展做出重大原创性贡献，为中国成为世界农业强国提供强大支撑。2007—2016年中央1号文件均提出以科技创新推动现代农业发展的精神指导。习总书记也高度重视农业科技工作，多次强调指出："农业出路在现代化，农业现代化的关键在科技进步。我们必须比以往任何时候都更加重视和依靠农业科技进步，走内涵式发展道路。"

长期以来，我国始终重视科技进步对现代农业发展的支持带动，从历史贡献看，在我国农业发展的不同阶段，农业科技都发挥了不可替代的支撑作用。2015年，全国农业科技进步贡献率达到56%，主要农作物耕种收综合机械化水平达到63%，主要农作物特别是粮食作物良种基本实现全覆盖，我国农业发展已从过去主要依靠增加资源要素投入进入主要依靠科技进步的新时期。现以山东、江苏、福建为例，分析我国农业科技创新与推广的现状与趋势。

5.1.2.1　山东省

山东省把推进农业科技创新和推广作为强农固本的战略措施，农业科技已成为山东支撑农业增长、推动现代农业发展的主要因素之一。全省农业科技进步贡献率高出全国平均近5个百分点，达到60.2%，种植业综合机械化水平达到80%，主粮和畜禽良种覆盖率分别达到98%和90%。

（1）搭建了完备的农业科技创新平台体系。山东省现拥有农业科研院（所）26个；建成国家级和省级农业科技创新平台268个，以企业为主体建成的数量已占到总数25%和16%；全省公益性科技人员达到6 225人，培育了济麦22、鲁原502、登海661、鲁棉研28等一批具有自主知识产权的小麦、玉米、棉花新品种。

（2）推进了基层农技推广体系改革与建设。目前，山东省农技推广机构已达4 200多个，农技推广人员达3.1万人。从2011—2013年，争取了中央预算内投资1.58亿元，市县配套1.4亿元，改善基层农技推广工作条件和服务手段。从2012到2015年，争取中央财政资金累计6.155亿元（不含青岛市）组织实施"基层农技推广体系建设补助项目"，每年培训县乡农技人员1万人。

（3）重视农业科技服务产业的机制创新。山东省1995年就在全国率先建立了省农业专家顾问团，目前专业分团已发展到13个，汇集了知名专家学者132名，服务范围涵盖了政府决策咨询、科研创新管理、行业技术指导、农民教育培训等多个方面。2010年，山东省启动实施了现代农业产业技术体系创新团队建设，目前已建成创新团队22个，遴选首席、岗位专家209名，建立118个综合试验站，涉及100多个农业科研、教学、推广单位和龙头企业，带动2 000多名农业科技人员广泛参与。2016年初，成立了"山东省农业科技创新联盟"，进一步丰富完善了农业科技创新服务机制。

（4）重视新型农民科技培训。山东省大力实施新型农民培训工程，每年培训农民150万人次以上。2014年，又全面启动实施了新型职业农民培育工程，培训对象聚焦专业大户和龙头企业、合作社、家庭农场领办人，农民培训向定向培训、精准培训发展。全省共确定1个整体推进市、81个重点示范县，通过教育培训、认定管理和政策扶持，培育新型职业农民35 970人，认定新型职业农民8 193人。此前，山东省农民创业培训被农业部评为全国十大新型职业农民培育模式之一。

5.1.2.2　江苏省

"十二五"以来，江苏始终坚持把科教兴农作为建设创新型省份的重要内容，通过稳定的农业科技高投入，提升了农业科技创新驱动的整体水平。目前，江苏省农业科技进步贡献率达到65.2%，居全国首位。

（1）加强现代农业科技创新平台建设。江苏省设立了农业科技自主创新专项资金，支持省内农业科研机构、涉农高等院校、具有研发能力的龙头企业、科技示范园区等科研创新主体，每年专项资金已经达到1.5亿，用于农业新种质创新、新品种选育、新技术研究。

一是投建种质资源创新平台。在全省建立了25个省级农业种质资源基因库，建设国家级和省级畜禽遗传资源保护场24个、保护区3个、基因库3个，其中有16个保护场、2个保护区、2个基因库被确定为国家级畜禽遗传资源保护单位，保种场和基因库数量均居全国第1位，保护区数量居全国第2位。"十二五"以来，全省共育成农作物新品种196个，其中95%水稻品种的稻米品质均达国标3级以上，19个水稻品种被农业部认定为超级稻品种，数量占全国总数的1/6。

二是构建公共研发创新平台。全省共建成农业科技创新方面的实验室、工程技术研究中心、企业院士工作站、科技服务公共平台等各类创新平台250多家。"十二五"以来，累计创新集成农业新技术683项，建立高效农业新模式154项，获得国家奖31项，居全国第2位。

三是建设现代农业科技集成创新载体。全省认定11个农业科技集成创新与推广示范基地，认定20个生物农业示范基地，建成并认定升级农业产业园区112家，通过农业部认定18家，建成现代农业科技园52家，国家级9家。

（2）创新农业科技服务产业新机制。江苏省通过构建省级现代农业产业技术创新团队和农业科技创新联盟，形成了省内有效的农业科技服务产业发展新机制，整合农业科技资源，推进科技与产业融合，解决现代农业发展重大关键技术难题，提升农业科技创新能力。

一是构建省级现代农业产业技术创新团队。2012年和2013年，江苏省分两批建设了60个现代农业产业技术创新团队，作为国家现代农业产业技术体系的重要延伸与补充。每年省农委结合省农业三新工程和农业重大技术推广计划等专项，安排1 000多万元用于团队发展。

二是设立农业科技创新联盟。由江苏省农科院发起，成立了江苏农业科技创新联盟，成员包括江苏省农科院、南京农业大学、南京师范大学、江苏大学、扬州大学、江南大学、农业部南京农机化所、南京林业大学、南京财经大学、中科院植物所等28家驻苏单位和省内涉农科教单位，基本涵盖了农业科技创新的各个领域，具有广泛的代表性。

（3）大力培育现代农业农村人才队伍。江苏省2011年制定下发了《江苏省中长期农业农村人才发展规划（2010—2020年）》，推进高端人才境外培训、骨干人才院校培训、职业农民市县培训的新型农业人才培养模式，构建农业科研领军人才、农业技术推广人才、农村生产经营型人才、农村服务型人才、农村管理型人才"五支队伍"。目前，全省农业行业拥有各类专业人才近14万人，其中涉农科研人员1.2万人，占全国农业科研人员总数的10%以上；全省基层农技推广人员达3.1万余人。

5.1.2.3　福建省

"十二五"期间，福建省共投入农业科技计划项目经费4.2亿元，实施科技项目845项，突破了一批农业产业共性关键技术，推动了农业科技成果转化。据统计，共获得授权专利680件，其中发明专利289件；选育新品种212个，其中30个新品种通过国家审定，发现并鉴定7个畜禽品种。

（1）建立了完备的农业科技创新平台。目前，福建省拥有国家重点实验室、省部共建实验室和省重点实验室38个，国家工程技术研究中心3个，国家产业技术研发中心1个，国家农作物品种改良中心3个，国家农产品加工技术研发中心1个，省级工程技术研究中心129个，农业部农业科学观测试验站10个；建设国家级现代农业示范区9个、台湾农民创业园6个、农业科技园区4个，福建农民创业园9个、省级农业科技园区9个，福建农民创业示范基地64个、省级科技特派员创业示范基地102个。全省共有24个产业列入国家现代农业产业技术体系建设范围，受聘专家24名；同时开展水稻、茶叶、生猪、蔬菜、食用菌、鸡等6个产业技术体系建设。

（2）推行农技推广人才定向培养与培训相结合政策。目前，福建省70个农业县（市、区）共有农技推广机构2428个，农技推广人员11 944人，其中拥有高级专业技术职称的有1742人。依托国家级（福建农林大学）、省级（福建农林职业技术学院）现代农业培训基地，福建省每年轮流培训县乡农技推广骨干1 600人。2014年开始，采取"补助学费、定向培养、本土就业、绿色直通"的办法实施"双百计划"，每年高考划出100个专科招生指标，成人高考划出100个招生指标，招收乡镇农技人员函授专升本学历教育。

（3）在农业科技创新与创业融合上先行先试。2012年，福建省出台了《福建省科学技术进步条例》，规定地方各级人民政府及有关部门、机构支持基础理论、应用基础和前沿技术研究，鼓励公民、法人或者其他组织自主开展科学技术创新活动，实行科学技术奖励制度。2013年，省人民政府又出台了《福建省人民政府关于进一步支持省属科研机构加快创新发展的若干意见》，全面实行省属科研机构聘任制改革，支持省属科研机构自主开展对外合作交流，创新科研组织模式，支持科研人员创新创业，加强人才队伍建设。2014年，为充分调动省级事业单位及其科技人员创新创业积极性，促进更多科技成果落地转化，福建省人民政府办公厅转发省财政厅等部门出台了《关于深化省级事业单位科技成果使用处置和收益管理改革的暂行规定》的通知，明确省级事业单位对其拥有的科技成果，可以自主决定采取转让、许可、合作和投资等方式开展转移转化活动，依据有关法律法规制定科技成果转移转化收入分配和股权激励方案。

5.2 广东农业科技创新与推广现状

近年，广东十分重视农业科技创新和推广的政策环境完善。2014年6月，广东省启动了创新驱动发展战略，省委、省政府作出了一系列具体工作部署，创新驱动发展战略上升为广东经济发展的"核心战略"和"总抓手"。2015年1月广东省委十一届四次全会上，省委书记胡春华强调，要以实施创新驱动发展战略为总抓手推动产业转型升级，实现产业"凤凰涅槃"。2月16日，广东省创新驱动发展大会发布了《广东省实施创新驱动发展战略2016年工作要点》。2016年3月31日广东省第十二届人民代表大会常务委员会第二十五次会议通过了广东省人民代表大会常务委员会关于修改《广东省自主创新促进条例》的决定。农业科技创新的快速发展，已经成为驱动现代农业发展的主要动力。广东作为我国的经济大省及农业大省，在良好政策、环境的背景下，农业科技发展取得了很大进步，2015年广东省农业科技贡献率达62.7%，高出全国6.7个百分点；全省主要农作物良种良法得到推广应用，农业科技成果转化率为53%左右，稳定地促进了农业增效、农民增收和农村经济发展。

5.2.1　广东主要农业科研机构和推广机构情况

5.2.1.1　农业科技创新主体

（1）农业高等院校。广东省农业高等院校主要包括华南农业大学、广东海洋大学、仲恺农业工程学院、佛山科学技术学院、广东科贸职业学院、广东农工商职业技术学院等6所。此外，还有部分综合类高校也开设农业专业，如中山大学生命科学学院、暨南大学生命科学技术学院、华南理工大学轻工与食品学院、华南师范大学生命科学学院等。

（2）农业科研院所。全省共有各级农业科研机构140个，其中省级22个、市级41个、县级77个。省级农业科研院所中，广东省农科院拥有齐全的学科门类，在全省农业科技创新和推广中发挥着重要作用。市级以上农业科研机构中，有种植业类36个、畜牧兽医类6个、农机类3个。广东的农业科研机构实力雄厚，科技部《中国农村科技发展报告》显示，广东农业科研机构科技竞争力位居全国前列，省级农业科研机构在前10名中占有5席。

（3）农业科技企业。农业企业设立的科研机构也是广东省农业科技创新主体中的有力力量，如广东温氏食品集团股份有限公司技术中心（研究院）、广东海大集团股份有限公司、创世纪种业有限公司、深圳华大基因研究院、深圳市百绿生物染色体杂交研究所、广东鲜美种苗股份有限公司等。

5.2.1.2　科研创新平台

广东省以农业功能实验室和科技创新中心建设为抓手，积极开展科技创新平台建设，农业科研条件处于国内先进水平，有效助推了农业科技研发进程，促进了科研与生产的紧密结合。

（1）农业功能实验室。"十二五"期间，广东新增一批国家级农业领域创新研发平台。目前，广东农业功能实验室主要包括：国家级重点实验室1个、农业部重点实验室17个、农业科学观测实验站9个、国家工程技术研究中心4个、广东省重点实验室43个、广东省企业重点实验室7个、广东省公共实验室8个。此外，还有15个农业部区域性重点实验室和9个科学观测站，22个农业种质资源圃（其中国家资源圃及华南分圃6个、省市联动资源圃16个）。2015年，针对广东省农业主导产业和重点领域，启动了首批11个省级现代农业产业技术研发中心建设。

（2）农业科技创新中心。广东先后安排资金1 425万元建设农业科技创新中心67个，带动地方和建设单位投入配套资金超过2亿元；建成实验室建筑面积超过15 000平方米，购置仪器设备超过1亿元，拥有研发人员1 000多人，中高级以上人员接近500人。

5.2.1.3 农业科技创新团队

截至2016年，各级农业科研机构共有从业人员3 431人、学术带头人82人；华南农业大学、仲恺农业工程学院、广东海洋大学、佛山科学技术学院等涉农高校共拥有高级职称以上农业科技人员2 522人。近年来，广东涌现了一批应用基础研究的专家学者，其中涉农院士5人、长江学者10人、珠江学者17人、省高校"千百十工程"国家级人选5人、新世纪"百千万人才工程"国家级人选3人、享受政府津贴533人、国家突出贡献人才21人、省级突出贡献人才8人。

广东以现代农业产业技术体系建设为抓手，广泛动员全省农科教推、产学研用等科技资源和力量，加快推动农业科技创新与进步。2009—2015年，建立了水稻、生猪、岭南水果、花卉和特色蔬菜5个产业技术体系，组成5位首席专家、57位岗位专家和39位综合示范与培训站站长为主体的高水平团队，选育动植物新品种168个（有136个品种通过国家或省级审定）、研究集成新技术98项、建立作物高产高效多熟种植模式46个，研发农产品储藏、加工等新技术新工艺57项，开发配方肥、土壤改良剂等新产品32个，申请专利165项、授权114项，显著提升了技术创新对粮食安全和主要农产品供给保障能力。在国家现代农业产业技术体系中，广东有3个首席专家（生猪、荔枝、虾）、45个岗位专家和34个综合试验站站长，居全国各省份第2位。

2016年，启动"十三五"现代农业产业技术体系建设工作任务，着力打造20个现代农业科技创新团队，重点围绕以广东农业优势产业为主线，以农产品为单元，推进水稻、生猪、岭南水果、花卉、特色蔬菜、家禽、茶叶、饲料、蚕桑、食用菌、经济粮油作物和优稀水果12个纵向产业技术体系创新团队建设，同时组建农业种业、农业面源污染防控与产地环境安全、动植物重大灾害预警与综合防控、农产品初加工与深加工、农产品质量安全、农业智能装备与全程机械化、农产品保鲜物流和"互联网＋农业"等8个横向共性关键技术创新团队。20个创新团队共遴选聘任首席专家20人、岗位（专题）专家128人、示范基地负责人62人，辐射带动核心团队成员近700人，为广东省农业发展提供了雄厚的人才支撑。

5.2.1.4 农业科技创新联盟

2015年8月25日，广东省农业厅创新农业科研组织方式，牵头成立了广东省农业科技创新联盟，该联盟立足于广东农业发展关键需求和区域产业特色，通过统筹全省农业科研机构、高校、企业等创新主体，形成广东省农业科研联合攻关的核心平台和骨干网络，实现农业科技资源共享和开放合作，促成重大农业科技成果转化，支撑现代农业发展。截至2016年底，加盟成员单位累计已达335家，包括中央驻粤和省市涉农高校、科研机构、学（协）会、现代农业示范园区及新型农业经营主体等，广东科技创新资源得到了有效整合和优势利用。

5.2.1.5 农技推广体系与农业农村人才队伍

"十二五"期间，广东推进了116个县（市、区）的基层农技推广体系改革，建立了一个政府主导型的上下贯通、专业种类齐全的农技推广体系网络。全省共有农技推广机构2 737个，其中省级6个、地市级76个、县级306个、区域站144个、乡镇2 205个；种植业站766个、畜牧业站

953个、农机化站451个、综合站567个。全省共有农技推广人员17 206人，按机构层级划分如下：省级147人、地市级1 119人、县级3 794人、乡镇农技站12 146人；按行业领域划分为：种植业5 092人、畜牧业5 145人、农机化1 591人、综合类5 378人。

近年来，广东着力培养引领科技创新进步、支撑产业转型升级、服务农民增收致富的农业农村人才队伍，现有农业管理人才6 000余人，农村实用人才88.6万人。2015年，广东省把握列入全国科研院校重大农技推广项目试点省的契机，探索"科研试验基地+区域示范基地+基层农技推广站+农户"的链条式农技推广新模式。

5.2.1.6 科技成果转化能力

近年来，广东集聚项目、基地和人才等创新要素资源，建设了26个国家级科技富民强县和7个省级现代农业科技强县示范点，启动建设了64个城镇化技术集成应用试点和73个以行政村为单位的新农村科技示范点，在20个市建立了105个农业专业镇；建设了广东广西水产和林产化工、广东省果品2条国家级星火产业带，以及花卉、水果、茶叶、蚕桑、水稻、畜牧等20条省级特色星火产业带；建成3个国家级现代农业示范区（2014年新批6个，如加上农垦共10个）、8个省级现代农业示范区、245个现代农业示范园，推进农业科技研发、集成应用和全程示范，探索建立科技与生产紧密结合的长效机制。至2015年，广东省建设国家畜禽核心育种场18家，畜禽新品种配套系达31个，数量位居全国前列；主要农作物、猪、家禽良种覆盖率分别达97%、95%、85%，水稻优质率达72%以上，黄羽肉鸡种苗、种猪供应量分别占全国的65%和8%（表5-1），水稻生产耕种收综合机械化水平突破65.8%，农业科技进步贡献率达62.7%，比2010年提高6.7个百分点。

表5-1 广东省农业科技支撑能力

指　　标	2015
水稻优质率（%）	72
主要农作物良种覆盖率（%）	97
猪良种覆盖率（%）	95
家禽良种覆盖率（%）	85
黄羽肉鸡种苗供应量占全国比重（%）	65
种猪供应量占全国比重（%）	8
南亚热带特色效益农业产值占种植业总产值比重（%）	70
生猪规模养殖比例（%）	82
奶牛规模养殖比例（%）	94
"育繁推一体化"种子企业（家）	17
建设国家畜禽核心育种场（家）	18
畜禽新品种配套系（个）	31

广东省农业厅于2015年组织省农科院建成了农业科研成果项目库以及成果转化平台，构建了全省统一的农业科技成果元数据规范、信息采集规范、农业科技成果水平评价指标体系，针对用户开发了移动端应用，具有信息浏览、信息检索、专题信息推送等功能。截至2016年底，通过审核入库的成果转化项目共计2 710项，其中科研成果1 671项、在研项目414项、技术需求525项、自主知识产权（专利、植物新品种等）100项。平台及项目库用户覆盖全省21个地市，有科技人员1 068名，涵盖129家农业科研院所、8家涉农高校、303家涉农企业。在征集入库的基础上，梳理了全省具有良好转化前景的农业科技成果，凝练了农业重大共性科技需求，为全省农业科技领域的政策和资金扶持方向提供了决策依据。

此外，广东近年还统筹协调农业科技创新、农技推广、农民培训等相关科教资源，启动实施国家农业科技服务云平台建设工作，高度重视"互联网＋农业科技"，着力推进农业信息化工程推动政务服务、示范展示、数据采集、监测评估、项目监理、科技服务等一体化应用，引领现代农业产业转型升级；以"农博士"、"农技宝"、"12316"三农服务热线等为载体，扎实推进基层农技推广服务云平台建设，提高农业科技服务信息化水平。目前，"12316"三农信息服务平台专家库共有1 200多名中级职称以上的专家，为推进农业科技推广服务信息化建设提供了有力的人才保障。

5.2.2　广东农业科技创新情况

5.2.2.1　广东农业创新品种选育情况

2011—2016年间，共有758个作物品种通过广东省农作物品种审定会议审定，通过审定的品种数量除2012年略有下降外，其他时间都是逐年上升。其中，通过品种审定的水稻品种有349个、花卉品种107个、蔬菜品种103个、玉米品种82个，具体情况见表5-2。

表5-2　2011—2016年间广东省农作物通过审定品种数量统计

作物种类	2011	2012	2013	2014	2015	2016	合计
水　稻	47	40	53	48	59	102	349
玉　米	7	14	7	17	19	18	82
马铃薯	1	0	0	0	4	2	7
甘　薯	3	2	0	0	3	6	14
大　豆	1	0	0	0	0	2	3
花　生	0	6	2	4	1	1	14
甘　蔗	2	0	0	0	0	2	4
果　树	12	9	9	10	12	7	59
蔬　菜	12	14	17	31	7	22	103
花　卉	13	13	19	18	30	14	107
茶　叶	2	0	1	0	0	0	3
中药材	1	0	2	0	2	3	8
蚕　桑	1	0	2	0	0	2	5
合　计	102	98	112	128	137	181	758

例如，针对黑皮冬瓜在长途运输过程中常因果实囊腔大、肉质致密性差而导致果实压破，造成较大损耗等问题，广东省农科院蔬菜研究所从2007年开始利用课题组创新的冬瓜优异材料配制杂交组合，选育出抗病、优质、肉质致密、囊腔小、耐贮运的黑皮冬瓜新品种铁柱，打破了冬瓜无耐贮运品种的历史，深受广大种植户和产品收购商的欢迎。目前，该品种已在广东、广西、海南、湖北、江苏等省份广泛推广运用，近3年来累计推广面积30万亩以上，占同期广东黑皮冬瓜杂交种市场份额的40%以上。铁柱冬瓜获成果登记，课题组"冬瓜种质资源挖掘、创新、抗性机理及其利用研究"荣获2015年广东省科技进步三等奖。

广东省农科院水稻研究所等单位研发的"早中晚兼用型广适性优质稻新品种黄华占的选育及其应用"，该品种已通过9个省的品种审定，推广面积9 149万亩，是我国优质稻推广面积最大的品种。

5.2.2.2 广东农业创新技术研发情况

"十二五"期间，广东研究集成农业新技术98项，建立作物高产高效多熟种植模式46个，研发农产品储藏加工等新技术新工艺57项，开发配方肥、土壤改良剂等新产品32个，申请专利165项，授权114项，显著提升了产业技术创新对粮食安全和主要农产品供给保障能力。其中，畜禽和航天育种技术、重大动物疫病快速诊断与防控技术、疫苗和饲料产品等研发水平位居全国领先位置，部分达到国际先进水平。

根据广东省科技厅网站"成果查询"功能，2011—2016年间广东省通过鉴定应用于"农、林、牧、渔业"且"高新科技领域"属于"农业"的科技成果达268项，包括2011年36项、2012年62项、2013年58项、2014年40项、2015年54项、2016年18项。其中，广东省农科院第一主持完成成果59项、华南农业大学第一主持完成成果34项。

5.2.3 广东农业技术推广情况

广东省每年遴选推介的主导品种和主推技术具有高产、高效、优质、易于掌握的优点，推广的品种、技术符合广东省种养产业需求、区域特点和现代农业发展要求，在保障广东省主要农产品的有效供给，促进现代农业生产向优质、高产、高效、生态、安全方向发展，确保农业持续增效和农民持续增收等方面发挥了重要作用。

5.2.3.1 广东农业主推品种情况

2012—2016年5年间，广东省共推介农业主导品种167个，涉及水稻、玉米、蔬菜、马铃薯、甘薯、花生、甘蔗、果树、茶树、蚕桑、大豆、花卉、畜禽等。这些品种中，五山丝苗、正甜68、白沙迟花晚萝卜、冠华4号节瓜、广薯87甘薯、岭南黄鸡1号、2号、3号配套系5年均获推介。水稻五山丝苗高产性能突出，稳产性好，适应性广，广东省推广种植面积逐年递增，2012年24.74万亩，2013年46.1万亩，2014年49.6万亩。正甜68甜玉米高产、稳产、广适性、抗病性较好，自2009年品种审定以来，已经在广东、广西、云南、浙江、湖南、四川等地推广面积累计达45万亩，是我国目前自有知识产权-国有品种推广面积最大的品种之一，产生社会效益7亿元左右。岭南黄鸡1号、2号、3号配套系在全国各地得到广泛推广应用，岭南黄鸡推广面积涉及全国30个省、市、自治区，每年可直接向社会提供父母代种鸡300万套，商品代5 000万只，社会出栏商品肉鸡达3.5亿只以上，占全国黄鸡出栏量的10%左右。

5.2.3.2 广东农业主推技术情况

2012—2016年5年间，广东省主推农业技术91项，包括综合技术、种植技术、高产栽培技术、养殖技术、农机化技术、信息技术、加工技术等。这些先进适用技术的推广，对农业增效、农民增收有重要的作用，为农业生产提供了强有力的科技支撑。

例如，达国际先进水平的水稻"三控"技术经新兴、高要、曲江、汕头和雷州等地示范推广，节省氮肥20%左右，氮肥利用率提高10个百分点（相对提高30%），面源污染大幅减轻，纹枯病、稻飞虱和稻纵卷叶螟等主要病虫害减少30%～50%，可少打农药1~3次。水稻（特别是早稻）抗倒性增强，高产稳产，一般增产10%左右，每亩增收节支100元以上，增产增收效果显著。2008年以来，水稻"三控"技术先后入选广东省农业主推技术、农业部主推技术、农业部"双增一百"技术和广东省农业面源污染治理技术等，已在广东各稻作区推广应用多年，并辐射到江西、广西、海南、浙江等8个省（自治区）。2012—2014水稻"三控"技术的年省内应用面积稳定在1 000万亩以上，增收节支40.2亿元。大量应用表明，该技术成熟可靠，操作简便，适应性强，不同地点、不同季节、不同品种（包括杂交稻、常规稻）、不同种植方式（直播稻、手插秧、抛秧）都表现稳定的节本增产效果，深受农民欢迎。

2012年、2013年、2015年、2016年均有推介的鸡抗应激饲料与饲养技术已推广至广东、广西、福建、湖南、海南、江西、河南、浙江、江苏、四川等10多个省份，包括广东温氏集团公司、广州希望饲料公司、新兴多威实业有限公司、广西桂林漓源饲料公司、广东智威畜牧水产有限公司等100家多家企业、饲料厂，以及鸡场、养殖专业户，应用于6亿只鸡的生产，实现的直接经济效益累计达6.2亿元，社会效益达到16.8亿元，提高了畜禽养殖业水平，节省了成本，增加了产品的技术新优势，提高了市场竞争力。

经过多年的农业品种和农业技术推广，至2015年，广东省主要农作物、猪、家禽良种覆盖率分别达97%、95%、85%，水稻优质率达72%以上，黄羽肉鸡种苗、种猪供应量分别占全国的65%和8%，水稻生产耕种收综合机械化水平突破65.8%，农业科技进步贡献率达62.7%，比2010年提高6.7个百分点。

5.2.4 广东省农业技术推广的模式与机制

广东省按照国务院关于深化改革加强基层农技推广体系建设的意见精神，协调省直各有关部门，牵头制定印发《关于推进基层农技推广体系改革与建设的指导意见》《关于基层农业技术推广体系定岗定员的指导意见》等系列配套改革政策文件，为全省扎实推进基层农业技术推广体系改革与建设工作提供重要保障。目前，全省普遍建成组织体系完整、职责任务分明、运作方式高效、绩效评价合理的工作运行机制，建成了一个政府主导型的上下贯通、专业种类齐全的农技推广体系网络。广东省围绕发布的主导产业、主导品种和主推技术，加强与高校、科研院校、农技推广站所合作，将新品种、新技术、新信息快速传递、传授给农民，同时，结成科技联盟开展技术攻关，及时解决农民在农业生产过程中遇到的技术难题。根据新阶段农业发展特点和市场需求变化，建立"政府主导、多方参与、技术集成、示范到户"的农技推广新机制，从而形成政府与市场互动发展、互为补充的农技推广新格局，提高了农业技术到位率和农业科技成果转化率。

5.2.4.1 产学研相结合推广模式

农业技术的推广，离不开政府、企业、科研机构的努力，而产学研结合模式则是这三方机构共同协作的最好体现。为了更好地为广东农业服务，科研机构会针对政府部门所制定的农业政策给予一定的意见，以供参考；而政府部门会根据广东农业的发展现状，并针对企业的实际情况，制定相应的优惠政策，以帮助相关企业在农业发展道路上获得良好的外部环境；龙头企业作为推广农业技术的重要载体，企业作为经营主体，其良性运作，又可以为科研机构提供充足的资金，从而促进广东新型农业技术的研发与推广。其中政府以项目为导向，科研机构以项目为载体，开展技术创新研究、试验示范和技术推广工作，是现今农技推广的主要形式。其经费来源主要以政府专项资金为主，配以少部分的企业资金。主要运作形式是"专家+项目+园区"、"专家+项目+农户"、"专家+项目+企业"3种。该形式不仅能够将最新的技术、成果、方法及时应用到农业生产中，而且也能将农业生产中存在的实际问题快速反馈于科研当中，实现了科研与生产的有机结合。

5.2.4.2 农业科技协同创新推广模式

"十三五"时期，广东省农业科技发展将进入新阶段，必须以农业科技改革促进自主创新能力建设，加快农业科技发展结构的调整与优化。农业部倡导的"国家农业科技创新联盟"可以作为一种实践模式进行复制推广，打造农业科研协同创新体和产业战略联盟，建立"开放、流动、竞争、协作"的农业科技创新机制，努力完善科学高效的创新、转化与推广良性机制，彻底打通科研成果转化、农业技术推广的"最后一公里"。为了贯彻落实创新驱动发展战略，深化农业科技体制改革，整合全省农业科技优势资源和力量，形成分工合理、运转高效的农业科技协同创新机制，促进广东省加快实现"三个定位、两个率先"的总目标，2015年8月，广东省农业厅、广东省农业科学院和华南农业大学三家共同发起成立"广东省农业科技创新联盟"。联盟由广东省内有关涉农科研院所、高等学校、农业龙头企业、各地市农业科研机构、省级学会协会以及农民专业合作社、家庭农场等新型经营主体等共同组成，在技术研发、产品创制、集成示范、推广应用、成果转化及人才培养等方面开展紧密合作，做强创新链，做长产业链，做大农业科技产业增量，带动广东农业科技创新能力、效率和应用水平的整体提升。联盟全面提升成果转化和科技服务水平，组织认定和建设一批省级现代农业产业技术研发中心和农业科技创新与集成示范基地，建设省级现代农业产业技术成果孵化平台和农业科技成果推广应用的云服务平台。目前，联盟第一批加盟单位163个，第二批加盟单位172个。

5.2.4.3 基层服务体系推广模式

广东省按照新修订的《农业技术推广法》的要求，加快构建"一主多元"的新型农业技术推广体系，即以基层农业技术推广机构为主体，农业科研教学单位、农民合作社、涉农企业等多元机构广泛参与、分工协作、服务到位的推广体系。把握广东省列入全国科研院校重大农技推广项目试点省的契机，认真组织华南农业大学和省农科院探索"科研试验基地+区域示范基地+基层推广服务体系+农户"的链条式农技推广服务新模式，加快新品种、新技术、新模式的推广应用。此外，农业厅积极组织开展农业科技下乡活动。组织省内涉农高校、省农科院及部分厅属事业单位的专家教授到全省各地开展技术咨询、专题技术讲座，应邀到田间地头进行现场指导等方式，把农业科技送到农村千家万户。目前，广东省基层农技推广体系日益完善。按照国家基层农技推广补助项目要求，继续推进89个县（市、区）的基层农技推广体系改革与建设，建立了一个政府主导型的上下贯通、专业种类齐全的农技推广体系网络。

5.2.4.4 基层农技推广服务云平台推广模式

广东省把握"互联网+"的契机，创新基层农技推广服务方式，借助移动互联网技术，创新推广管理、推广服务的方式方法，为农户提供生产技术、病虫害防治、供求信息、价格行情等服务。广东省与农业部科教司签订《关于共同推进国家农业科技服务云平台广东分平台建设协议》，以"农博士"、"农技宝"、"智农通"等为载体，扎实推进基层农技推广服务云平台建设。截至目前，全省21个地级市均发展"农博士"用户，实现地级市全覆盖，其中农技员用户4 691人，农户用户19 955人，广东微农公众号粉丝6 344人；全省14个县发展"农技宝"用户，其中农业专家用户139人，农技员用户4 865人，农户大户用户77 728人，农户用户85 091人，启动农技宝应用491 997次。此外，按照科教司要求，组织全省21个地市农业部门及有关农业科研院校、推广机构的5 000名农技推广人员、参与新型职业农民培训的学员、现代农业产业技术体系专家和农业部学科群重点实验室专家开通"智农通"信息化应用系统。此外，广东省还借助"12316"三农服务热线、农业科技网络书屋等方式推进农业科技推广服务信息化建设。以"12316三农综合服务平台"、"农博士"、"农技宝"等为载体，扎实推进基层农技推广服务云平台建设，提高农业科技服务信息化水平。

5.2.5 广东省农业科技进步贡献率和科技成果转化率

5.2.5.1 农业科技进步贡献率

"十二五"以来，特别是党的十八大以来，在党中央、国务院的正确领导下，科技部会同相关部门、地方，充分调动全国科技界、企业界和社会各方面力量，按照全面建成小康社会和"四化同步"的战略部署，深入实施创新驱动发展战略，不断创新农业科技体制机制，超前谋划，系统布局，农业科技发展取得了显著成效。"十二五"规划任务目标圆满完成，农业科技整体水平大幅度提高，我国农业科技进步贡献率由 2010 年的 52% 提高到 2015 年的 56% 以上。自主创新能力显著增强，我国农业科技进入领跑、并跑、跟跑"三跑并存"的新阶段；土地产出率、资源利用率、劳动生产率显著提高，为粮食生产实现"十二连增"、保障国家粮食安全提供了有力的科技支撑；大众创业、万众创新蓬勃兴起，一、二、三产业融合发展深入推进，生物育种、农机装备、智能农业和食品制造等领域的技术进步，为推进农业发展方式转变、加快农业现代化进程作出了重要贡献。

其中，农业科技进步贡献率是衡量、反映农业科技进步水平以及地区间相互比较的一个十分重要的宏观指标，其计算公式如下：

农业科技进步贡献率 =（农业总产值增长率 - 物质费用产出弹性 × 物质费用增长率 - 劳动力产出弹性 × 劳动力增长率 - 耕地产出弹性 × 耕地增长率）/ 农业总产值增长率

通过对传统农业科技进步贡献测度方法进行区域适应性改进，我们测算出"十二五"期间广东省农业科技进步贡献率各年份分别为 56.0%、58.0%、59.6%、62.3%、62.7%。从中可以看出，"十二五"期间广东省农业科技进步贡献率稳步提升，2015 年广东省农业科技进步贡献率达62.7%，高出全国 6.7 个百分点，居全国第 2 位，低于江苏省的 65.2%。

5.2.5.2　农业科技成果转化率

随着我国农业科技创新能力的不断提高，产出的科技成果数量持续增加。然而，这些成果大多处于实验室研究或小规模实验阶段，可直接在农业生产中大规模应用的成果少。目前，我国农业科技成果转化率仅有 30% ~ 40%，远低于发达国家 65% ~ 85% 的水平，也就是说大约三分之二的科技成果是躺在专利、论文堆里，没有转化为现实的生产力，广东省也不例外。

5.3　广东农业科技创新与推广存在问题及对策建议

5.3.1　农业科技创新

5.3.1.1　农业科技创新存在问题

（1）农业科技资源分散，共享程度和利用效率较低。尽管广东农业科技资源丰富，但农业科技创新的体制机制不够完善，科技经费投入严重不足，如广东农业科技投入强度由 2001 年的0.65% 降至 2014 年的 0.47%。广东农业科技投入占农业产值的比重不但与法国（2.24%）、日本（2.10%）、美国（2.02%）的差距巨大，更是明显低于全国平均 0.6%（2009 年）的水平。由于广东尚未建立长期稳定的农业科技创新投入机制，因此直接影响到全省农业科研创新活力。相比之下，江苏省无论在平台搭建、人才培养、技术及成果推广上都有较大的投入与成效。一方面由于农业科技创新与转化推广工作涉及部门多、层次多，科技力量分散，容易出现竞争项目、重复立项等问题，致使有限的农业科技创新支持资金使用不尽合理。另一方面，由于科技体制的行政性，企业、高等院校和科研院所没有真正成为资源配置主体，致使农业科技资源共享程度和利用率都较低，导致出现资源分散、重复建设、整合困难等问题。农业科技资源配置以"以市场为导向，以管理为基础，以企业为投资主体，以经济效益为最终目标"的原则还未得到真正体现。

（2）农业科技创新能力不足，总体水平与经济强省地位不匹配。广东是全国经济强省，各项经济指标均在全国前列，但农业科技创新总体发展滞后，与经济强省的地位很不匹配。原始创新和关键技术成果较少，能够支撑广东省现代农业发展的成果，尤其是能够在一段时间内影响和切实解决长期困扰产业发展的大成果较少，解决制约主导产业发展的技术瓶颈问题仍未突破；广东是我国传统的育种强省，优质稻、超级稻、鲜食玉米、生猪、家禽等育种处于国内先进水平，但种业优势领域开始出现被反超迹象。近些年由于江苏、浙江、山东、福建兄弟省份加强了育种业的稳定支持，逐渐赶超了广东，山东省主要粮食作物良种覆盖率达到98%以上，浙江省目前水稻良种覆盖率98%左右，福建粮油良种覆盖率达到98.6%，江苏省优质稻麦良种推广覆盖率达90%以上，另外，在育种方面，由于缺乏稳定的支持，广东很多具有传统优势的领域也逐渐丧失了优势，例如在水稻育种方面，已经失去了杂交稻的育种优势，目前在全国知名主推品种主要是常规稻品种。

（3）农业科技与产业需求不够紧密，科技创新成果转化缓慢。与其他地区类似，广东农业科技研发与实践生产"两张皮"的现象比较严重。一方面，科研机构提供的科技成果由于缺乏有效的熟化，没有"用武之地"，每年有一大批成果获得国家和省科技进步奖，但应用到农业生产的不多；另一方面，农业的提质增效需要最新的科研成果，如香蕉枯萎病、柑橘黄龙病等相关产业难题始终得不到有效解决。整体来看，科技成果转化率不高，基层农业推广服务体系力量不足、基础不稳，农科教、产学研联系仍不紧密，农业科技创新资源供求错位现象严重，影响了广东农业健康、可持续发展。

（4）创新激励机制不足，农业科技创新推广缺乏动力。广东农业科技创新依然存在激励机制不足、农业科技创新推广缺乏动力的问题。一方面农业科技人员的考核激励机制存在缺失，导致科研人员创新动力不足。由于长期受计划经济影响，农业科技人员研究的动力来自于成果、论文发表量，并以此作为晋升、荣誉授予、调工资等的重要依据，而不是看产品、技术的市场覆盖率。在这种机制下，部分农业科技成果与产业发展难免处于脱节的状态，于是，不少填补"学术空白"的成果仅停留在纸面上，无法实现产业化和市场化。另一方面，农业科技推广队伍积极性不高，缺乏相应的激励机制。在现行农业推广制度下，农业科技推广的最后效益不能和推广主体的努力程度或付出挂钩，对农业科技进步缺乏有效的激励机制，影响农技推广效率。

5.3.1.2 农业科技创新对策建议

（1）建立和完善稳定的财政支持机制，充分发挥科技创新政策的作用。依托现有的农业科技创新联盟和科技服务体系，建立和完善稳定的财政支持机制，通过一整套制度与机制设计，使高校、科研院所、推广机构、企业等围绕共同的产业发展目标，紧密合作，网状联动，及时发现和解决生产中的技术难题，充分发挥技术创新的积极作用。重视"需求侧"的科技创新政策，针对创新链的不同阶段有针对地出台相应政策，综合利用各种政策工具，不断创新财政扶持方式，进行不同形式的创新政策组合。进一步明确扶持政策的着力点，针对发现的突出问题，应不断改进和调整政策。为了确保科技创新扶持政策的有效落实，一是要注重政策的可操作性，二是要加强政策的宣传，三是要对政策的落实进行明确分工，落实责任。建立创新政策评估体系，在政策制定、执行、评估、修订各个环节之间形成动态一致的周期，以保证政策的创新性、连续性、稳定性和有效性。

（2）开展协同、集成创新，促进农业科技优势资源整合。紧紧围绕广东省及国家现代农业产业建设与发展过程中面临的全局性、区域性、长期性、公益性重大需求，开展"协同创新与集成创新"研究与科技服务，将广东省现代农业科技创新联盟打造成为农业科技创新的"反应堆"、农业科技成果转化的"孵化器"、农业发展决策的"智囊团"、农业科技推广的"宣传队"与"播种机"、农业转型升级的"加速器"，为广东现代农业强省建设提供强有力的科技支撑和公益服务。推动高等农业院校、农业科研院所和农业推广服务机构的纵向联系、横向融合，协同发展；稳步提升农业科技在产业中的服务与辐射能力，通过产业链条传动，促进农业科技资源在产业服务中形成合力。

（3）打造一批农业科技创新高水平平台，提升农业科技创新实力。依托广东省内农业高等院校、农业科研院所和农业科技企业等广东现代农业科技创新驱动主体，在全省范围内遴选一批具有实力较强的机构，打造一批农业科技创新高水平平台。

一是建议加大农业科研基础性研究投入力度，逐年递增，重点支持引进国家农业重点实验室分支机构和国家级农业工程中心分中心。并通过这些大平台，与省内农业高校、科研院所有机链接，形成与产业应用需求融合的组织机制和嫁接平台，催生变革性技术创新，带动相关产业发展。

二是在省内建设高水平农业科研院所，打造一批重大协同创新平台，改革农业科研组织模式、资源配置方式等，争取在广东现代农业发展基础关键领域取得重大突破。推动粤东西北大力实施农业专业镇转型升级示范建设，支持各地级以上市建设一批农业科技创新与推广合作平台，鼓励支持农业专业镇内的企业联合农业高校、科研院所和协会等成立基于现代产业链的技术创新战略合作联盟。

（4）加速科技成果转化政策落地，完善科技创新农业产业发展机制。进一步落实农业科技成果转化相关政策文件，进一步规范成果转化收益分配制度，构建和完善科技创新驱动农业产业发展的动力机制。鼓励科研院所和高校探索建立适合自身发展的成果转化机制和平台。鼓励支持有条件的农业科研机构围绕广东省现代农业发展重点产业，组建或与企业共建农业产业技术研发中心、增强农业产业应用技术创新能力。改革农业科研机构现行评价和奖励制度，将科研以论文、职称和获奖驱动转变为市场驱动，引导科研人员深入基层或企业积极开展科技创新创业活动，加速推进科研成果落地转化。以水果、蔬菜、茶叶、畜牧、水产等产业密集发展区域为主，扶持具有良好经营行为和较强科研开发能力的农业企业为龙头，通过开发、引进、推广先进实用农业技术和提高生产者素质，形成具有一定规模、产业特色明显的安全健康的农产品生产基地；支持高校和科研院所与基层农业生产部门紧密结合，有效开展先进适用和实用技术的推广应用和示范，加速农业科技成果的转化，建立农业及其相关配套技术标准化、规范化的示范基地。

（5）强化创新人才激励机制，壮大农业科技创新人才队伍。针对不同的农业产业，制定人才发展规划，并根据规划出台一些农业人才发展专项，从顶层设计层面保证全省农业科技创新人才的引进和成长。制定和实施吸引、培养优秀农业人才和杰出科技人才投入农业科技创新建设的机制和环境，结合自主创新战略、重大科技专项和重点创新项目，采取团队引进、核心人才带动引进等多种方式引进培育优秀人才；改进人才评价机制，拓宽人才评价渠道。建立符合农业科技人才规律的多元化考核评价体系，注重提高实践和贡献等非学历、论文类指标权重。对各类人员实行分类管理，建立不同领域、不同类型人才的评价体系；把促进科技人才合理流动作为推动人才竞争的一种手段，通过人才合理流动促进广东农业科技人才区域分布不均衡局面的改善。在粤东、粤西和粤北欠发达地区实施青年科技创新与推广人员定向培养计划，与省内农业院校合作，吸引报考当地普通高校的学生，安排固定的招生名额，实行招生与招聘并轨，定向培养学生毕业后，须回入学前户籍所在县（市、区）乡镇农技推广机构工作，形成结构合理、素质优良的农村科技人才队伍，增强欠发达地区农业科技创新队伍的整体实力。

5.3.2 农业技术推广

5.3.2.1 农业技术推广存在问题

（1）基层推广机构业务弱化，技术服务难到位。目前，广东省约32.7%的基层农技推广站归乡镇管理，部分基层农技推广机构面临县、镇农业推广业务脱节，上下级业务联系弱化的问题，农技人员经常被抽调承担非农技推广工作，从事农技推广工作时间减少，严重制约着农业新技术推广。近些年，广东省农业科学技术得了长足发展，在很多方面都有了新突破，但是，要把这些新技术真正应用于农业生产中，将这些技术推广出去，让农业生产的经营者认识到技术的重要性及其能够产生的经济效益，还任重而道远。就目前的推广体系而言，存在着推广体系断层，没有专业的机构、专门团队负责技术的一线推广工作，致使许多农业生产者不能及时了解农业科研机构研发的新技术，没有相应的体系将这种技术向农业产业者宣传，没有专业的人员负责技术的推广与指导工作，阻碍了农业技术的推广。

（2）推广人员业务水平不高，队伍结构难稳定。近年来，广东省虽吸收了一批高校毕业生进入基层农技推广机构，但由于工资待遇整体不高，导致优秀专业技术人员流失严重，年龄结构老化，严重影响了农业科技的应用和推广。农业技术推广工作主要是在基层部门，工作条件比较艰苦，工资待遇也较低，再加上在晋升与录用方面缺少优惠政策，致使工作人员的积极性不高。技术人员知识提高和技术更新难，技术人员外出学习考察的机会少，技术人员的知识和技术更新的难度较大，相关部门对技术人员培训的重视不够。很多一线工作人员不得不转行或者跳槽，致使农业技术推广站的人员结构不够稳定。部分农业技术推广人员为非农人员，学历也较低，不了解农业技术，给农业技术的推广带来了很大影响。

(3) 推广资金投入力度不足，补助政策难落实。广东省区域经济发展不平衡，东、西两翼及粤北山区的市、县两级财政仍然比较困难，对农技推广投入仍显不足，导致农技推广设施落后，设备更新换代慢，对试验、示范推广造成较大影响。基层农技推广体系改革与建设补助项目实施工作量大、效果不明显，农业技术推广服务补助政策难落实。目前，投入到基层乡镇农业部门的经费少，人员工资较低。有些地方政府对农业技术推广的重视度还不够，在推广经费上的拨款十分有限，很多农业技术推广站由于缺少经费都是名存实亡，致使很多公益性的农业技术服务都很难得到开展。

(4) 推广服务环节较为单一，推广效果不理想。农业技术的推广工作要有相应的技术推广计划，还要针对技术推广后在实际的农业生产中出现的问题进行有计划的解决与指导，才能保证技术实施的效果，为农户增加一定的经济效益。然而，在当前广东省大部分地区的农业技术推广工作中，相关部门对新技术的推广服务环节单一，有的在农业推广活动中对新技术例行进行宣传，宣传结束，对新技术的推广也就结束，更不用说技术的后期指导，这种技术推广工作不仅是服务环节单一，且对技术的推广流于形式，没有实质进展，不能取得最终的实效，推广效果也就不太理想。

(5) 农民文化水平多数不高，农业技术难普及。在近些年广东省大力支持农业技术研究的情况下，推出诸多先进的农业技术，这些农业技术是基于相关理论知识及技术手段才得以完成的，所以要想了解农业技术，并掌握农业技术的应用，需要使用者能够对农业技术相关知识有所了解。但是，对于广大的农民群众来说，很大一部分农民对农业技术不够了解，没有充分认识到农业技术应用的重要性，更不好说了解农业技术专业知识。目前，大多数有文化的农村年轻人在外地打工，现在从事农业生产的大都是50岁以上中老年和妇女，他们文化水平不高，大部分是小学文化程度。在技术应用的过程中遇到了问题不能积极的探讨解决办法。由于文化底子薄、经济基础差、科技意识不强、接受新鲜事物能力差等问题普遍存在，在一定程度上制约了农业科技成果的推广与应用。

5.3.2.2 农业技术推广对策建议

(1) 强化基层农业行政部门职能，进一步做好配套服务。农业技术的推广工作是从农业技术研究到农业技术的具体实施一系列工程，在这个工程中涉及技术的选择、技术指导和技术服务等多个方面，建议国家出台相关政策文件，进一步明确乡镇农技推广机构由县农业行政主管部门管理或业务指导的职能，明确乡镇农技推广人员的工作职责和业务范畴，确保农技推广人员有足够时间和精力服务"三农"。加快基层农业技术推广体系建设，合理构建县、乡、村、科技示范户的四位一体的推广网络。县级要突出新品种、新技术引进，乡镇要重点突出试验示范的推广，发挥新品种、新技术试验示范作用，还要根据各乡镇产业实际，综合考虑技术推广中的各个环节，采取多种经营方式，确定区域性农业技术服务网络，配置相关专业人员，充分发挥人才优势，进一步做好配套服务，更好为产业服务。对于技术推广后得到的质量精良的农产品，相关部门对其销售也应该加以指导，可以配套一些加工产业，进一步将产品推向市场，真正让农业技术转换成经济效益。

（2）加强农技推广人员培训，调动基层农技人员的积极性。随着科学技术不断的进步和创新，相关部门应该注重对推广人员的专业技能和服务沟通等能力的培养，提高技术人员的专业水平，及时掌握新型的种植技术，以便于更好应对实际中出现的问题。相关部门根据各地农业发展规划，有计划、有步骤地组织开展基层农技人员知识更新培训、农业技术人员学历提升培训、科技示范户的生产技能培训，努力提升基层农技人员素质，增强农技推广服务能力。在农业科学技术的推广过程中，要培养一批科学思想意识强、文化素质高，并且有先进头脑的农户做技术使用的带头人，农民带头人的培养可以成立专业技术协会，成立这样的组织，让农户带头人感觉到自己是有依靠的，对于组织的管理，可制定相关的规定，对于农业技术带头人还要有一定的鼓励政策和优惠政策，调动他们的积极性，增强他们使用新的科学技术进行农业生产的信心。

（3）加大农技推广财政支持力度，保障农技推广有效运行。农业技术的推广离不开国家财政的支持，中央、省、市、县各级要加大对农业科技推广的财政支持力度，提高财政供给比例，保证推广经费到位，为农业技术推广提供资金保障。建立多元化的农业投入机制，要建立以政府投入为主导，社会投入多元化的农业科技投入体系，从根本上解决农业科技投入不足的状况。在保障和改善从事农业技术推广工作的专业科技人员的工作条件和生活条件的同时，各级政府要增加对农技推广机构的经费投入，确保公益性农技推广机构正常的推广经费。要进一步增加对农业科技教育和农业科技成果转化的财政支持力度，每年应安排一定的资金用于农业科技教育和新品种、新技术的引进、示范与推广工作，并做到逐年增长，改变基层农技推广机构的机器设备、技术手段落后的现状，使农业新品种、新技术的试验示范工作和植物病虫害测报工作得以正常开展。要鼓励和引导工商企业和个人等社会力量增加对农业科技的投入，参与农业新品种、新技术的引进、开发和推广工作。

（4）围绕主导产业发展要求，完善运行机制和创新推广模式。在农技推广模式上，广东省农技推广体系应结合国家和省现代农业产业技术体系平台，根据广东各地的农业主导产业发展的实际，构建以农业企业和农民组织为服务对象的、以产业链为核心的现代农业产业技术体系的农技推广模式。在创新农业技术推广方式方法上，要重点围绕广东现代农业主导产业发展要求和农民实际需求，全面推行以农业技术推广人员连村包户的形式，大力发挥龙头企业、园区基地、农业合作社等的科技带头和示范作用，形成农业技术推广人员抓示范户、示范户带动其他农户的技术推广机制。充分利用传统媒介，如电视、电话、报刊等；还有现代传媒，如三农直通车等三农网站、手机短信等现代服务手段，还要充分发挥农业科技示范园区、新品种、新技术试验示范基地的辐射带动作用，综合以上开展农业技术推广服务。

（5）提高农民自身文化水平，增强农民对农业技术的接受能力。农民自身的文化水平有利于农业技术的扩散、传递，有利于农民对农业技术的吸纳。目前，政府应大力加强农民专业协会的建设，将其建设成为农业科技推广的有效载体。首先要制定相关法律法规，为培养农民种粮高手，提高农民专业化水平提供良好的政策环境，使农民接受专业化的指导，得到系统、完善的知识体系，使农民能够认可与掌握，同时将技术运用到农业生产中，具体可在田间手把手地使农民掌握生产技术、邀请农业科研专家来对农技推广进行指导、农业生产部门现场演示等方式。通过对农民进行农业生产基础技术的培训，加强农民对新农业生产技术的认识，从而促使基层农业生产技术得到更广泛地推广。另外，目前许多地区的农民对基层农业生产技术的了解往往是来源于农民之间的互相交流。为此，可以鼓励农民通过日常的技术交流来改进生产方式，促使农民的农业生产方式不断进行调整与发展。

参考文献

常向阳,姚华锋.我国农业技术扩散的障碍因素分析[J].江西农业大学学报(社会科学版),2005(3):21-23.

丛艳国,刘少群,吴贤奇.广东省农业技术推广模式构建及各农业区差异化推广研究[J].安徽农业科学,2012,40(12):7554-7556.

高启杰,姚云浩,马力.多元农业技术推广组织合作的动力机制[J].华南农业大学学报(社会科学版),2015(1):1-7.

广东省农业厅.广东省农业厅科教处2016年工作亮点[R].2016.

广东省农业厅.广东省农业厅科教处"十二五"工作总结和"十三五"工作规划[R].2015.

贺德方.对科技成果及科技成果转化若干基本概念的辨析与思考[J].中国软科学,2011(11):1-7.

侯锦琴.广东省农业技术推广体制创新研究[D].广州:仲恺农业工程学院,2015.

李玉萍,温春生,宋启道,等.广东省基层农技推广体系现状与发展对策[J].热带农业科学,2011,31(1):55-60.

刘笑明,李同升.农业技术创新扩散的国际经验及国内趋势[J].经济地理,2006,26(6):931-935.

孙雄松,戴育滨,吕建秋,等.广东农技推广体系现状及其模式创新研究[J].广东农业科学,2011,38(15):176-180.

王星罡.浅析农业技术推广中存在的问题及对策[J].农业科技管理,2010(28):35.

第 6 章

广东农业信息化发展研究

摘　要

2016年是"十三五"开局之年，广东省坚持信息化先导战略，积极抓住信息化发展机遇，全省信息产业产值、规模继续位居全国前列，信息基础设施建设加快，应用支撑能力进一步提升。各级政府高度重视"三农"工作，贯彻"四化同步"发展战略，出台一系列相关政策、规划，为"十三五"农业信息化加快发展奠定坚实基础。

广东正处于加快建设现代农业强省的攻坚期，人工智能、移动互联网、物联网、虚拟仿真、自动控制等信息技术已经逐步渗透到了农业生产、经营、管理和服务中，对推动农业转型升级和供给侧结构性改革发挥了重要作用。生产方面，设施农业精准生产已进入实质应用阶段，畜禽规模化养殖物联网技术日臻成熟，水产智慧养殖悄然兴起，林业灾害管控智能化取得重要进展；经营方面，ERP系统在企业经营中得到应用，农产品电子商务发展迅猛；管理方面，农情监测初步实现数字化，农业应急决策指挥能力显著增强，农产品质量安全监管信息化水平进一步提高；服务方面，信息进村入户成效显著，智能终端加速推广应用。

"十二五"期间，广东省农业信息化水平有了明显提升，但从广东的省情来看，农业大而不强、广而不深、多而不精的基础性、根本性问题仍然需要通过长期的努力才可能逐步解决，必须坚持以信息技术为引领，推动信息化与农业现代化深度融合，努力实现"弯道超车"的目标。目前，广东农业信息化产业存在的问题主要有：农业生产规模不大、经营主体不强、信息化应用需求不旺；信息化"最后一公里"和"最后一百米"的问题仍将长期存在，"数字鸿沟"有进一步扩大的风险；优质劳动力外流，农村人口"老龄化"、"空心村"的现象呈加剧趋势，制约了农业信息技术的普及应用。

广东农业信息化建设要瞄准加快转变农业发展方式和推进农业供给侧结构性改革的主攻方向，以农业大数据建设为基础，提升农业管理决策和服务水平；以农业物联网示范为引导，推动精准农业、智能农业发展；以农业电子商务应用为抓手，提高新型经营主体网络化经营能力；高度重视新型职业农民的培育和技术培训，面向手机等便捷终端，提高农业信息服务的时效性和广泛性。积极探索体制机制创新，统筹用好政府和市场"两只手"，努力形成政府肯定、各部门支持参与、以农业部门为主导的农业信息化建设新格局，努力形成开放共享、农民广泛受益、由各类市场主体唱主角的农业信息产业发展新格局。

随着"互联网+"上升为国家战略,信息化与农业现代化加速融合,信息技术已经成为创新驱动农业转型升级的重要力量。广东作为农业大省,目前正处于四化同步推进和建设现代农业强省的关键时期,农业信息化前景广阔、潜力巨大。

6.1 农业信息化发展环境和趋势

"十二五"以来,广东省农业信息化建设的政策环境、产业环境、基础设施环境等方面进一步完善,为"十三五"农业信息化加快发展提供了有利条件。

6.1.1 政策利好信号显著

农业信息化是一项投资大、风险高、周期长的复杂系统工程,当前在农业信息化建设中,政府发挥着主导作用。为保证农业信息化建设的有序开展,各级政府在宏观上对信息化的发展均做出了系统设计和统筹安排(表6-1、表6-2)。

表6-1 "十二五"以来国家发布的主要涉农信息化政策文件

发布时间	文件名称	涉农信息化主要内容
2013年8月	国家林业局关于印发《中国智慧林业发展指导意见》的通知(林信发〔2013〕131号)	主要任务是建设智慧林业立体感知体系、提升智慧林业管理协同水平、构建智慧林业生态价值体系、完善智慧林业民生服务体系以及构建智慧林业标准及综合管理体系
2013年9月	农业部关于加快推进农业信息化的意见(农市发〔2013〕2号)	重点加强和提升农业生产经营信息化、市场信息服务能力、农业科技创新与推广信息化水平、农产品质量安全监管等十个方面
2014年1月	农业部关于印发《农业应急管理信息化建设总体规划(2014－2017年)》的通知(农办发〔2014〕1号)	重点建设农业应急管理信息系统平台体系,推进平台向基层延伸,加强农业应急管理信息资源整合
2015年7月	国务院关于积极推进"互联网+"行动的指导意见(国发〔2015〕40号)	重点推进"互联网+"现代农业,构建新型农业生产经营体系、发展精准化生产方式、提升网络化服务水平、完善农副产品质量安全追溯体系。积极发展农村电子商务,进一步扩大电子商务发展空间
2015年9月	国务院关于印发促进大数据发展行动纲要的通知(国发〔2015〕50号)	强调发展农业农村大数据,加强现代农业大数据工程建设,注重推进农业农村信息综合服务、农业资源要素数据共享、农产品质量安全信息服务
2015年9月	农业部 国家发展和改革委员会 商务部关于印发《推进农业电子商务发展行动计划》的通知(农市发〔2015〕3号)	农业部 国家发展和改革委员会 商务部关于印发《推进农业电子商务发展行动计划》的通知(农市发〔2015〕3号)
2015年12月	农业部关于推进农业农村大数据发展的实施意见(农市发〔2015〕6号)	明确农业农村大数据发展和应用的总体要求,提出农业农村大数据发展和应用的重点领域

（续）

发布时间	文件名称	涉农信息化主要内容
2016年5月	农业部关于印发《"互联网+"现代农业三年行动实施方案》的通知（农市发〔2016〕2号）	重点突出农林牧渔服务业信息化，强调农产品质量安全，推进农业电子商务，提升政务信息能力和水平，加强新型职业农民培育、新农村建设、推动网络、物流等基础设施建设等
2016年12月	农业部办公厅关于加快推进渔业信息化建设的意见（农渔发〔2016〕40号）	提出重点建设全国渔业渔政管理综合平台、强化渔情统计监测、实施互联网+"现代渔业"行动、推动渔业大数据发展
2017年1月	农业部关于印发《关于加快推进"互联网+农业政务服务"工作方案》的通知（农办发〔2017〕1号）	提出推进"互联网+"行政审批服务、农业项目投资管理服务、三品一标认证管理服务，融合升级互联网+农业政务服务平台等工作

表6-2　"十二五"期间广东省发布的主要涉农信息化政策文件

发布时间	文件名称	涉农信息化主要内容
2013年5月	广东省人民政府关于印发《广东省信息化发展规划纲要（2013—2020年）》的通知（粤府〔2013〕48号）	着重推进国家农村信息化示范省建设，推动电子商务进农村、电子政务连农民、信息技术兴农业
2013年7月	广东省人民政府关于印发《广东省农村信息化行动计划（2013—2015年）》的通知（粤府函〔2013〕125号）	重点从农村信息化基础设施、农村大数据资源、农村公共服务、农村社会管理、农业生产经营、开展农村信息化示范六个方面推进农村信息化建设
2013年11月	广东省人民政府办公厅关于印发《广东省物联网发展规划（2013—2020年）》的通知（粤府办〔2013〕51号）	强调建设农产品物联网监管溯源体系，构建广东农村特色产品信息化溯源公共服务平台，加强农产品安全监管
2013年11月	广东省人民政府关于印发《促进信息消费的实施方案（2013—2015年）》的通知（粤府函〔2013〕234号）	提出推进农村信息网络建设，提升城乡信息基础设施一体化程度，开发、扩大和激活农村信息消费市场
2014年4月	广东省人民政府办公厅关于印发《广东省云计算发展规划（2014—2020年）》的通知（粤府办〔2014〕17号）	强调推动云计算在特色农产品电子商务、农业供应链管理、农业经济组织生产经营管理等领域的应用
2015年9月	广东省人民政府办公厅关于印发《广东省"互联网+"行动计划（2015—2020年）》的通知（粤府办〔2015〕53号）	提出"互联网+"现代农业重点行动，着重开展"互联网+"农业生产和"互联网+"农产品流通任务建设
2015年10月	广东省人民政府办公厅关于印发《广东省信息基础设施建设三年行动计划（2015—2017年）》的通知（粤府办〔2015〕56号）	突出光纤网络、移动通信基站、公共区域无线局域网（WLAN）等建设重点，明确加快建设农村光纤网络，推进光纤网络服务下乡进村

2016年，作为"十三五"的开局之年，广东继续坚持信息化先导战略，加快新一代信息基础设施建设，大力实施"互联网+"行动计划，云计算、大数据、物联网等新业态加快发展。4月，广东省人民政府发布了《广东省促进大数据发展行动计划（2016—2020年）》（粤府办〔2016〕29号），提出要建设服务业和农业大数据平台，统筹数据资源，提升产业监测预警能力。7月，广东省农业厅发布了《广东省"互联网+"现代农业行动计划（2016—2018年）》（农市发〔2016〕2号），从生产、经营、服务、管理四个方面促进互联网与现代农业的进一步深化融合。

6.1.2 信息产业发展全国领先

广东信息产业发展势头强劲，持续领跑全国。据工业和信息化部统计，2015年，广东省规模以上计算机、通信和其他电子设备制造业实现工业产值3.06万亿元（图6-1），同比增加8.13%，占全国19.87%；实现主营业务收入2.94万亿元，实现利润总额1 680.27亿元，利税总额2 451.99亿元；主要经济指标连续25年居全国首位。全省实现软件和信息服务业收入6 994.4亿元，增长17.6%，占全国16.26%，居全国第2位；软件业务出口225.8亿美元，占全国46.4%，居全国首位。2016年，广东19家企业入围第30届全国电子信息产业百强，华为技术有限公司连续九届位居榜首。2015年我国发明专利授权量前十强企业中，中兴、华为分列第2、第3位。2015年PCT国际专利申请量企业排名中，华为蝉联全球榜首，中兴位列第3位。

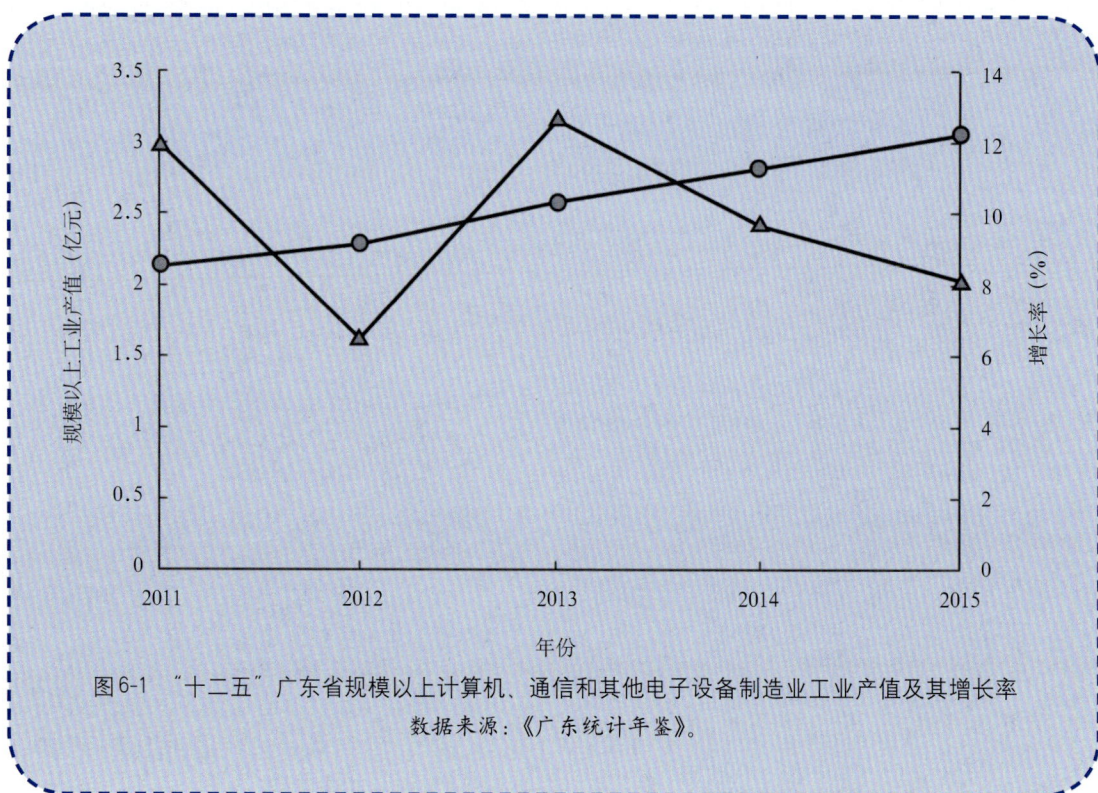

图6-1 "十二五"广东省规模以上计算机、通信和其他电子设备制造业工业产值及其增长率

数据来源：《广东统计年鉴》。

在技术研发方面，我国信息技术创新和研发也取得了长足进步，物联网、云计算、大数据、移动互联网等现代信息技术的日渐成熟，使得农业信息化从单项技术应用专项综合技术集成、组装和配套应用成为可能。广东的科技型企业和科研院所在信息化技术领域不断开拓，尤其在RFID、传感器、无人机、机器人、物联网技术等方面不断实现创新和突破。广东从事RFID相关的企业超过2 000家，珠三角的RFID产业链基本形成，广东的RFID市场规模占全国的40%，达45.3亿元。值得一提的是近年来兴起的无人机技术，已在农业遥感测绘、病虫害防控、农情监测等方面开展应用。作为无人机研发"领头羊"的深圳大疆创新科技有限公司，被美国《机器人商业评论》评为第5届2016年度RBR50强（全球最具影响力50家机器人公司），全球排名第12位。在传感器关键技术研发方面，华南理工大学开展了"物联网中的微纳米环境监测系统"项目，主要研究采用纳米技术提高电化学传感器的灵敏度，促进传感器技术革新。

6.1.3 基础设施环境持续改善

广东省信息基础设施加快建设，互联网宽带应用支撑能力进一步提升，基本实现3G网络覆盖城乡，4G网络覆盖城市主城区，并向城郊区域覆盖延伸，公共区域无线局域网（WLAN）接入建设稳步推进。广东省备案网站60.2万多家，约占全国网站总数的1/6，居全国首位；互联网应用普及率为68.5%，位列北京（75.3%）、上海（71.1%）之后居第3位；网民数量7 286万人，占全国11.2%，居全国首位。全省固定电话用户2 950.6万户；移动电话用户14 943.4万户，其中3G移动电话用户4 981.2万户，4G移动电话用户1 469.7万户；微信活跃账户5亿，微信公众账号1 000万，腾讯微博月活跃用户700万；固定互联网宽带接入用户2 409.8万户，无线宽带网络覆盖率达72.5%。截至2016年6月，全国有IPV4地址3.38亿个，广东占全国的9.53%（图6-2）。广东有网站域名511.66万个，占全国的13.8%（图6-3）。

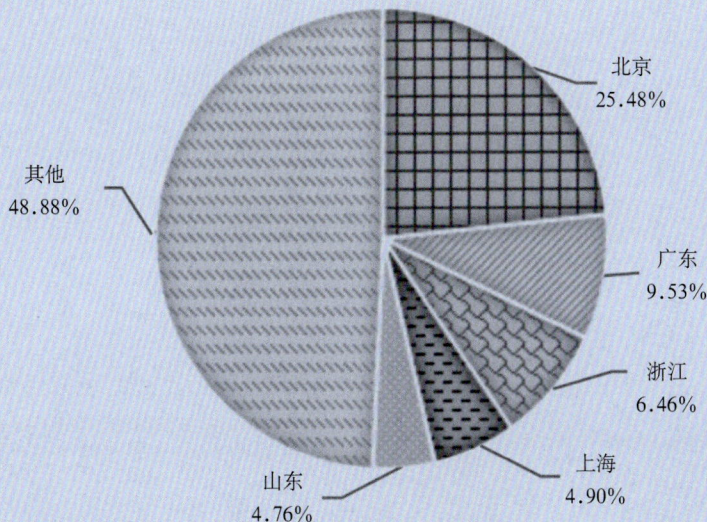

图6-2 全国IPV4地址分布情况

数据来源：《中国信息年鉴》。

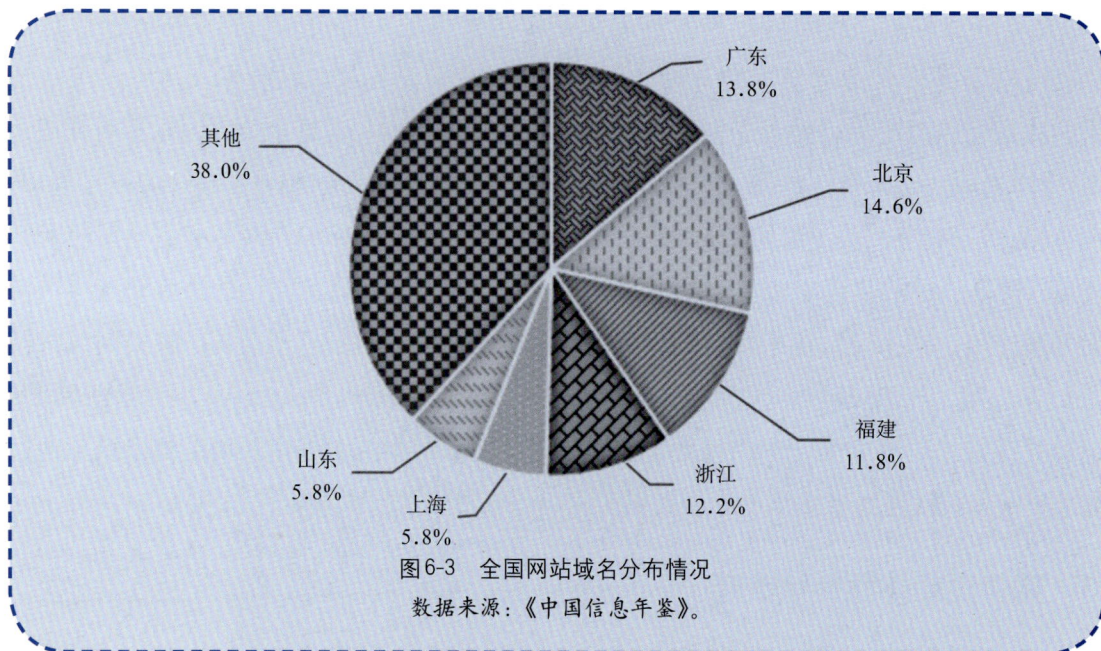

图6-3　全国网站域名分布情况
数据来源：《中国信息年鉴》。

随着移动电话的普及，固定电话购买数量和用户数量都在逐年递减，移动手机则越来越受欢迎。电视机作为公众传统、主要的信息接收设备，其数量仍保持平稳小幅增长。2015年，广东常住居民家庭平均每百户拥有彩色电视机、固定电话、移动电话、计算机分别为104.27台、51.61部、233.72部、70.90部，同比分别增长1.48%、－6.87%、5.86%、4.45%。本地电话用户2 807.11万户，移动电话用户15 009.75万户，固定互联网用户2 285.19万户，分别增长－4.83%、0.44%、1.84%。本地电话普及率25.87户/百人，移动电话普及率138.35户/百人（图6-4）。有线广播电视用户2 089.00万户，数字电视用户1 622.10万户。

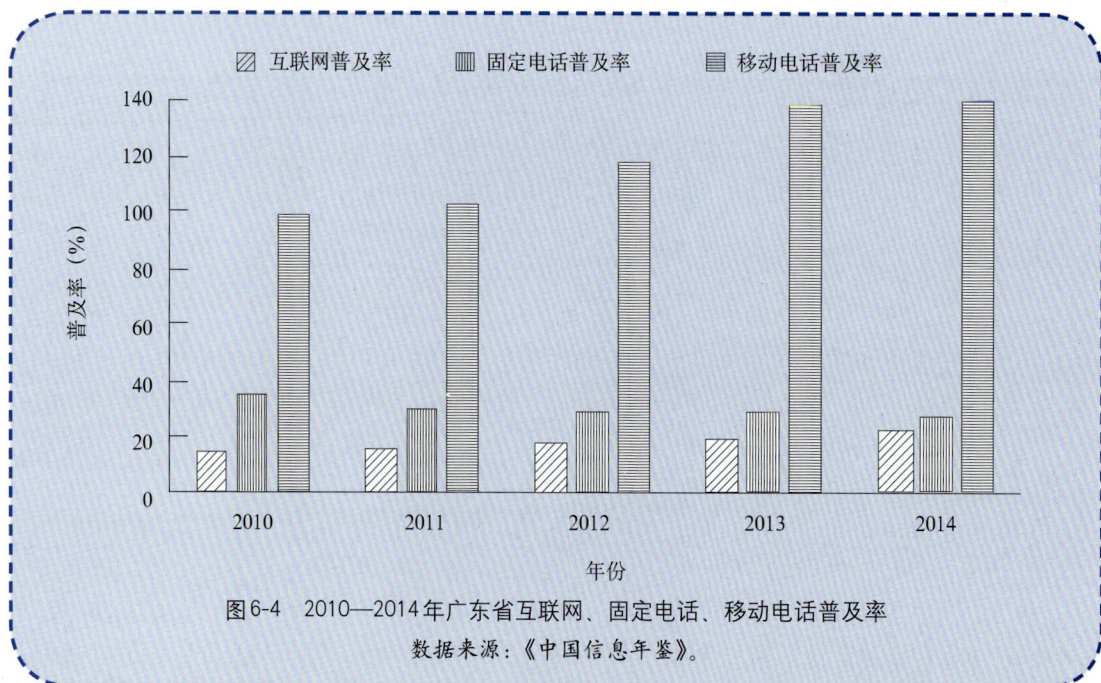

图6-4　2010—2014年广东省互联网、固定电话、移动电话普及率
数据来源：《中国信息年鉴》。

6.2 广东农业信息化发展现状分析

广东省农业信息化起步较晚，但建设速度很快。广东正处于加快建设现代农业强省的攻坚期，人工智能、移动互联网、物联网、虚拟仿真、自动控制等信息技术已经逐步渗透到了农业生产、经营、管理和服务中，对推动农业转型升级和供给侧结构性改革发挥了重要作用。

6.2.1 农业生产信息化

在政府引导和市场力量的推动下，以互联网、物联网、遥感技术、智能机器人为标志的信息技术在现代农业上的应用日益广泛。科研院所和涉农企业紧密结合，针对农业生产需要，陆续开发了一系列农业信息系统，如农产品质量安全追溯系统、远程监控系统、农作物灾害监测系统、病虫害监测系统、测土配方施肥信息系统等。一些大型龙头企业也在积极探索智能化技术在生产经营上的应用，据农业部信息中心调查，广东的省、市农业龙头企业中，远程视频监控系统覆盖率、农产品溯源系统应用率分别达50.98%、58.73%。

6.2.1.1 设施农业精准生产进入实质应用阶段

近年来，各级农牧部门、涉农企业在重大病虫害监测预警、设施生产、环境监测等方面积极应用农业信息技术成果，促进了种植业精准生产的全面发展。在技术研究方面，华南农业大学围绕水资源的高效利用，基于物联网及太阳能光伏技术开发了一种集远程环境监测与精准灌溉控制于一体的农业节水自适应灌溉系统。在产业应用方面，四季绿农副产品专业合作社在蔬菜大棚中安装传感器等自动化、智能化设备，通过传感器采集大棚内的温度、湿度和作物长势等信息，同时进行远程自动调控温度湿度、供给营养液等。顺德勒流建立了广东首个产业化应用的"植物工厂"，在生产车间里，全程采用设施育苗、水肥一体无土栽培、LED补光、二氧化碳气肥等现代化、设施化、自动化管理技术，单位面积产能是传统露地生产的60倍。

6.2.1.2 畜禽规模化养殖物联网技术日臻成熟

随着"互联网＋"向传统产业的不断渗透，采用信息化技术实现畜禽养殖的透明化管理和精准化控制是现代畜牧业的重要趋势。中山大学开展了规模化种猪育种与生产数字化管理体系建设研究。温氏集团将物联网技术应用作为企业信息化建设的重点方向，大力推进养殖栏舍的实时监控和智能控制系统、基于GPS监控的饲料供应链管理系统和奶牛发情特征监测系统等物联网技术的应用，在引领信息技术在农业生产精准管理方面发挥着重要的作用。

6.2.1.3 水产智慧养殖悄然兴起

水产业是广东农业优势产业之一，部分水产养殖企业应用物联网技术实现对水产养殖环境的自动化监测和水质调控。如顺德的生生农业集团建立了物联网水产养殖管理平台，在水产养殖基地安装了视频监控和各类水质监测探头，实时监控水池和鱼塘的水质数据变化，管理人员可以根据系统给出的提示及时调整水质。韶关市力冉农业科技有限公司建立了全封闭式的工厂化循环水养殖场，利用水位、流速、水温、pH值、溶解氧、温湿度等传感器网络实时采集工厂和水质环境信息，实现通过互联网平台进行远程监测、预警处理、自动化设备调控。

6.2.1.4 林业灾害管控智能化取得重要进展

林业生产方面，信息化主要应用于森林火灾和病虫害等灾害管控。如广东省林业科学研究院建立了基于物联网的智能林火监测系统，实现了视频监控、无人机和无线传感器网络林火监测的集成，并在珠海等地得到了实际应用。

6.2.2 农业经营信息化

6.2.2.1 ERP系统在企业经营中得到应用

一部分涉农企业应用ERP系统对原料采购、订单处理、产品加工、仓储运输、质量管控的一体化管理，实现企业内部生产加工流通各环节上信息的顺畅交流和资源的合理配置，促进企业管理科学化和高效化。如壹号食品采用ERP管理系统，将企业上游生猪生产养殖与下游销售结算数据流互联互通，实现企业财务成本自动核算和存货精准管理的双目标。

6.2.2.2 农产品电子商务发展迅猛

广东省特色产品丰富，信息网络、支付体系、现代物流等日趋成熟，发展农产品电子商务优势明显，同时跨境电商的兴起提供了更多机遇。据有关部门统计，2015年广东省农产品电子商务交易额超过150亿元。近年来，广东农产品电子商务平台数量不断增多，覆盖范围也在逐步拓宽。政府组织的农产品交易信息服务平台，如广货网上行、广东农产品交易网、揭阳农业电商网、揭阳老百姓特产商城等（表6-3），由传统的市场信息服务加快向专业的电子商务平台转变。企业自建的具有电子商务功能的网站数量增长显著，如深圳市华联粮油贸易有限公司建设的"中国粮食交易网"、湛江广东金岭糖业集团有限公司建设的广西糖网交易平台。另外，部分企业也积极利用成熟的第三方电子商务平台来拓展自身的商品流通渠道，其中应用较多的网站有阿里巴巴网、淘宝网、农资联盟网等。据阿里巴巴统计，在阿里巴巴平台上广东省农产品卖家数量已多年连续排名全国第一。至2015年底，淘宝特色中国广东馆入馆商家848家，其中拥有国家、省市级地理标志商品89家，农业龙头企业56家、老字号企业26家。截至2016年8月底，全国共有淘宝村1 311个、淘宝镇135个，其中广东有淘宝村262个、淘宝镇32个，居全国第2位。

表6-3　广东省部分涉农电商网站

网站名称	经营主体/建设单位	网址
广货网上行	广东省商务厅	http://www.ghwsx.gov.cn/
村村通商城	广东村村通科技有限公司	http://www.gdcct.com/
客天下购	客天下农电商产业园	http://www.ktxgo.com/

（续）

网站名称	经营主体/建设单位	网址
淘宝 特色中国 广东馆	阿里巴巴	https://guangdong.china.taobao.com/?spm=a216r.7634151.link.237.MsrslQ
京东 中国特产 广东馆	京东	https://guangdongguan.jd.com/
苏宁易购 中华特色馆 广东馆	苏宁易购	http://china.suning.com/china/chinacity.html
顺丰优选	顺丰速运	http://www.sfbest.com/
菜虫网	广东菜虫网电子商务有限公司	http://www.caichongwang.com/
15分绿色生活	广州十五分钟电子商务有限公司	http://www.15fen.com/new/pc/frontend/
天润粮油网上商城	广东新供销天润粮油集团有限公司	http://www.51trly.com/area/76
宝苞网	广东荣晖农业股份有限公司	http://www.babyfarm.cn/
卖货郎商城	深圳市卖货郎信息技术有限公司	http://www.51mhl.com/
菜丁网	广东菜丁网络科技有限公司	www.greencd.cn
花卉世界网	佛山市陈村花卉世界信息科技有限公司	http://www.flowerworld.cn/

6.2.3　农业管理信息化

6.2.3.1　农情监测初步实现数字化

农情信息资源包括动植物体生命信息、生产环境信息、市场信息等。传感器、遥感、无人机、远程视频监控等现代技术手段开始用于农情信息采集，互联网和移动互联网已经应用于农情信息快速传输和发布，使农情监测走向数字化、网络化。如惠阳区建设了有害生物预警系统，可利用远程视频监控观察田间病虫害发生情况，目前该系统已在水稻、蔬菜和水果等农作物上推广应用；江门市应用测土配方施肥信息系统，为农户提供多种作物的测土配方实施方案。广东省农业厅依托"金农工程"、"菜篮子"工程等，建立了省级农业信息监测体系，覆盖21个地级市、40个基点调查县、300家生产基地、33家农产品批发市场，监测内容包括基本农情、价格、成本收益、流通量等。目前，机器视觉技术、人工嗅觉技术、农业机器人、数据挖掘等前沿技术是该领域的研究热点。

6.2.3.2　农业应急决策指挥能力显著增强

农口部门非常重视农情调度和应急决策指挥系统建设。广东省农业厅开通了网上办事大厅、办公自动化OA系统、涉农补贴资金科技监管信息平台，高标准建设农业生产调度与应急指挥立体可视化总控平台，实现国家、省、地市的视频会议和应急系统移动视频接入，促进广东农业管理能力和服务质量双提升。广东省海洋与渔业厅建设了渔港视频监控系统，联合国家海洋减灾中心开展风暴潮预警预报，实现渔港渔船可视化、渔业管理扁平化、渔民服务便捷化。

6.2.3.3 农产品质量安全监管信息化水平进一步提高

农产品质量安全监管关系老百姓"舌尖上的安全"，各级农业部门高度重视，由政府主导建立了一批具有较大影响力和覆盖面的农产品溯源系统平台。惠州市农业局建立的农产品质量安全监管与溯源平台，实现了产品溯源与二维码防伪相结合、产品溯源与生产记录相结合、政府监管与企业自检相结合、品牌管理与地理信息相结合的"四个创新"，平台入库企业已有1 032家。东莞市动物卫生监督所和省农科院联合开发了供莞生猪质量安全追溯系统，集成远程视频监控、RFID等多种手段，实现对2 000多个供莞基地和30个镇街定点屠宰场的信息化管控。

6.2.4 农业服务信息化

6.2.4.1 信息进村入户成效显著

农业信息服务已逐步扩展到农业产前、产中、产后各个环节，各级农业部门为涉农企业、农民合作社和广大农民提供了大量的生产、市场、科技、政策等信息服务。同时，各级农业部门在实践中积极探索、大胆创新，不断总结出行之有效的农业信息服务模式。如广东省农业厅开展了信息进村入户试点工作，以惠农信息社为载体，支持企业经营、青年创业、公共服务等多种服务模式协同发展，2015年共认定省级惠农信息社1 640家，信息社服务覆盖约760万农户。

6.2.4.2 智能终端加速推广应用

各类智能终端在农业信息服务中发挥的作用越来越突出。广东省农业厅联合中国电信搭建了"12316农业综合信息服务平台"，用户可通过该平台热线与农业专家以视频对话和线上现场解答的方式进行农业沟通，还推出了农技宝、农博士等移动终端服务，农民可以实时、快速咨询专家、查询农业知识、价格行情。

6.3 广东农业信息化发展存在的问题

"十二五"期间，广东积极抓住信息化发展机遇，信息产业产值、规模居于全国前列，积极贯彻"四化同步"发展战略，把信息化作为农业"补短板"的重要措施，有效提高了生产智能化、管理现代化、经营网络化水平，但从广东的省情来看，农业大而不强、广而不深、多而不精的基础性、根本性问题仍然需要通过长期的努力才可能逐步解决，必须坚持以信息技术为引领，推动信息化与农业现代化深度融合，努力实现"弯道超车"的目标。

6.3.1 农业生产规模不大、经营主体不强、信息化应用需求不旺

广东是农业大省，但还不是农业强省，从农业产业化经营水平方面可见一斑。广东的地理资源特点是"七山一水二分田"，平均每个农户占有的农业资源数量极其有限、分散，严重制约着农业经营规模，不利于市场化经营。从广东与山东的比较来看，无论是农业龙头企业的数量、销售

收入、经营规模来看，广东都远远落后于山东（表6-4）。

表6-4　山东与广东两省龙头企业实力对比

相关指标（截至2015年底）	山东	广东
龙头企业数量（家）	9 220	3 000
其中：省级以上重点农业龙头企业（家）	773	633
总销售收入（亿元）	14 975	2 989
其中：销售收入过亿元（家）	2 642	350

近年来，农业用地、农村劳动力等价格较快上涨，严重挤压了农产品的利润空间，单个农户为了维持更高的产出，势必更加注重"精耕细作"、加大投入品使用，从投入产出的角度来看是不经济的，与农业资源环境可持续发展也是背道而驰的。发展精细农业、智慧农业，就是要发挥信息对要素融合的作用，提高全要素生产率，转变农业生产粗放增长的模式，但信息技术及相关装备本身作为新的生产要素之一，自身也符合边际效应和规模经济的规律，只有在适度规模经营的前提下，才能显现其强大的威力。

6.3.2　信息化"最后一公里"仍存在，"数字鸿沟"有进一步扩大的风险

国内外有关学者提出，在信息社会的大背景下，"数字鸿沟"（也称"信息鸿沟"）与"经济鸿沟"有深刻的相互联系，主要表现为不同经济发展水平的国家和地区，把握信息产业发展机遇、分享信息社会红利的能力是不一样的，往往强者愈强、弱者愈弱。从全球范围来看，信息技术革命实际上加大了发达国家和发展中国家的差距。从我们国家的国情来看，要全面实现现代化和建设小康社会的宏伟目标，一个基础性工作就是要逐步消除城乡"数字鸿沟"，实现电信普遍服务。

近年来广东非常重视信息基础设施建设，目前基本上实现了光纤覆盖到镇、3G网络覆盖到行政村。但是从镇到行政村的光纤接入（称作"最后一公里"问题，实际上从镇到行政村往往不止一公里的距离），以及从行政村到农户家庭、农业企业、信息服务站的光纤接入（姑且称作"最后一百米"问题）仍没有得到有效解决。在不少欠发达地区，尤其是老少边穷地区的农村居民，对城市居民随时随地可以享受到的上网服务是可望而不可及的。广东目前正在加紧实施村村通光纤工程，逐步推进自然村（20户以上）连通光缆，光纤接入能力达到20兆位/秒，推进光纤网络服务下乡进村 [广东省人民政府办公厅关于印发《广东省信息基础设施建设三年行动计划（2015—2017年）》的通知（粤府办〔2015〕56号）]。切实解决信息化"最后一公里"和"最后一百米"问题，除了有赖于政府政策引导、电信运营商和基础服务商的加大投入之外，还必须深刻理解国家"四化同步"发展战略，农业还是现代化建设的短腿，农村还是全面建成小康社会的短板，推进电信普遍服务，既要考虑市场规律，也要充分考虑社会公平公正原则，而后者是各级政府需要更加

关注的。

6.3.3 农村人口"老龄化"、"空心村"现象呈加剧趋势

根据全国第二次农业普查数据，广东农业从业人员中小学、初中文化程度的占90.2%，农业从业人员科技文化素质整体偏低；从年龄结构来看，40岁以上农业从业人员占60%，说明农村青壮年大多从事非农行业。根据《广东省国民经济和社会发展第十三个五年规划纲要》，到2020年，要实现不少于本省600万和外省700万农业转移人口及其他常住人口落户城镇。农村人口加速向城镇转移是必然趋势，农村人口有序转移是一个复杂、渐进的过程，必须与保持农村活力同步协调，在这一过程中，城镇与农村如何实现人才、技术、资金等的双向流动尤其重要。从日本、韩国等发达国家及我国台湾的发展历程来看，在后工业化时代普遍伴随着农村凋零、农业后继无人的尴尬局面。现代农业信息技术及设施装备虽然是发展现代农业的"利器"，但在客观上也要求劳动者要有较高的科学文化素质和管理水平，而这显然与当前农村优质劳动力稀缺且加速流失的状况是不匹配的。从着眼全局、着眼未来的角度，"谁来种地"的问题不容忽视。"发展遇到的问题，必须通过发展来解决"，只有不断改善农业生产环境、提高农业比较效益，才可能吸引更多的人才和优质劳动力从事农业生产和服务。

6.4 广东农业信息化发展的对策建议

广东农业信息化建设要瞄准加快转变农业发展方式和推进农业供给侧结构性改革的主攻方向，以农业大数据建设为基础、提升农业管理决策和服务水平，以农业物联网示范为引导、推动精准农业、智慧农业发展，以农业电子商务应用为抓手，提高新型经营主体网络化经营能力；积极探索体制机制创新，统筹用好政府和市场"两只手"，努力形成政府肯定、各部门支持参与、以农业部门为主导的农业信息化建设新格局，努力形成开放共享、农民广泛受益、由各类市场主体唱主角的农业信息产业发展新格局。

6.4.1 着力加强农业大数据建设

2015年7月，国务院发布了《国务院关于积极推进"互联网+"行动的指导意见》（国发〔2015〕40号），提出推动数据资源开放，开展政务等公共数据开放利用试点。北京市开通了"政务数据资源网（www.bjdata.gov.cn）"，发布了36个政府部门提供的300多个数据集，覆盖了旅游住宿、交通服务、餐饮美食、医疗健康、消费购物、生活服务、企业服务等17个主题。上海市开通了"政府数据服务网（www.datashanghai.gov.cn）"，开放数据集逾500项，涵盖了经济建设、资源环境、教育科技等11个重点领域。武汉市开通了"政府公开数据服务网（www.wuhandata.gov.cn）"，首批33个部门520个数据集向公众开放，涉及政务、警务、环保等30多个领域。2015年12

月，农业部发布了《农业部关于推进农业农村大数据发展的实施意见》（农市发〔2015〕6号），提出充分发挥大数据在农业农村发展中的重要功能和巨大潜力，有力支撑和服务农业现代化。2016年10月，农业部又印发了《农业农村大数据试点方案》的通知，提出了在省级和产业层面开展农业大数据建设、分析、应用的具体措施。《广东省人民政府办公厅关于印发〈广东省加快推进"互联网＋政务服务"工作方案〉的通知》（粤府办〔2016〕137号）明确要求推进政府数据开放，建立政府数据对外开放和鼓励社会开发利用的长效管理机制，制定政府数据开放目录体系和标准规范，促进政府数据的创新应用和增值利用。以政府公共数据公开为先导的大数据服务已经成为各级政府及相关部门深化改革、提高效能的重要手段之一，全民共享公共数据的时代已经开启。广东是改革开放的先行地，解放思想、勇于创新是广东人民重要的精神财富，在信息社会和"互联网＋"的浪潮下，传统的社会经济发展优势将被弱化，要想积极主动地抓住发展机遇，必须把创新贯穿于社会经济发展全过程，把信息作为比石油更宝贵的战略资源看待。

6.4.1.1　建立广东农业数据中心，着力完善农业大数据汇聚和应用基础条件

目前，农业部正在加快推进国家农业数据中心建设，广东省计划2020年基本建成全省统一的电子政务数据中心（广东省人民政府办公厅关于印发《广东省促进大数据发展行动计划（2016—2020年)》的通知，粤府办〔2016〕29号）。广东农业数据中心在顶层设计上要充分考虑纵向与国家农业数据中心、横向与省级政务数据中心在数据标准、接口等方面的一致性和面向互联互通的扩展能力；通过打造多终端、跨系统、跨区域的省级农业数据中心、实现农业大数据采集实时化、分析智能化、展示可视化、应用高效化。

6.4.1.2　构建农业全产业链信息监测预警体系，全面提升农业生产及农产品市场运行调控决策能力

广东既是农产品生产、出口大省，也是农产品消费、进口大省，保障粮食安全、农业经济增长、农民持续增收需要全面统筹国内、国际两个市场，必须站在全球化大视野，加强国际、国内、省内三个层级的农业产业及农产品市场信息监测预警。建议综合运用和完善各类涉农信息统计监测渠道，建立信息采集、管理、发布、共享、交换标准规范体系，系统梳理农业资源、农产品生产、消费、库存、贸易、价格、成本收益"七大核心数据"，建立涵盖生产基地、田头市场、批发市场、仓储配送、零售市场的全产业链信息监测预警体系，逐步成为省级农业数据中心的核心、基础、优质信息资源库，为指导农业生产布局、农业产业结构调整、农产品市场调控提供科学有力的支持。

6.4.1.3　制定农业政务数据共享开放目录，推出一批基于农业大数据的应用及服务，力争成为政务大数据创新应用的"领头羊"

从全国范围来看，目前已经通过政府公共数据公开形成的大数据应用主要集中在交通、医疗、教育等民生密切相关领域。广东通过"十二五"期间的金农工程和农业信息工程建设，已经初步建立了涉及农业资源、农业经营主体、农产品生产及市场、农业科技、农业政务等各领域的数据

库，建议对这些业已形成并不断丰富的数据内容进行全面梳理，对符合法律法规应该向社会开放的数据资源列入数据共享开放目录，鼓励社会、企业、行业协会利用这些数据优化生产决策、提高经营管理水平、提供高质量第三方服务，形成政府数据与社会数据相互激活、相互关联、深化应用、共享增值的繁荣局面，达到利用信息化实现农业"弯道超车"的目的。

6.4.2 积极开展农业物联网示范应用

农业物联网作为新兴信息技术，既可以实现对传统农业的提升改造，又可以开发培育新型产业，将对一个地区甚至一个国家的农业农村经济发展产生重要支撑作用。当前，深化农业供给侧结构性改革成为农业工作的重心，其核心就是要推动农产品供给从"量"到"质"的提升，以绿色供给满足绿色需求。发展农业物联网能有效提高农业生产过程的管控能力和生产作业的精细化水平，使农业生产由传统的凭经验、靠感觉、看天气向精细化、智能化、集约化方式转变，推动生态农业、设施农业、低碳农业的全面发展。

6.4.2.1 支持农业物联网技术集成和创新，形成农业信息产业新的增长点

建议制定《广东省农业物联网技术需求与科研导向目录》，加强农业物联网核心关键技术攻关，争取科技部门、财政部门支持，引导和鼓励相关企业、科研机构研发适合广东不同区域农业生产特点的农业物联网设施、装备、系统，形成一批具有自主知识产权的农业物联网核心技术产品。利用广东信息技术产业发展优势，培育和扶持一批在国内具有影响力的农业物联网技术研发、集成、运营、服务的专业企业，形成较为完善的农业物联网产业体系，为信息技术产业提供新的增长点。

6.4.2.2 以重点龙头企业和现代农业示范园区为抓手，积极开展面向设施园艺高效生产、畜禽标准化养殖等物联网创新应用

推广应用基于物联网技术的农业环境监控系统、农产品质量全程追溯系统、农业生产过程模型、农业智能机器人等，通过现代农业机械装备、先进农艺工艺、物联网技术的"三合一"应用，有效提高农业劳动生产率、土地产出率、资源利用率，减少化肥、农药、饲料、兽药等农业投入品过量和无效使用，减少环境污染，降低农业生产用工强度，保障农产品质量安全。

6.4.2.3 完善农机购置补贴政策，把农业物联网设施装备纳入农机补贴范围

据调查，一套农业物联网设备，由于核心传感器的不同，价格从数千元到数十万元不等。然而，在当前我国农业比较效益低下、小规模分散经营农户仍占相当比例的背景下，普通农户因物联网设备价格高而无力购买。农业部农机化管理司发布的《2015—2017年农机补贴实施指导意见》中提出的农机购置补贴机具涵盖137个品目，但只有"农业用北斗终端（含渔船用）"与信息化技术应用直接相关（2017年1月16日召开的全国农业机械化工作会议，有关部门决定2017年把植保无人机首次纳入国家农机补贴，具体的补贴目录还未公布）。江苏省率先将农业物联网设备纳入农机补贴，在2016年公布的农机补贴机具品目里将水产养殖环境监控与管理设备列入其中，个人年

度享受农机补贴最高可达20万元，农业生产经营组织最高可达80万元；福建省也将农业物联网相关产品和设备纳入农机购置补贴目录。建议研究完善广东省农机购置补贴办法，调整省级补贴产品种类和补贴标准，争取将农业生产远程视频监控设备、农业环境及生命体信息感知设备、农产品质量安全溯源设备、农用无人机、农情信息采集PDA等逐步纳入补贴范围，并细化补贴措施相关管理办法。

6.4.3　推动农业电子商务提质增效

根据阿里研究院发布的《农村网商发展研究报告2016》显示，2016年上半年，全国农村网络零售额超过3 160亿元，网商提高家庭平均收入2.05万元。2016年1—10月，广东农村网络销售额达到840亿元，广东省在淘宝平台上的农产品卖家数量达到10万多家，各县区具有网上农产品交易功能的网站达到140多个。发展农业电子商务是推动农业供给侧结构性改革的重要手段，其重要意义表现在：一是有利于解决分散的小农户与大市场对接问题，促进信息通畅，减少中间环节，解决卖难和买贵；二是有利于从终端需求倒逼农产品生产环节的标准化，推动建立农产品质量安全可追溯体系，保障"舌尖上的安全"；三是有利于促进农村地区交通、物流、互联网等基础设施发展，提供更多的就业创业机会，提高农村家庭经营收入，使农村居民有更多的获得感和幸福感。农业电子商务近年来保持高速增长态势，尽管从全国来看，目前通过网络销售的农产品还只占零售总额的2%左右，但星星之火可以燎原，农业电子商务已成为商业蓝海，业界预测将快速成长为一个万亿级规模的新兴市场。在农业电商红红火火的形势下，政府要清楚地认识到农业电商整体还处于起步阶段，并不是一个成熟的市场，在发展农业电商的过程中，把市场能解决的问题交给市场，政府着重做好规划，制定规则，夯实农业电商发展的基础。

6.4.3.1　农业电商提质要注重供给质量，实现质量与规模的同步提升

标准化生产、加工保鲜、冷链物流、品牌、质量安全溯源等制约农产品电商的一系列瓶颈因素，虽然在加速破题，但由于农村地区地域广大、发展水平不一、资源禀赋各异，很难一蹴而就全面解决。建议政府有关部门一是要更多放活资源，以市场为导向优化资源配置，鼓励和支持各地根据自身实际情况出台扶持电商发展的财税、金融、保险、用地、技术创新、人才培养等系列政策，支持跨区域、跨界行业联合，降低物流成本，营造公平竞争环境。二是要加大财政倾斜扶持力度，以政府投入为杠杠，撬动更多的社会资本投入到网络、交通、物流、仓储等公共基础设施建设及产品检测认证、宣传推广、培训等第三方专业服务。第三是要尽快建立和完善与国际接轨的农产品生产标准、品质标准、规格标准、检测标准、物流标准等配套标准和规范体系，积极参与国际相关标准的制修订工作，为优质农产品"走出去"奠定基础。第四是要树立"大农业"概念，扩展农业电商内涵。农业电子商务至少应该包括农产品电商、农资电商、休闲农业及其他涉农服务电商，从目前的发展形势来看，农产品（尤其是生鲜产品）电商处于需求蓝海和市场红海的调整优化阶段，而农资电商、休闲农业电商有望取得快速发展，值得政府和行业给予更多的

关注。

6.4.3.2 农业电商增效要注重协调各方利益，尤其是农民能否长期获得实惠

由于缺乏上网技能和开设网店的经验，普通农户很难进行互联网创业，成为网络卖家的主要是返乡创业者、下乡新农人、转型的经销商或农产品经纪人、合作社等。据相关学者的实地调查，在一些已经开展农产品电商的乡村，农民只是把原来卖给传统经销商的产品卖给了本地网络卖家，而且因为相互熟悉和提前预订，价格甚至还会略低于传统经销商的收购价。对本地网络卖家来说，因为高昂的物流成本和推广费，利润空间非常有限，他们也难以给出比传统经销商更高的产品收购价。而在电商巨头对县域物流渠道控制加强的形势下，随着消费者农产品网络消费习惯的形成，电商平台将成为新渠道的垄断者，增值收益将被其所控制的物流、网络推广费用等蚕食。如果缺少大多数农业生产者参与电商经营的收益分享机制，当前农产品增值分配不合理、农民增收难的局面将难以得到有效改善。建议引导建立电商卖家与供货农户的收益分享机制，鼓励农户通过合作社电商销售或对接网络卖家，对于在保底价收购的基础上对供货农户有增值收益返利的电商平台或网络卖家，按其返利数额给予一定的奖补支持。

6.4.4 强化农业信息综合服务

"应用是国家信息化的灵魂。没有应用，就没有市场；没有市场，就没有产业；没有产业，就没有核心技术发展的土壤，无法形成强大的国家信息能力"。从过去十多年的经验教训来看，农业信息化容易出现"上边热、下边冷"、"热一阵、冷一阵"的问题，其根本原因就是所谓的信息化没有真正以人为本、没有"接地气"，农民不会用、用不起、没有用，因此重视和尊重信息化主体，重视应用落地和有效服务，应该始终作为农业信息化这支时代交响乐的基调。

6.4.4.1 以移动互联网全覆盖为基础，推动农民手机应用普及化

截至2015年12月，中国农村网民规模达1.95亿，其中农村手机网民为1.708亿，农村网民中使用手机上网的比例高达87.1%[《2015年农村互联网发展状况研究报告》，中国互联网络信息中心（CNNIC），2016年8月公布]。由此可见，手机成为了农民上网的首选。目前国产智能手机已经降到千元以下，移动互联网在农村的覆盖率也要远远领先于计算机网络，可以预见，智能手机完全有条件成为农村地区最主要的信息化应用终端，目前的关键问题在于非常缺乏农民有用、会用、用得起的应用和服务。建议加速普及手机、触摸屏、电子屏等智能终端在农情村情民情信息采集、农业科技成果推广、农产品营销、村务管理、农业行政执法上的应用。向全社会公开征集、评选和推介一批优秀涉农APP及自媒体应用，加大宣传推广力度，以评促用，引导和鼓励信息服务商、科研机构开发各类针对广大农民生产、生活实际需求，简单易用、成本低廉、兼容性强的作品、工具、软件和服务。

6.4.4.2 重视农民信息化培训，全面提升农民科技素质

农业信息化农民是主体，信息化最深刻的影响是对人思想意识的改造，信息的作用如同教

育，为所有人开启了"一扇窗"，因此无论是法国、韩国、日本等发达国家，还是印度等发展中国家，都非常重视农民信息化培训。如韩国政府在中小学放假期间租用学校电脑室对农民进行电脑培训，培训费用的2/3由国家补贴，农民只承担1/3；并利用高校、推广机构等力量，建立了一支专业化的培训师资队伍，培训的内容非常注重实用性。建议通过"农民夜校"、"田间课堂"、"远程专家"、"社区兴趣小组"等多种形式，机动灵活地开展农民信息化培训，农民可以根据自己的实际需求定制或提出培训课程；培训内容要进一步扩展，不局限于农业生产和经营管理，还应包括农村社区建设、家庭教育、养生保健、法律法规、科普等；培训对象要进一步放宽，不局限于农村青壮年，还应该包括留守儿童、妇女、社区管理者等；使农民不离乡、不离土，就能获得及时、有效的知识和技能。

参考文献

广东省统计局.广东统计年鉴2016[M].北京：中国统计出版社，2016.

刘小红，刘敬顺，孙奕男，等.规模化种猪育种与生产数字化管理体系建设及案例分析（Ⅵ）：种公猪选育与监控[J].国畜牧杂志，2014,50(18):60-69.

陈威，郭书普.中国农业信息化技术发展现状及存在的问题[J].农业工程学报，2013，29(22):196-205.

山东农业信息网.山东省整体推进新型农业经营主体发展的实施方案（2016—2020年）[EB/OL].http://www.sdny.gov.cn/zwgk/zfxxgk/jcgk/201612/t20161219_526742.html，2016-12-19.

黄进，洪海，粤农信.促进龙头企业加快发展　打造农业现代化主骨架[N].南方日报，2016-02-02.

群众网."互联网＋"背景下加快政府数据资源开放共享的路径探索[EB/OL].http://www.qunzh.com/xxzt/gwydybgpxhd/bgzs/201510/t20151019_13965.html,2015-10-20.

易法敏.集体"把脉"广东农村电商发展[N].南方日报,2016-12-29.

魏延安.农村电商7大痛点[J].农经,2015(9):92-93.

周群力，程郁.发展农村电商面临的突出问题及建议——江西省于都县调查[N].中国经济时报,2016-02-24.

周宏仁.信息化论[M].北京：人民出版社,2008:264.

第7章

广东休闲农业发展研究

摘 要

据估计，全球每年休闲农业产品总值达到250亿美元，其中欧盟100亿美元，澳大利亚35亿美元，美国和加拿大100亿美元。

至2015年，我国休闲农业特色农户（农家乐）已发展至150多万家，具有一定规模的休闲农业园区发展至12 000多家，直接从业人员近300万人，年接待游客7亿人次，年经营收入达900亿元左右。2015年，评出农业旅游示范点超过600处。以2015年为例，农业观光旅游点112个，占31.20%；农业科技观光旅游点60个，占16.71%；农业生态观光旅游点56个，占15.60%；民俗文化旅游点20个，占5.57%；休闲度假村（山庄）26个，占7.24%；古镇新村39个，占10.86%；农家乐18个，占5.01%；自然景区28个，占7.80%。

目前广东共有农业旅游区（点）300多个，其中有6个县（市、区）和19个休闲农业旅游点被认定为"全国休闲农业与乡村旅游示范县"和"全国休闲农业与乡村旅游示范点"，1个乡村被农业部评为"全国最具魅力休闲乡村"，6个乡村被认定为"中国最美休闲乡村"，3个景观被认定为"中国美丽田园"，1个被认定为"中国重要农业文化遗产"。47个乡镇和100个休闲农业旅游点被省农业厅、省旅游局认定为"广东省休闲农业与乡村旅游示范镇"和"广东省休闲农业与乡村旅游示范点"，23个基地被命名为"广东省农业旅游示范基地"；认定广东人文历史最美乡村游示范区（点）50个，广东自然生态最美乡村游示范区（点）50个，广东省国家级历史文化名村11个，广东古村落33个。全省现有3 000多个休闲农业经营主体，其中农家乐6 000多家，休闲农业就业人数达10万人，带动农民就业人数达140多万人，产业收入达170亿元，主要发展指标与川桂差距在逐步缩小。近年来建设的34个省级农业现代化示范区中有11个具有休闲农业功能，193个省级现代农业园区中有46个具有休闲农业功能。

从"经营主题"角度看，广东当前休闲农业的主要模式有田园观光采摘型、休闲度假旅游型、农务参与型、乡土民俗风情体验型、科普教育型、康体娱乐体验型和回归自然型7种主要发展模式。

广东在休闲农业发展方面的主要问题包括：政府缺乏对产业宏观调控、规范管理及规划引导，区域发展不平衡，农业旅游产品同质化严重、配套体系有待提高，综合性经营管理人才缺乏，对农村农业原生态环境破坏现象较严重等。

广东应在以下几方面加强休闲农业的建设与发展：一是因地制宜，科学规划。建议抓紧编制《广东省休闲旅游农业专项规划》，注重区域定位、功能定位、形态定位，避免雷同、重复建设。二是注重特色，农旅结合。加强在设施栽培、生态养殖、立体种养、种养加一体化等高效生态农业模式的功能拓展；重点打造一批特色鲜明、环境优美、功能完备的休闲农业园区、农家乐村和农家乐家庭农场。三是加强管理，规范发展。建议研究制订《广东省休闲旅游农业管理实施办法》，对农家乐、渔家乐、休闲农庄等，分类制订行业管理标准和服务管理办法。四是优化环境，联动协作。金融部门要优化信贷结构，适当放宽休闲农业相关产业担保抵押条件；农业部门要积极创新土地流转机制；国土部门要鼓励通过废弃园地、林地、荒山等进行开发，盘活存量土地，优先安排休闲旅游农业管理配套设施用地指标。五是制定政策，加大扶持。第一，多元化的投融资政策。建立省、市、县三级政府投入休闲旅游农业的基金。第二，宽松的税收与信贷政策。建议对开发休闲旅游农业的农户，三年内减免营业税和所得税；建立休闲旅游农业信贷扶持基金。第三，变通的用地政策。凡涉及休闲旅游农业开发中少量的非农用地，要优先予以妥善解决。第四，对成效明显、成绩突出的地区和休闲农庄（场），给予考核奖励政策。六是强化创意，加强宣传。成立广东省休闲旅游农业发展领导小组；积极搭建平台，举办或参与各种节庆、节会以及农博会、农展会等活动。七是加强科技支撑，全方位提升休闲服务水平。将农业科技推广应用到农业新品种、新技术的推广应用中，并主动寻求新品种、新技术成果，加强科技对农业生产、加工、流通各环节的引领支撑，保证农产品质量安全。完善休闲农业产前、产中和产后各环节的科技创新、科技服务以及与之配套的科技培训体系，以及通过引入科技手段不断规范餐饮、住宿、休闲等相关经营活动。

7.1 当前休闲农业发展背景

7.1.1 全球休闲农业发展用地及经济增长不断加快

从20世纪90年代开始，休闲农业在世界各国有了较大发展，在不同程度上得到了各国在政策和财政上的补贴支持（表7-1）。主要表现在休闲农业用地面积有一定规模，休闲农业产品产值在不断增加。2000年全球已有141个国家发展休闲农业，其生产面积占农业生产总面积的2%左右。据德国休闲与农业基金会提供的数据，2002年末世界休闲农业面积达2 300万公顷，比2000年增长了31.4%，休闲农业几乎遍布世界各国，在耕地中的比重逐年增长，同时从事休闲农业的农场也在快速增长。其中，澳大利亚的休闲农地面积最大，拥有1 050万公顷，约占世界总休闲农业用地面积的50%，其次是阿根廷和意大利，分别有319.2万、123万公顷。从休闲农地占农业用地面积的比例来看，欧洲国家普遍较高，而大多数亚洲国家的休闲农地面积较小（总计4万公顷），土耳其占1.8万公顷，日本占0.5万公顷，以色列和中国各约0.4万公顷。

据估计，全球每年休闲农业产品总值达到250亿美元，其中欧盟100亿美元，澳大利亚35亿美元，美国和加拿大100亿美元。休闲农业发展最快的是欧盟，据国际贸易中心（ITC）报道，1986—1996年欧盟国家休闲农地面积年增长率达到30%，休闲食品和饮料销售额从1997年的52.55亿美元，到1999年的63亿美元，再到2000年的95.5亿美元，增速迅猛，目前每年的增幅均保持在10%~20%。美国在过去10年中，休闲食品销售量以每年20%的速度增长，1995年休闲食品的销售额为28亿美元，1999年增长到60亿美元，2000年则达到75亿美元，近年来，美国有机农产品零售额已达到110亿~130亿美元，使其成为全球最大的休闲农产品销售市场，目前年增长率在15%~25%之间，澳大利亚有机食品销售额为1亿澳元，国内市场每年增速约为60%。

表7-1 世界各国发展支持休闲农业相关政策

国家	政府支持或相关政策	具体措施
美国	农地转移计划	由美国农业部（USDA)在二战后，在经费和技术上协助农民转移农地非农业使用
	农村旅游发展基金	小企业管理局专门制定农村旅游贷款计划，政府根据各农场具体情况而给予启动资金
德国	农村公共设施建设资金及划拨专项促销	政府补贴，农民参与项目的决策、规划、监督和实施，专项促销从2000年120万欧元提升到360万欧元
日本	公共基础设施投资资金及扶助金发放	政府给予硬件配套设施的优惠政策，与农民分担建设投入资金，辅助金提升
	绿色农村旅游政策及"绿色观光"	提倡农家及农业体验的农村度假活动

（续）

国家	政府支持或相关政策	具体措施
法国	专项费用划拨	由2000年60万欧元提升到2003年600万欧元，2000—2006年国家为休闲农业景点修筑公路共拨款5 300万欧元
西班牙	辅导民宿设施建设	2003年发展到约7 000家民宿、50 000个床位
中国	大陆：农业部、国家旅游局关于开展全国休闲农业与乡村旅游示范县和全国休闲农业示范点创建活动的意见	通过评选全国休闲农业和乡村旅游示范县和全国休闲农业示范点，以鼓励休闲农业和乡村旅游的建设
	台湾：发展观光农业示范计划	推行观光农业

7.1.2　我国休闲农业进入全面发展时期，催生多元发展新业态

我国休闲农业目前已进入一个全面发展时期，旅游景点增多，规模扩大，功能拓宽，分布扩展，呈现出一个良好的发展新态势。据不完全统计，2015年全国已创建149个国家级休闲农业与乡村旅游示范县、386个示范点，推介了140个中国最美乡村、247个中国美丽田园和1万余件创意精品，认定39个中国重要农业文化遗产，接待游客超过22亿人次，有一定规模的休闲农业园区发展至12 000多家，营业收入超过4 400亿元，从业人员790万，其中农民从业人员630万，带动550万户农民受益。目前，休闲农业产业几乎各县都有，在东部沿海城市郊区尤为多见。以浙江绍兴为例，目前有休闲农园48家。其中，从投资规划看，100万元以下的7家、占15.2%；101万～500万元的23家、占50.0%；500万～1 000万元的8家、占17.4%；1000万元以上8家、占17.4%。从经营面积看，23.2公顷以上的有20家，最大的达280公顷。从实际投入看，已经有资金投资的占总数的3.5%，其中投资100万元以下的27家，占58.7%，投入101万～500万元的15家，占32.6%，500万～1 000万元的1家，占2.2%。

近年来，我国休闲农业与乡村旅游示范点创建工作成效显著，各省各地示范点不断落地建设。2005年，国家旅游局共评选出农业旅游示范点359处；2010年，评出示范点467处；2015年，评出示范点超过600处。以2015年为例，农业观光旅游点112个、占31.20%；农业科技观光旅游点60个、占16.71%；农业生态观光旅游点56个、占15.60%；民俗文化旅游点20个、占5.57%；休闲度假村（山庄）26个、占7.24%；古镇新村39个、占10.86%；农家乐18个、占5.01%；自然景区28个、占7.80%。

7.1.3　休闲农业向专业化、组织化发展

近年来，我国在休闲农业与乡村旅游发展方面出台了很多政策和措施，并给予了财政、用地和新型经营主体经营上的各种优惠与补贴，使休闲农业得到了蓬勃发展。同时，积极借鉴境内外优秀省份的做法，积极从用地、经营主体和财政上因地制宜地扶持各地休闲农业发展。以我国台湾休闲农业发展为例，在发展理念、用地、财政、经营、政府扶持方面，都体现了专业化和组织

化的特点（表7-2）。

表7-2 休闲农场与休闲农业区比较（以我国台湾为例）

比较项目	休闲农场	休闲农业区
发展理念	企业发展	农村发展
发展重点	产品与市场	当地农民的农村环境
用地要求	农业用地不得低于休闲农场面积90%，且不少于5 000平方米	土地毗邻且面积大于25万平方米
设施规划用地	工业区、河川区、森林区以外的农牧用地、养殖用地、林业用地以及都市计划法规定的农业区和保护区的土地	非都市地区中除工业区、河川区、森林区以外的农牧用地、养殖用地、林业用地以及都市计划法规定的农业区及保护区的土地
面积限制	100 000平方米（山坡地）、30 000平方米（非山坡地）、5 000平方米（都市土地）	50万～600万平方米（非都市土地）、10万～100万平方米（都市土地）、25万～300万平方米（非都市土地＋都市土地）
经营主体	个别农民、法人农场、农民团体、企业机构	农民团体（农会、农民合作社等）
资金来源	自筹经费或贷款	政府拨款或农民筹资
政府支持	主管机关协助贷款及经营管理辅导	主管机关建设公共设施协助园区发展

7.2 广东休闲农业发展现状

7.2.1 各地休闲农业产品脱颖而出，上档次休闲农业旅游示范县（点）增多

目前广东省共有农业旅游区（点）300多个，其中有6个县（市、区）和19个休闲农业旅游点被农业部、国家旅游局联合认定为"全国休闲农业与乡村旅游示范县"和"全国休闲农业与乡村旅游示范点"，1个乡村被农业部评为"全国最具魅力休闲乡村"，6个乡村被认定为"中国最美休闲乡村"，3个景观被认定为"中国美丽田园"，1个系统被认定为"中国重要农业文化遗产"。47个乡镇和100个休闲农业旅游点被省农业厅、省旅游局认定为"广东省休闲农业与乡村旅游示范镇"和"广东省休闲农业与乡村旅游示范点"，23个基地被命名为"广东省农业旅游示范基地"，50个广东人文历史最美乡村游示范区（点），50个广东自然生态最美乡村游示范区（点），认定的广东省国家级历史文化名村11个，广东古村落33个，还有许多各具特色的山庄、农庄、农家乐休闲点。2011—2015年，广东省在广州、珠海、佛山、惠州等地建设了一批全国休闲农业与乡村旅游示范点，效益明显、接待游客量较多的有高明区盈香生态园（2015）、广东长鹿环保度假农庄等（表7-3）。全省现有3 000多个休闲农业经营主体，其中农家乐2 300多家，休闲农业就业人数达10万人，其中农民就业人数达8万多人。一批休闲农业产品脱颖而出，一些资源丰富、起步较早的地区已在部分城市周边形成了休闲农业与乡村旅游度假带，全省休闲农业与乡村旅游市场开始从

单一的农家乐、赏花摘果向以观光、参与、康体、休闲、度假、娱乐等为一体的综合型方向发展，发展较快地区的休闲农业与乡村旅游正成为当地经济的特色产业，休闲农业已成为广东省农村发展新的经济增长点。

表7-3　广东省"十二五"休闲农业与乡村旅游示范点建设情况（2011—2015年）

地市	休闲农业与乡村旅游示范点名称		个数
	广东评选（省第三批，2016）	全国评选	
广州	广州绿航农业观光园，广州南沙东升农业旅游园，广州市香蜜山生态果园，广州从化鸿景世外葡园，广州增城步云果场	广东永乐绿色生态农庄	5
珠海	珠海一棵树休闲农庄，珠海十亿人火龙果庄园，珠海逸丰农业观光园，珠海斗门乾务网山古村	台湾农民创业园（2015），一棵树休闲农庄（2011）	4
汕头	汕头澄海协和生态园，汕头潮南丰乐农业科技园，汕头濠江种养农家乐，汕头南澳蓝帆休闲旅游园 ，汕头金平月浦许地乡村文化旅游区	澄海区莲花乡乡村旅游区（2012）	5
佛山	佛山三水宝苞农场，佛山高明泰康山生态旅游园，顺德乐从蕴乡生态农业园，顺德龙江新世纪休闲农业园，顺德杏坛逢简水乡	高明区盈香生态园（2015），广东长鹿环保度假农庄（2011）	5
韶关	韶关乐昌梅花百臻生态农业园，韶关南雄云峰山生态旅游园，韶关始兴顿岗广源休闲农庄，韶关乳源一峰农业观光园，韶关仁化福宝休闲农业园，韶关乳源粤凰生态农业科技园		6
河源	河源龙川绿誉农业观光园，河源紫金鹿飞生态农业园，河源东源富强农业观光园，河源和平东水马增生态茶园，河源源城崇志生态农业园，河源和平地隆山农业观光园	广东省热龙温泉度假村（2012）	6
梅州	梅州梅台阿鲤廊生态农业园，梅州梅县雁洋南福春秋，梅州丰顺九龙嶂生态旅游园，梅州瑞山高新生态农业园，梅州梅西水库金丰休闲农业园，梅州韩山生态旅游园		6
惠州	惠州四季绿农业观光园，惠州尚天然文化休闲旅游园，惠州华阳蓝莓休闲农业园，惠州惠阳镇隆荔景山庄，惠州博罗湖镇金桦葡萄观光园，惠州罗浮山新发现休闲农业园	博罗县农业科技示范场（2015），罗浮山风景区澜石村（2013）	6
汕尾	汕尾陆河水唇罗洞村，汕尾侨区奎池山生态农业园		2
东莞	东莞龙洲湾都市农业观光园，东莞金谷现代生态农业观光园	清溪生态农业产业园（2014），东坑农业园（2013）	2
中山	中山现代渔业博览园，中山古镇南方绿博园，中山坦洲秀美村庄片，中山民众和丰园		4
江门	江门鹤山古劳村，江门台山上川仙岛茶园，江门开平天露仙源茶场，江门恩平圣堂歇马村，江门新会睦洲石板沙村		5
阳江	阳江阳东丰多采农业观光园，阳江阳东新科生态农业园，阳江阳东田山农业旅游基地，阳江阳东新洲科丰农业观光园，阳江阳东东平鸳鸯石公园		5

（续）

地市	休闲农业与乡村旅游示范点名称		个数
	广东评选（省第三批，2016）	全国评选	
湛江	湛江徐闻神州木兰园，湛江遂溪金龟岭休闲农场，湛江廉江良垌良田山水休闲农业园，湛江南三岛湖村，湛江南三岛海丰村，湛江赤坎高田农业观光园	麻章区南亚热带植物园（2015）	6
茂名	茂名高州陶乡然农业观光园，茂名电白水东正绿蔬菜基地，茂名茂南鹿缘山庄，茂名信宜平塘金童子生态种养场，茂名化州石湾博带村		5
肇庆	肇庆广宁八一生态农场，肇庆怀集福盛南药生态园，肇庆砚州岛文化旅游区，肇庆广宁宝锭山旅游景		4
清远	清远英德积庆里红茶谷，清远连南三排墩龙瑶寨，清远清新二十一度山居，清远阳山元江村，清远连山黑山梯田，清远英德云水谣生态旅游度假区	湟村三峡—龙潭度假区（2014）	6
潮州	潮州湘桥中志休闲农业园，潮州潮安凤凰凤湖村，潮州饶平绿岛旅游度假区	紫莲度假村	3
云浮	云浮新兴禾泰生态旅游区，云浮罗定苹塘海惠农业观光园，云浮新兴天绿农业观光园，云浮云城腰古水东古村落，云浮云安白石石底村	新兴县天露山旅游度假区	5

7.2.2　休闲农业产业主要分布珠三角，粤东西北发展相对不均衡

　　广东省的农业旅游大部分集中在广州、深圳、珠海、东莞、中山、佛山等珠三角地区及其周边（图7-1），景观类型主要为花果品赏、农科博览、茶艺欣赏、水乡农耕等形式。省内的现代农

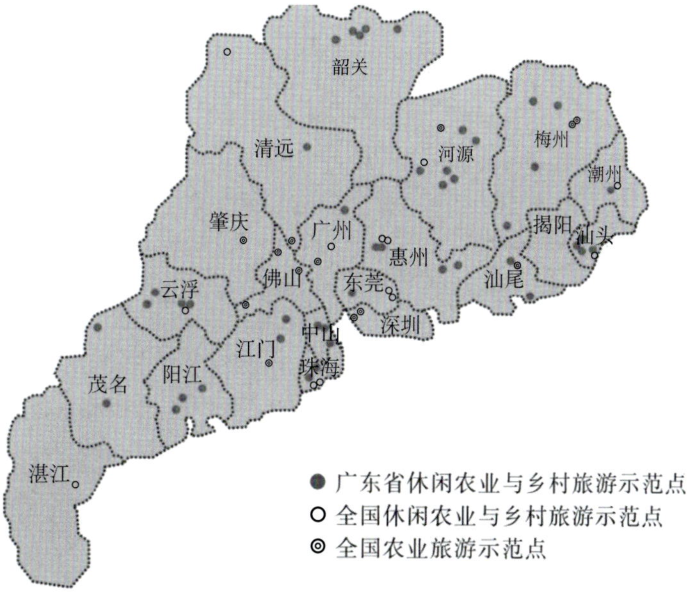

图7-1　广东省休闲农业分布

注：图片资料由华南理工大学朱璐老师提供。

业休闲与乡村旅游园区经申报审核，由"2014年全省休闲农业与乡村旅游示范镇、示范点"公示了珠海市斗门区斗门镇等22个镇为广东省休闲农业与乡村旅游示范镇，以及广州市天适樱花悠乐园等44个单位为广东休闲农业与乡村旅游示范点。同年，广东省的博罗县及东莞市清溪生态农业产业园、连州市湟川三峡龙潭度假区、潮州市紫莲度假村上榜"2014年全国休闲农业与乡村旅游示范县、示范点认定名单"。2015年底，大埔县、南雄市进入农业部、国家旅游局公示的示范县名单，博罗县农业科技示范场、珠海市台湾农民创业园、佛山市高明区盈香生态园、新兴县天露山旅游度假区、湛江市麻章区南亚热带植物园进入示范点名单。

广东省内休闲农业旅游存在整体布局和规划失衡的问题，制约了休闲农业旅游对当地经济的带动作用。珠三角6市（广州、深圳、珠海、东莞、中山、珠海）面积占全省1/5，但休闲农业旅游项目数量最多，2014年创造的经济产值占全省85%；而粤东西北面积占全省面积的4/5，休闲农业旅游项目仅占35%，经济产值仅占15%，休闲农业旅游方面全省唯一的5A级景区长鹿农庄还位于珠三角。

7.2.3 游客"观光＋度假"需求不断加大，休闲农业发展模式推陈出新

7.2.3.1 旅游消费者由"城市观光＋都市乐园"转向"乡村观光＋休闲度假"

根据省旅游学校对休闲农业旅游和乡村旅游对象的调查，2010—2015年，出行的游客对于至各地乡村旅游点、农家乐和农业旅游景点"度假"的比例逐年增大，一是由于年休假与小长假的影响，二是由于都市工作与生活因素的影响，远离都市度假对于大部分家庭的需求越来越重。同时，出行游客对于观赏农村乡野风光、原始景色的需求也越来越大，前几年倾向于都市乐园、城市公园等出游的热情迅速减退，近年来，更倾向于省内兼具乡村风韵、科普文化的农业旅游景点（图7-2）。

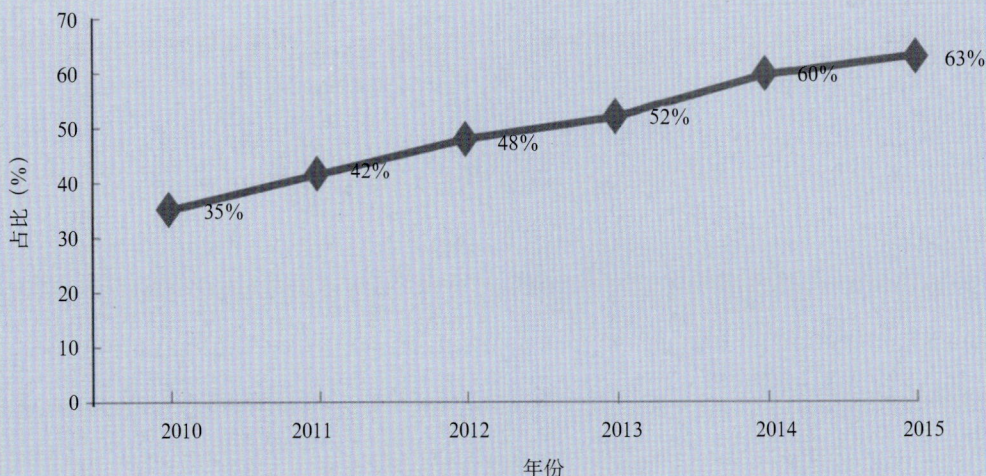

图7-2　2010—2015年广东省休闲农业旅游"观光＋度假"模式比例

数据来源：广东省旅游学校。

7.2.3.2 休闲农业发展兼顾区域经济与旅游业态特色

（1）广东省休闲农业经营形态的学术分类。2001—2016年，国内学者对广东休闲农业发展一直很关注，对其不同时期的发展模式总结归纳出不同的特点（表7-4）。

表7-4 广东省休闲农业经营的学术分类情况

年份	研究者	分 类
2001	廖森泰、梁荣	农业主题公园模式、农业科普教育模式、规模化农业生产与观光结合模式、房地产开发配套模式、地方特色农业产业观光模式、民宿特色农家游模式
2002	郭焕成、王云才	观光种植业、观光林业、观光牧业、观光渔业、观光副业、观光生态农业
2002	郭盛辉	三高农业展示型、特色农业型、农业主题公园型、综合型观光农业园、度假型、农耕文化型
2006	李春生	果园休闲采摘型、农园休闲观光型、畜牧养殖休闲观光型、渔场垂钓型、综合生态农业休闲观光型
2010	章国威	田园农业旅游模式、民俗风情旅游模式、农家乐旅游模式、村镇旅游模式、度假休闲旅游模式
2012	王先杰	观光农园、旅游农庄、市民农园、农业公园、科技农园、民宿观光村
2014	唐仲明等	观光采摘园、教育农园、高科技示范园区、农家乐、生态农业园、市民农园、度假休闲农庄、民俗文化村
2014	洪建军等	农务参与模式、民俗体验模式、科普教育模式、休闲度假模式
2016	刘秀珍	规模休闲农业旅游项目：BOT模式；小规模项目：农户休闲农场、农家乐形式

（2）广东省当前休闲农业发展新模式比较与分析。纵观国内外相关研究，学者们划分休闲农业发展模式的主要依据有资源类型、经营主题、经营方式以及地域分布等。本研究结合广东省休闲农业的发展实际，以"经营主题"为标准，对广东省当前休闲农业的发展新模式进行比较与分析。

伴随着现代农业的发展与一、二、三产业融合发展的新趋势，广东省近年来不断呈现出多种新业态蓬勃发展的态势，主要出现以下7种休闲农业发展新模式：田园观光采摘型休闲农业发展模式、休闲度假旅游型休闲农业发展模式、农务参与型休闲农业发展模式、乡土民俗风情体验型休闲农业发展模式、科普教育型休闲农业发展模式、康体娱乐体验型休闲农业发展模式和回归自然型休闲农业发展模式（表7-5）。

表7-5 广东省当前休闲农业发展新模式比较

序号	发展模式	特点	休闲农业产品
1	田园观光采摘型休闲农业发展模式	以农村田园景观、农业生产活动和特色农产品为旅游吸引物，开发农业游、林果游、花卉游、渔业游、牧业游等不同特色的主题旅游活动满足游客回归自然的心理需求	顺德陈村花卉世界、番禺百万葵园、花都宝桑园、大丘园、曼陀山庄——山茶花主题生态园、连州市畔水种养专业合作社、麻涌菇菇花果园、连州薰衣草世界、高州市南塘镇柳村休闲旅游农业观光园等

（续）

序号	发展模式	特点	休闲农业产品
2	休闲度假旅游型休闲农业发展模式	依托自然优美的乡野风景、舒适怡人的清新气候、独特的地热温泉、环保生态的绿色空间，结合周围的田园景观和民俗文化，兴建一些休闲、娱乐设施，为游客提供休憩、度假、娱乐、餐饮、健身等服务	番禺横沥度假农庄、高明盈香生态园、高要广新生态园、温泉农庄等
3	农务参与型休闲农业发展模式	主要经营果蔬采摘、农务参与，让游客在欣赏田园风光的同时，回归原始农务耕作，此外对城市小孩也起到一定的农事教育作用。有租赁土地、果树、果菜园，自炊的经营模式	广州南沙东升农业旅游园、中山市民众镇伟丰农场、竹稻农耕生态园等
4	乡土民俗风情体验型休闲农业发展模式	以农村风土人情、民俗文化为旅游吸引物，充分突出农耕文化、乡土文化和民俗文化特色，开发农耕展示、民间技艺、时令民俗、节庆活动、民间歌舞等旅游活动，增加乡村旅游的文化内涵	大埔围美丽魔方乡村文旅园、香云纱都市农业养生园区、惠州那里花开主题公园、两岸花博生态园、水乡四季乡村公园、汕头金平月浦许地乡村文化旅游区、顺德杏坛逢简水乡、阳江阳东田山农业旅游基地等
5	科普教育型休闲农业发展模式	利用农业观光园、农业科技生态园、农业产品展览馆、农业博览园或博物馆，为游客提供了解农业历史、学习农业技术、增长农业知识的旅游活动	广东顺德菊花湾现代农业产业园、国家（广州）农业科技园区（白云基地）、朱仔生态田园农庄、汕头澄海协和生态园等
6	康体娱乐体验型休闲农业发展模式	依靠自然资源优势设立游园娱乐、射击、温泉、药疗、游乐场等娱乐设施	顺德长鹿农庄、中山市三乡镇泉林公园、石碣檀香岛乐活生态农场、亚维浓生态园（惠州）有限公司、怀集县怀城镇伟洲休闲山庄等
7	回归自然型休闲农业发展模式	利用农村优美的自然景观、奇异的山水、绿色森林、静荡的湖水，发展观山、赏景、登山、森林浴等旅游活动，让游客感悟大自然、亲近大自然、回归大自然	韶关乳源一峰农业观光园、信宜市朱砂镇石根村石根山旅游风景区、吴川市佛子岭生态森林公园景区、韶关南雄云峰山生态旅游园等

当前广东省出现的多种形式并存的休闲农业发展模式，离不开资源、产业、历史文化等因素的依托，结合农业主管部门的相关形势判断，课题组把目前广东省休闲农业赖以发展的关键影响因素进行梳理，主要有以下3个方面：

一是休闲农业示范点多数依托资源优势发展。广东省大部分休闲农业旅游区（点）都是依靠农业自然资源，结合农产品生产而建设的生态环境型旅游产品，如梅州雁南飞茶田度假区、梅州雁鸣湖山庄、潮州绿岛旅游山庄、云浮飞天蚕生态茶园等；部分休闲农业旅游区是整合农业科技资源，展示农业科技进步的现代农业园区产品，如珠海农业科技园、广州友生休闲农业玫瑰主题公园、汕头农业科学园、惠州航天农业科技园等；部分休闲农业旅游区是由专业市场的聚集功能引发，进一步建设扩展功能而成，如顺德陈村花卉世界休闲农业园、广州花博园、中山绿博园等；还有部分休闲农业旅游区是依托乡村生活资源、体验乡村生活为特色，以农业、农村、农事为载体，以"吃农家饭、住农家屋、干农家活，享农家乐"为主要内容，以旅游经营为目的的休闲农业与乡村旅游项目，如广州从化"快活田心"农家乐、钱岗古村等。

二是将休闲农业作为现代农业建设发展的重要抓手。近年来，广东省在建设省级农业现代化示范区和省级现代农业园区过程中，把符合现代农业发展要求的休闲农业基地都纳入现代农业示范园区建设范畴，重点给予政策和资金扶持建设。符合省级重点农业龙头企业评定标准规定的休闲农业企业，同样授予重点农业龙头企业称号，给予同等力度的扶持。据统计，广东省10多年来建设的34个省级农业现代化示范区中有11个具有休闲农业功能，193个省级现代农业园区中有46个具有休闲农业功能，其中半数以上以休闲农业与乡村旅游为园区主业。2010年被评为"全国休闲农业和乡村旅游示范点"的顺德陈村花卉世界休闲农业园就是广东省首批建设的农业现代化示范区之一，该园农产品年总产值40亿元，出口创汇额1600万多美元，观光旅游人数1000多万人次。凭借花海奇观、中国盆景大观园、园艺会展市场的独特吸引力，该园被评为"佛山新八景"和"顺德新十景"。

三是通过评优选特活动催生休闲农业多种新业态。近年来，广东省陆续开展了"寻找广东最美乡村"、认定广东古村落、评定广东国家级历史文化名村等一系列活动，开展了评选旅游特色县、镇、村工作，推出一批具有岭南文化特色的旅游目的地（16个特色县、78个特色镇、104个特色村）。各地还充分利用农业资源优势，结合农作物开花摘果季节，开展形式多样的乡村旅游活动和农事节庆活动，从春天的"桃花节"、"李花节"，到夏天的"杨梅节"、"芒果节"、"漂流冲浪"、"荔枝节"、"龙眼节"，秋天的"金稻节"、"菜心节"、"柑橘节"，冬天的"红叶节"、"香雪（梅花）节"等，还有贯穿全年的"小楼人家"、古镇古村休闲假期、乡村田园风光摄影、乡村自驾游等，引导市民参与休闲农业体验。

7.2.4 多种政策措施扶持，休闲农业得到全方位发展

2013年以来，省农业厅、省旅游局等相关职能部门高度重视休闲农业与乡村旅游发展，从顶层设计、发展规划、示范县示范点示范镇创建、扶贫旅游、休闲旅游基础设施建设等全方位、多渠道加以扶持，从用地政策、财政投入、品牌宣传等方面，都制订了相应政策和具体举措，使广东省的休闲农业近年来得以蓬勃发展（表7-6）。

表7-6 广东"十二五"期间休闲农业政策举措扶持情况与成效

年份	职能部门	政策举措	涉及项目	成效
2015	省农业厅	关于申报第三批省级休闲农业与乡村旅游示范县、示范点的通知	要求珠三角和粤东西北各市报送示范县、示范点名单	2016年7年，公布第三批名单，共有90个示范点获批
2015	省旅游局	实施美丽乡村工程	省旅游局对粤东西北地区12个旅游名镇，22个旅游名村乡村旅游宣传项目予以资金补助	至2015年，每个名镇补助18万元，每个名村补助15万元，合计补助金额546万元
2015	省旅游局	在全省开展乡村旅游"百千万品牌"推介行动、乡村旅游创客示范基地创建工作		获"中国乡村旅游模范村"36个、"中国乡村旅游模范户"40个、"中国乡村旅游致富带头人"194名、"金牌农家乐"400个、"乡村旅游创客示范基地"6个
2014		省农业厅省旅游局关于开展第二批全省休闲农业与乡村旅游示范镇、示范点创建活动的通知		2014年，第二批创建广东省休闲农业与乡村旅游示范镇22个，广东休闲农业与乡村旅游示范点44个
2013	农业厅、旅游局	省农业厅省旅游局关于开展全省休闲农业与乡村旅游示范镇、示范点创建活动的通知	培育100个示范镇和200个示范点	2013年，第一批创建广东省休闲农业与乡村旅游示范镇25个，广东休闲农业与乡村旅游示范点56个
2013	农业厅、旅游局	广东省乡村旅游与休闲农业发展规划（2013—2020）	打造八大乡村旅游与休闲农业产品类型、开发十种乡村旅游与休闲农业精品线路、打造十大乡村旅游与休闲农业节庆活动、培育乡村旅游与休闲农业品牌与市场等示范建设	至2015年，省乡村旅游与休闲农业收入以15%～18%的速度增长；乡村旅游与休闲农业在全省旅游经济总量中占据2%左右的份额，拥有2个以上AAAAA级乡村旅游与休闲农业旅游区
2010	农业厅、旅游局、省扶贫办	广东省旅游扶贫专项资金促进农家乐休闲旅游发展暂行办法	对经济欠发达地区的农家乐项目进行扶持	至2015年，省旅游局对广东省2 277个贫困村进行全面摸底和重点帮扶村扶持休闲农业发展项目
2011	省农业厅	将发展休闲农业编入《广东省农业和农村经济社会发展第十二个五年规划纲要》		农业部将广州市海珠区小洲村纳入中国十个最有魅力休闲乡村
2010	省旅游局、农业厅	广东省星级农家乐休闲旅游项目评审标准	设计全省星级农家乐标识，制作旅游扶贫星级农家乐牌匾	至2015年，全省已完成三星以上农家乐标识设计与认定
2010	省发改委、省农业厅、省委农办、省住建厅、省旅游局等	贯彻落实《珠江三角洲地区改革发展规划纲要（2008—2020年）》的工作方案	珠江三角洲地区共建成绿道7 350公里，包括2 372公里省立绿道和4 978公里城市绿道，沿线建成200个绿道"公共目的地"	至2015年，已基本形成省级城市绿道网络，并向粤东、粤西、粤北延伸，逐步改善省内乡村的交通出行状况

7.2.5 休闲农业各项发展指标不断改善，与川桂等省区差距缩小

2011—2015年，广东省休闲农业旅游收入逐年递增，至2015年突破170亿元大关，占当年广东省旅游业收入的1.8%，接待人数超过5 000万人次，拉动农民就业人数超过140万人次。一方面，说明近年来在企业和工商资本介入休闲农业旅游业后，基础设施建设完善程度较高，能够吸引大量游客前来游玩，但初期投入比较大，有相当经济和运作能力的企业和工商业者才能参与；另一方面，广东的农家乐、休闲农场发展迅速，虽然规模小，但形式多样、内容灵活，但盈利能力还不够强。尤其与四川、广西等休闲农业大省相比，总体差距还比较明显，但从各项发展建设指标比较可以看出，量化的指标差距也在不断缩小（表7-7）。2015年，四川休闲农业总产值达1 008亿元，接待游客人数高达3.2亿人次，带动农民就业1 034万，人均带动农民增收82.1元，奠定了国内休闲农业"头把交椅"的地位。广西在休闲农业与乡村旅游产业的发展上，在用地政策和财政投入以及乡村建设上，近年的发展步伐很快，尤其是休闲农业星级企业建设方面，2015年三星以上休闲农业经营企业达25家，名列国内前列；在全国休闲农业与乡村旅游示范县、示范点的建设上，也是领先于国内其他省份。广东与四川、广西比较，主要差距表现在4个方面：

7.2.5.1 经营方式不够创新

广西休闲农业示范点的经营方式主要有三种：一是企业为经营主体，如北海田野生态农业旅游区、上思县十万大山金花茶观赏园、柳州农工商有限责任公司观光农业旅游区等8家企业为经营主体，能够提供充足的资金支持。二是政府为经营主体，如广西桂林茶叶科学研究所茶叶科技园，是农业部最早选定投资建设的良繁基地之一。三是政府+村集体+村民模式，在政府的支持下，村集体及村民积极参与，共同发展。如宜州市刘三姐乡流河社区马山塘屯、三江侗族自治县丹洲村休闲农业旅游区。

7.2.5.2 盈利模式相对接近

四川在全国最早启动实施了现代农业产业基地"景区化"发展战略，深度挖掘农耕文化，保护农业文化遗产，建设农耕民俗文化、现代农业科技、农事体验等展示场所，实现"产区变景区、田园变公园、产品变礼品"。培植创意景观、创意产品、创意活动、创意服务及创意品牌推广。广西休闲农业示范点的盈利模式主要有两种，一是门票+休闲项目收费+自产产品销售；二是不收取门票，依靠休闲项目以及自产产品销售。如北流绿满地提子观光园，盈利项目主要是提子销售、烧烤场、餐饮、垂钓等收入。

表7-7 粤、川、桂三省区发展休闲农业主要指标比较（2011—2015年）

发展比较指标	广东	四川	广西
全国休闲农业与乡村旅游示范县	6个	11个	8个
全国休闲农业与乡村旅游示范点	19个	20个	22个

（续）

发展比较指标	广东	四川	广西
中国美丽乡村	6个	4个（2015）	8个
中国美丽田园	3个	5个（2015）	8个
全国休闲农业星级企业			48个
省（区）级休闲农业与乡村旅游示范点	100个		18个
中国重要农业文化遗产	1个		2个
休闲经营单位	10 000多个	31 000多家	
农家乐	6 000多家	3 000多家	3 600多个
乡村旅游点	1 200个	4 531个	1 000多个
休闲农业园	300多个	2 000多个	575个
年接待游客	5 000万以上（估）	3.2亿人次	4 800多万人次
产业总收入	170亿元	1 008亿元	150多亿元
带动农民就业	140万人	1 034万人	
人均增收贡献		82.1元	
出台标准	无	农业主题公园建设规范（省级）	无
财政专项投入	美丽乡村（546万，2015）	乡村旅游专项	休闲农业发展专项

注：根据各省旅游局、农业厅、宣传部等部门相关数据整理。

7.2.5.3　发展规划模式值得借鉴

一是主题开发模式。四川在发展休闲农业方面，率先推行产业基地景区化建设按照"以产业为基础、创意农业为手段、农耕文化为灵魂"要求，在全国率先启动产业基地景区化试点工作。培育产业特色明显、文化内涵丰富的休闲农业景区 2 000 个，建成了安县 520 公顷"花城果乡"、蒲江 1.3 万公顷"成佳茶园"、绵阳江油市"李白读书台"、苍溪县"梨文化博览园"、泸州市古蔺县"苗寨葵乡"、成都"五朵金花"、郫县"妈妈农庄"、汶川"大禹农庄"等一大批引领、合作、交流和展示有规模、有内涵、有品位的休闲农业特色景区。广西休闲农业示范点主要以农村风貌、农业农村文化、农业资源为主题开发休闲农业。如宜州市刘三姐乡流河社区马山塘屯，主要依托刘三姐文化，集民俗接待、风情娱乐、观光采摘、餐饮住宿、休闲度假于一体。二是民俗风情开发。广西具有丰富的民俗风情旅游资源，休闲农业也注重结合民俗风情。如丹洲景区引进侗族风情表演、侗寨农家乐、侗家百家宴等。刘三姐乡马山塘屯，依托刘三姐文化，组织民俗风情表演。

7.2.5.4　营销模式差距较大

四川省还依托休闲农业搭建信息及电子商务平台，提供与四川农业美景、美食、美味相结合的休闲农业、特色农产品的信息发布、宣传推介、线上线下营销服务。支持和鼓励休闲农业经营主体，举办各类特色产业节会，实现"以节会友、以节拓市、以节富民"。广西休闲农业发展非常重视网络营销的力量，有专门的"广西休闲农业频道"，由广西壮族自治区农业厅主办、广西壮族自治区农业信息中心承办。有"动态信息、精品线路、精品景点、农村节庆、自驾游、特色美食、乡村旅游、创意精品、星级庄园、在线视频、在线调查、服务中心"等板块组成，汇集了广西所有休闲农业的信息。

7.3 广东休闲农业发展存在的问题

广东省休闲农业的关键问题主要在于：景区基础设施建设相对滞后，管理及服务人员培训不到位，专业人员比重小，整体素质不高；各地缺乏休闲农业建设性用地政策和标准，严重制约产业发展；缺乏优惠投融资政策，经营主体面临融资难、贷款难，导致硬件建设遭遇资金瓶颈。

7.3.1 缺乏用地、财政融资政策和规划引导

目前，全省各地已将发展休闲农业作为支农政策的一个方面来给予支持，但相关的政策引导措施仍不完善，导致在宏观管理上存在很多误区。如土地政策方面，如何避免在休闲农业发展过程中强势资本和权力支配引发的征地冲突损害农民利益问题；产业政策方面，如何有效限制外来经营者占据休闲农业中经营者主体地位的"飞地化"现象，如何制定外来投资者与本地农户业务分工互补的政策，同时该政策要能够充分发挥外来投资者在资本、技术、理念、市场等方面的优势，延长农家乐的产业链。

此外，由于资本的趋利性，投资者往往急功近利，缺乏科学论证，使得投资简单模仿或拼凑，缺少独特创意和特色。同时，政府缺少休闲农业资源统筹配置宏观调控、规范管理及规划的正确引导，导致许多休闲旅游项目设置严重重复，功能雷同，造成资源严重浪费和市场的恶性竞争。

7.3.2 行业管理尚需提高，多部门协调统筹难

当前，80%的休闲农业项目都是专业户小规模运作，作为纯农业生产不存在问题，但一旦发展休闲农业，与第三产业进行嫁接，就存在很多管理上的漏洞，如工商登记上的问题，涉及饮食的还存在卫生检疫问题，税务问题等。如何走出"一管就死、一放就乱"的误区，还需要多方的努力。

休闲农业的建设，涵盖农业、旅游、文化等多个产业领域，在产业融合过程中，因涉及农业、林业、旅游、文化、规划、国土、建设等多个不同职能部门的管辖，工作重心、出发点和利益不完全相同，资金分配、项目建设统筹难度大。

7.3.3 休闲项目多集中于珠三角地区，粤东西北地区休闲农业基础建设投入不足

目前，广东的休闲农业主要集中在珠江三角洲地区，如广州、深圳、珠海等，起步早、产品质量较好，涌现了大量优质休闲农业项目，如顺德陈村花卉世界休闲农业园、顺德长鹿农庄、佛山市高明区盈香生态园、新会陈皮村等。而粤西、粤北地区的休闲农业则大多刚刚起步，发展较

缓慢。从旅游自然资源来看，粤北最丰富，但经济基础较差，尚未得到相应发展。目前粤东西北的休闲农业投入基本依托民间资本，主要靠中小企业、私营业主或农民个体投入为主，政府在这方面并无专项财政支持资金，并且农民的融资渠道较窄，无法加大投入，所以全区休闲农业普遍存在散、小、弱、差现象，缺少专业合作社，更缺乏鼓励和引导企业参与的政策机制，严重阻碍了休闲农业的发展。

7.3.4 产品同质化严重，缺乏创新

休闲农业旅游项目盈利点以农业观光、农事活动等为主，相互模仿和品种单一的问题比较突出，消费特征以"一顿饭、一日游"和"节假日、花果期"方式为主，休闲度假、食疗养生、园艺科普方向的多元化产品仍有待进一步开发，具有地方特色、农旅深度融合、质量安全可追溯、集艺术性、纪念性、实用性于一体的农特旅游商品的生产、营销体系尚不完善，产品设计上不够融合，民宿、婚庆各业态需要进行合理协作和衔接，以满足游客多样化的需求。

同时，缺乏创新的休闲农业旅游导致不同项目之间的竞争主要围绕价格展开，价格战成为项目间争夺客源的重要方式，降低了休闲农业的价值链增值能力，缺乏发展后劲。同时，价格战会导致整个休闲农业市场的无序与不良竞争，势必导致休闲农业项目经营水平下降，消费者体验下降，对休闲农业旅游的长远发展不利，削弱其对区域经济的带动作用，阻碍广东省休闲农业的进一步优化。

7.3.5 旅游产品配套体系有待提高，资源整合欠佳

由于广东省休闲农业旅游项目大都集中在自然风光优美但经济发展水平较为落后的地区，这些地区发展休闲农业的经济能力和基础设施建设比较落后，当地政府没有足够财力支持休闲农业项目的前期开发，尤其在交通设施建设方面无法满足当前休闲农业发展的要求，影响了社会资本的投入。同时现阶段粗放式发展模式也造成不同景点之间的联系相对较少，景点同质化严重且交通不便，降低了游客在景点之间的流动性，制约了休闲农业项目对游客的吸引力。此外，当前广东省休闲农业旅游是"吃住行、游购娱"六大板块的整合，这些活动要求项目必须形成完善的餐饮"零售"娱乐等产业链条，与旅游资源一起构成立体化的休闲农业旅游，而不仅仅是观赏自然风光。但各行业企业之间竞争大于合作，旅游资源分散大于整合，降低了景区整体的服务能力和协同盈利能力。

7.3.6 缺乏综合性的人才

产业融合和产品创新的现状迫切需要一支高水平的从业队伍和研发队伍。专业人才严重不足，尤其缺少懂农业经营、旅游策划、文化创意和园区管理的人才。在农业和旅游、文化产业结合的过程中，挖掘广东地方文化资源，进行农业旅游创意产业化开发，以及特色旅游产品的研发、有

力的宣传营销和系列推介活动等，都需要实践经验丰富、能力强、素质高的设计、管理人才。

7.4 广东休闲农业发展的对策建议

针对广东当前农业发展面临的资源制约和市场竞争加剧的双重压力，大力发展休闲农业，有利于优化农业结构，拓展农业发展空间，促进农旅互动发展，加快农民增收致富，推动社会主义新农村建设。因此，发展休闲旅游农业是落实科学发展观、走创业创新之路的有效举措，是发展现代农业、建设社会主义新农村的客观要求，也是促进农业增效、农民增收、农村发展的有效途径。

7.4.1 因地制宜，科学规划

发展休闲旅游农业，要从长计议，科学制定发展规划。由于各地环境不同，地理因素差异，产业特色有别。因此，建议抓紧编制《广东省休闲旅游农业专项规划》，对未来全省休闲旅游农业发展给予空间布局规划，进行刚性指导，促进又好又快发展。在编制规划时，要按照"因地制宜、突出特色、合理布局、和谐发展"和"合理开发、永续利用、保护耕地"的要求，注重区域定位、功能定位、形态定位，避免雷同、重复建设，克服盲目追求高档、贪大求洋，甚至"毁农造景"的现象，做到有序发展，相对集中，规模开发。

7.4.2 注重特色，农旅结合

发展休闲旅游农业，必须要坚持以农业为基础，农民为主体，农村为特色，把农业产业发展，增加农民收入放在首位。项目建设要突出农味，在农字上做文章，力求贴近农家生活，吃农家饭、住农家屋，干农家活、享农家乐，特别在设施栽培、生态养殖、立体种养、种养加一体化等高效生态农业模式的功能拓展上，达到游客求变、求异、求新、求特、求美的消费心理。要以创新的理念、求新的思维来指导发展休闲旅游农业，以"新"取胜、以"特"取胜，防止千篇一律。从农业资源、生产条件、季节特点、经济状况出发，结合"一乡一品"、"一村一业"发展，因地制宜地选择适合其自身发展的模式，合理布点，注重与当地开展的生态镇、生态村，以及推进城乡一体化和建设新农村相结合，重点打造一批特色鲜明、环境优美、功能完备的休闲农业园区、农家乐村和农家乐家庭农场，展示广东休闲旅游农业的特色优势。

7.4.3 加强管理，规范发展

发展休闲旅游农业，服务是核心，安全是保证，必须规范内部管理，提高服务质量，确保游客身体健康、生命安全。建议研究制订《广东省休闲旅游农业管理实施办法》，对农家乐、渔家乐、休闲农庄等，在等级划分及标志、设立前置条件、接待服务基本原则、基本要求、接待程序及标准、客房管理、餐饮卫生管理、安全管理、游乐区管理等方面，制订行业管理标准和服务管理办法，做到有标可查、有章可循、有制度执行，构建完善的质量安全管理体系。同时结合农村劳动素质培训，对从业人员加强农艺知识、菜肴烹饪、食品卫生、安全生产、诚信意识、森林防火等方面的培训，提高其综合素质和服务水准。

7.4.4 优化环境，联动协作

休闲旅游农业是时代发展和社会进步的产物，也是一项系统性极强的工程，需要各级各部门的协调配合、联动协作，创造良好的发展环境。财政部门要安排专项资金，列入年度预算，重点扶持特色明显、运行规范、前景广阔的休闲旅游农业项目。金融部门应优化信贷结构，把休闲旅游农业建设纳入支农重点，适当放宽担保抵押条件，简化审批手续，并给予贷款利率和时间上的优惠。农业部门要积极创新土地流转机制，按照"自愿、依法、有偿"的原则，采取转让、出租、互换、入股等形式，推进土地规模经营。国土部门要鼓励通过废异园地、林地、荒山等进行开发，盘活存量土地，对休闲旅游农业管理配套设施用地安排一定的建设用地指标，实行用地倾斜，为休闲旅游农业发展保驾护航。

7.4.5 加强用地政策研制，加大财政投入扶持

休闲旅游农业涉及方方面面，其发展迫切需要有力的政策扶持和拉动。就目前而言，重点抓好四个环节：一是多元化的投融资政策。建立省、市、县三级政府投入休闲旅游农业的基金，发挥政府在休闲旅游农业发展中的主导作用；积极创造更加宽松的政策环境、舆论环境、社会环境、服务环境，鼓励和引导工商资本、民营资本和外来资本投资开发休闲旅游农业，建立起"政府扶持、业主为主、社会参与"的投入机制。二是宽松的税收与信贷政策。建议对开发休闲旅游农业的农户，三年内减免营业税和所得税。建立休闲旅游农业信贷扶持基金，筛选确定一批省级、市级重点休闲旅游农业项目，加大信贷扶持力度。三是变通的用地政策。凡涉及休闲旅游农业开发中少量的非农用地，要优先予以妥善解决，满足休闲旅游农业发展需要。四是明确的考核奖励政策。把发展休闲旅游农业列入省有关职能部门任务考核体系，建议研究制定农户围绕休闲旅游农业规划调整种植或养殖结构的扶持政策。对成效明显、成绩突出的地区，对全省示范作用大的项目和诚信经营、规范服务、增收明显的典型农户，给予表彰奖励。

7.4.6 强化创意设计，加强宣传

创意开发设计时，应注意挖掘当地资源及地方文化、地域特色，凸显广东休闲农业独有的多元化岭南文化元素及农耕文明。岭南文化由广府文化、客家文化及潮汕文化组成。广东省不同区域的休闲农业应结合所在地域对应的岭南文化分支来开发。例如，广州从化快乐田心农家乐、新会陈皮村是展现广府文化与农耕文化，梅州雁南飞茶田度假区融合了客家文化的元素，而潮州绿

岛旅游山庄是以灿烂悠久的潮俗文化为背景进行开发。这些结合独特文化元素而开发的休闲农业项目，别具一格。既避免了区域间同质化问题，又能对游客产生较大的旅游吸引力，值得借鉴。

7.4.7 加强科技支撑，全方位提升服务水平

紧密依托农业科技，将其应用到农业新品种、新技术的推广应用中，并将推广应用的成果打造成为独特的休闲观光产品和服务，以新奇特的内容吸引游客，另从产业发展和市场需求角度出发，主动寻求各类农业新品种、新技术成果。加强科技对农业生产、加工、流通各环节的引领支撑作用，采用设施农业技术、有机生产技术、物联网应用技术、保鲜储运技术等，从源头保证农产品生产的安全性、可控性与可追溯性，并严格控制投入品使用和整个加工流通过程，从而实现农产品质量安全的提升。完善休闲农业产前、产中和产后各环节的科技创新、科技服务以及与之配套的科技培训体系。强化产业服务技能培训和服务监督管理，不断规范餐饮、住宿、休闲等相关经营活动，并在相关领域引入电子信息化管理手段，全方位提升休闲服务水平。

参考文献

廖森泰，梁荣.广东观光旅游农业的现状及发展对策[J].广东农业科学，2001 (5):47-50.

郭焕成,王云才.海峡两岸观光休闲农业与乡村旅游发展//海峡两岸观光休闲农业与乡村旅游发展学术研讨会论文集[C].北京：2002-09-21.

郭盛辉.论广州市农业旅游发展的问题与对策[J]. 中山大学学报论丛，2006(4):151-153.

李春生.广东休闲农业资源开发研究——以珠江三角洲地区为例[J].广东商学院学报，2006 (5)：34-38.

章国威.休闲农业经营管理——农村再生的催化剂，农业转型的绩优股[M].新北：华立图书（股）公司，2010.

王先杰.观光农业规划设计[M].北京：气象出版社，2012.

唐仲明.休闲农业经营[M].济南:山东科学技术出版社，2014.

洪建军,万忠,肖广江，等.广东休闲农业发展现状、主要模式与对策探析[J].广东农业科学，2014，41(16): 198-201.

刘秀珍.基于农业可持续发展的休闲农业旅游问题与对策分析[J].中国农业资源与区划,2016,37(10):101-105.

张广海，包乌兰托亚.我国休闲农业产业化及其模式研究[J].经济问题探索，2012 (10)：30-37.

赵毅.休闲农业发展的国际经验及其现实操作[J].改革，2011(7)：96-100.

唐凯江，杨启智，李玫玫."互联网+"休闲农业运营模式演化研究[J].农村经济，2015(11)：28-34.

方俊清，王明星.国内外休闲农业发展研究综述[J].仲恺农业工程学院学报，2017(1)：1-7.

涂小诗.我国休闲农业产业化的模式研究[J].农村经济与科技，2017，28(2)：180-181.

张乐佳.休闲农业旅游影响因素研究[J].农业工程,2017(1):116-118.

广东省农业厅经管处.广东省休闲农业发展的基本情况[J].休闲农业与美丽乡村，2015(3):22-25.

王建新.广东都市休闲农业发展现状及分析[J].广东农业科学，2008 (9)：169-171.

余华荣,曹阳,周灿芳，等.广东省休闲农业旅游产业融合发展的现状与对策研究——以广州市从化地区为例[J].广东农业科学，2016,43(12):186-192.

第 8 章

广东与福建浙江江苏山东现代农业比较研究

摘要

　　对广东、福建、浙江、江苏、山东等沿海经济发达省份的农业发展进行比较分析，为广东省农业现代化发展提供参考。广东省农业投资强度偏低，基础设施有待加强。广东不断加大对农田水利、农业设施装备及农业科技创新的投入，财政支农力度不断提高，但比重仍然偏低。农业固定资产投资增长较快，强度并未领先。固定资产投资总额较少，劳均固定资产投资额、单位耕地面积固定资产投资额低于浙江省和福建省。全省农田有效灌溉面积和除涝面积占耕地面积比重逐渐提高，灌溉保障能力和除涝能力稳步提升，但是与沿海省份相比仍然偏低，农田基础设施建设有待进一步加强。农业机械化水平逐渐提升，但是单位耕地面积农机总动力偏低。

　　2015年，广东省农业、林业、牧业和渔业的结构为52.47∶5.57∶20.98∶20.98，农业（种植业）在第一产业中占主导地位，其次是渔业、畜牧业较为发达，产业结构特征与其他4省份相似。种植业特色明显，畜牧业以生猪和家禽为主，结构单一，渔业以养殖为主。广东劳均农林牧渔增加值尚未达到全国平均水平，与江苏、浙江、福建相比差距较大，农业劳动生产率仍有较大提升空间，其中单位播种面积种植业产值和单位水产养殖面积渔业产值低于福建省和浙江省，土地产出经济效率位居沿海省份中下游；广东农村常住居民人均可支配收入13 360.44元，低于福建、江苏和浙江省。

　　广东土地流转面积呈现较快增长趋势，流转面积明显增加，但流转比例低于全国平均水平，也显著低于江苏和浙江省。广东省农业龙头企业、农民合作社、家庭农场等新型农业经营主体迅速增加，农业经营主体从农户单一主体向专业合作社与企业等多主体转变，但是新型农业经营主体数量低于山东、江苏和浙江省，培育力度有待进一步加强。广东农林牧渔服务业发展相对滞后，农业社会化服务仍有较大发展空间，农产品加工业发展迅速，有各类农产品加工企业3万余家，远超其他4省份。广东是电子商务大省，也是特色农产品产销大省，农产品电商总交易额约150亿元，低于浙江、江苏和山东省。休闲农业蓬勃发展，休闲农业及乡村旅游收入330亿元，在5省份中排名第一。

　　广东农业科技创新成效显著，2015年农业科技进步贡献率62.7%，居全国第2位，低于江苏省。广东省建有161个农业科研单位，成为农业科技创新的重要平台，现代种业加快发展，优质水稻、鲜食玉米、生猪、家禽等育种研究处于国内先进水平。农业科技推广加快推进，重点建设了国家和省级现代农业示范区、粤台农业合作园区、"五位一体"示范基地。广东省农业科技水平居全国前列，但是与江苏省还有一定差距，农业科技人才实力、专项经费、科技基础设施等仍有待进一步加强。广东农产品贸易发达，贸易总量不断增加，农产品进出口贸易总额达到264.93亿美元，贸易总量增加，但农产品贸易逆差呈不断扩大趋势，达到92.03亿美元，农产品进出口总额低于山东省，农产品贸易竞争力指数低于山东、浙江省。

总体来看，广东省农业总体发展水平位居全国前列，在特色农业、农业科技、农产品贸易方面较为领先，但与东部沿海省份相比较在农业物质装备水平、农业投资强度、产出水平方面仍然滞后，需要增加农林水事务支出，发挥财政支农的引导作用，多元投入加强农业基础设施建设，加强土地流转，多种形式提升农业规模经营水平，深入推进农业供给侧结构性改革，加快培育农业农村发展新动能，提高农民收入，推动广东省农业现代化加快发展。

　　广东、福建、浙江、江苏、山东五省同属沿海经济发达地区，农业发展既有相似性，又各具一定的区域特色，各省为打造农业强省，农业发展重点各有侧重。通过对五省农业的发展水平、资源禀赋、物质装备水平、农业产业结构、农业经营情况、农业科技、农业贸易等进行比较分析，以期借鉴经验、扬长避短，为广东省农业现代化发展，推进农业供给侧结构性改革提供参考。

8.1　粤闽浙苏鲁现代农业比较分析

8.1.1　农业投资和财政支农力度加大，但和沿海省份相比仍显不足

　　农业固定资产投资增长较快，强度并未领先。2015年，广东省第一产业固定资产投资总额达到420.38亿元，比2010年增长了1.3倍；第一产业劳均固定资产投资额和单位耕地面积固定资产投资额分别达到3 056.98元、1 071.35元/亩。第一产业劳均固定资产投资额低于浙江省、福建省和山东省，仅为上述3省的44.4%、35.2%和66.8%；第一产业单位耕地面积固定资产投资额低于浙江省和福建省，为上述两省的93.7%和40.0%（图8-1、图8-2）。

　　财政支农力度不断提高，但比重仍然偏低。2015年，广东省农林水事务支出金额达811.9亿元，比2010年增加486.9亿元。与东部沿海省份相比，广东省仅处于平均水平，分别比浙江省、江苏省低16.1、1.0个百分点（图8-3）。

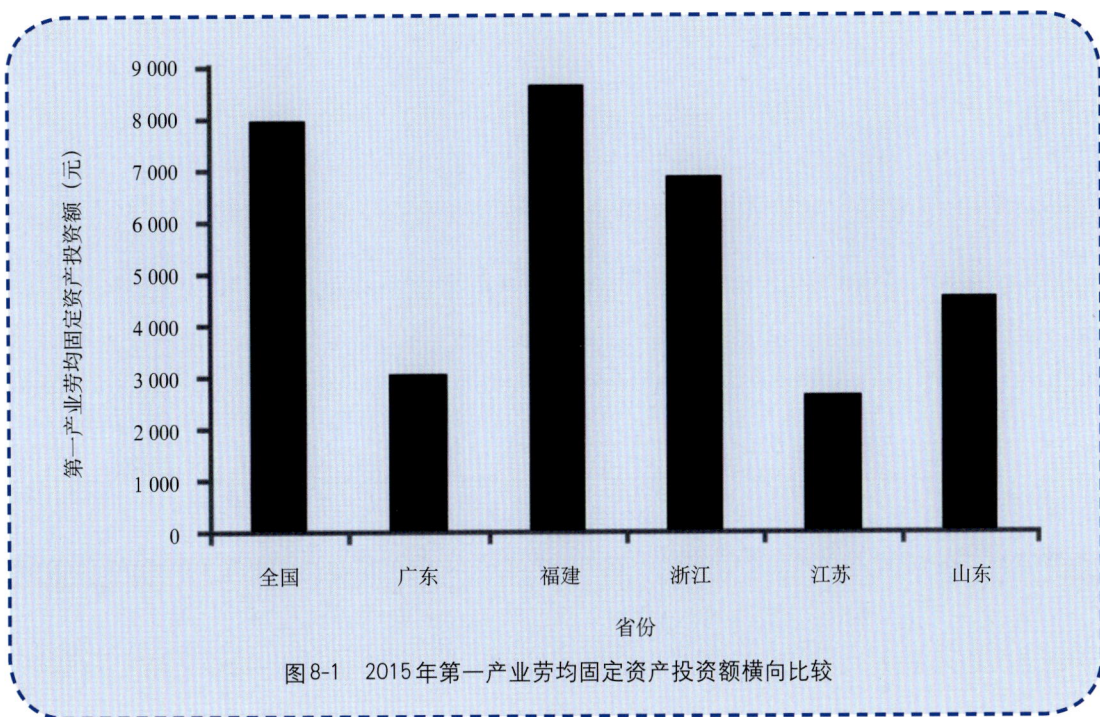

图8-1　2015年第一产业劳均固定资产投资额横向比较

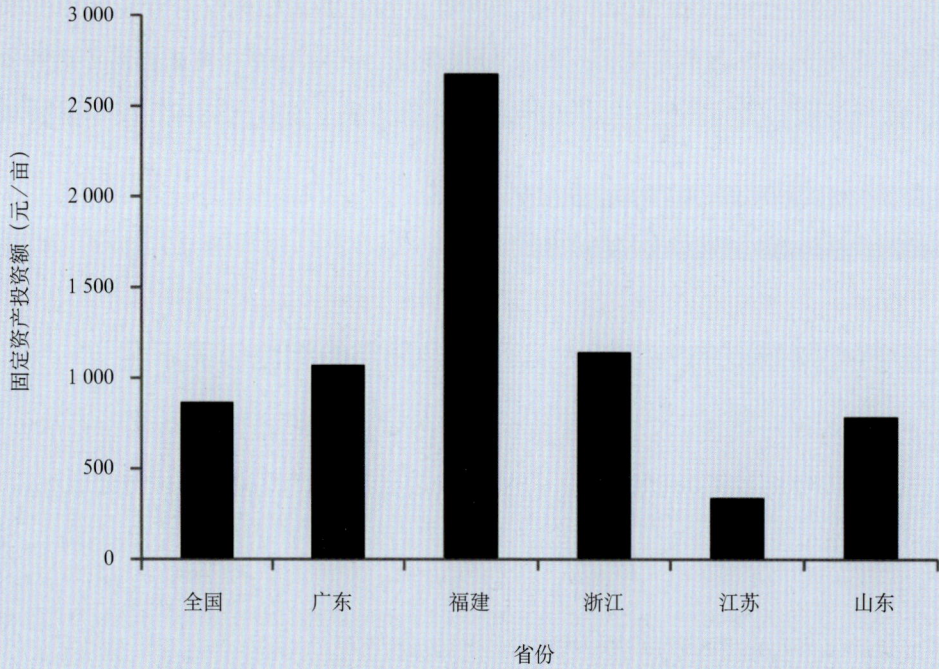

图8-2　2015年单位耕地面积固定资产投资额横向比较

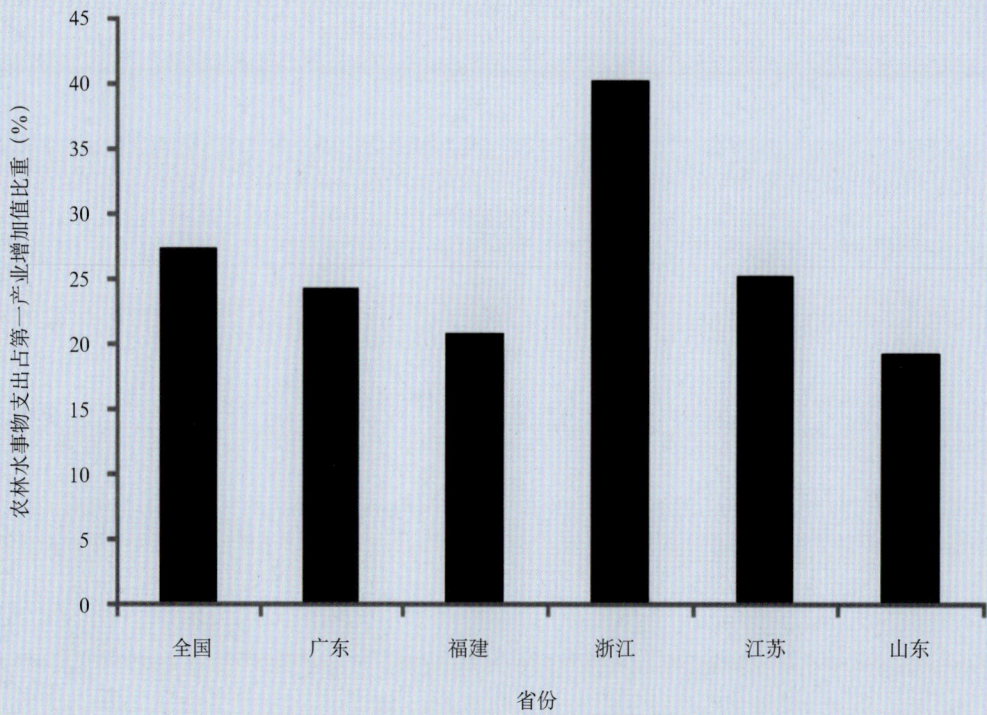

图8-3　2015年农林水事物支出占第一产业增加值比重横向比较

农业金融投入迅速增长，但滞后明显。2015年，广东省涉农贷款余额已达到 11 525.8 亿元，比 2010 年提高了 279.8%。在沿海省份中，广东省农业金融支持水平排名最后，劳均涉农贷款余额和单位耕地面积涉农贷款余额仅占浙江省的 11.0%、23.2%（图8-4、图8-5）。

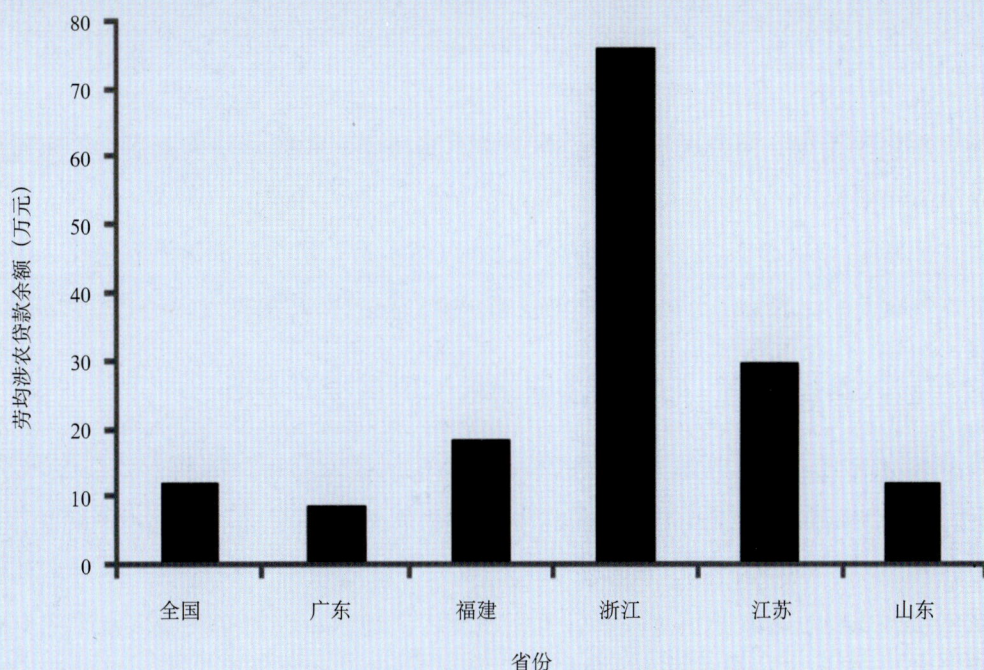

图8-4　2015年劳均涉农贷款余额横向比较

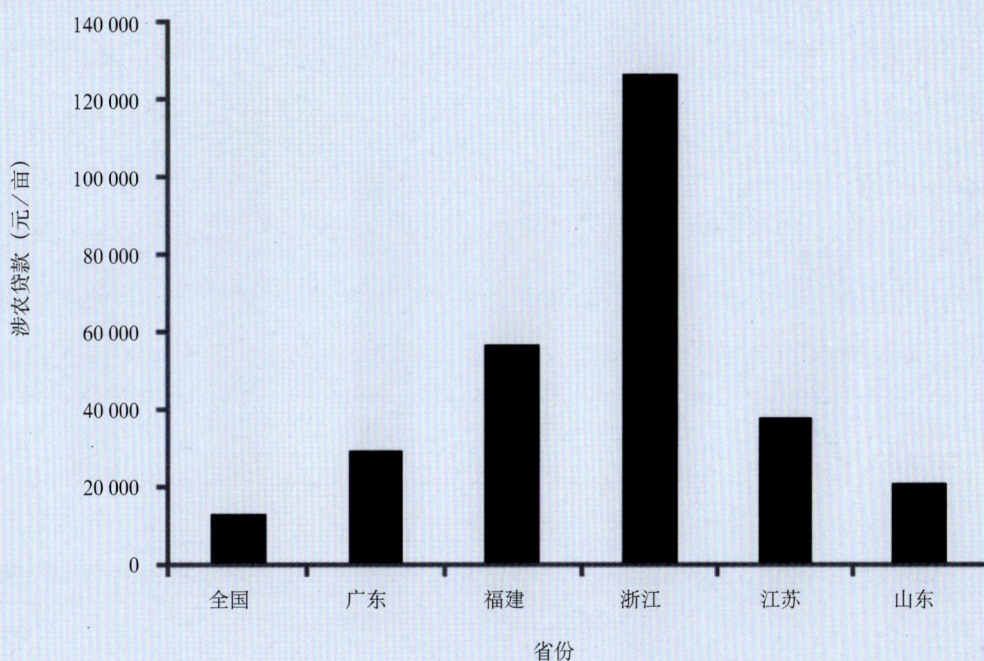

图8-5　2015年单位耕地面积涉农贷款横向比较

8.1.2 农业经济效益水平有所提升，但和沿海省份相比差距较大

农业劳动生产率有所增加，但位居沿海省份最后。2015年，广东省劳均农林牧渔业增加值已达到24 914.5元，比2010年提高56.3%。从横向比较来看，广东省劳均农林牧渔增加值尚未达到全国平均水平，且与江苏省、浙江省、福建省相比差距较大，分别为这3个省的51.8%、65.8%、70.2%（图8-6）。

土地生产率高于全国，但位居沿海省份中下游。2015年，扣除价格因素后，广东省单位播种面积种植业产值和单位水产养殖面积渔业产值的实际值分别为2 984.8、10 689元/亩。种植业产出效率比全国高62.0%，渔业产出效率比全国高60.6%（图8-7）。但与东部沿海省份比，广东省第一产业的产出效率处于平均水平，与福建省和浙江省渔业产出效率差距较大，还有很大的发展空间。

8.1.3 农民收入增加明显，但和沿海省份相比仍有提升空间

2015年，城镇常住居民人均可支配收入和农村常住居民人均可支配收入分别达到34 757.16、13 360.44元，分别比2010年提高1.5倍、1.7倍，年均增速达到7.8%、11.1%。城乡居民收入比2.6。从横向比较情况（图8-8）来看，广东省城乡居民收入比低于全国平均水平；但与东部沿海省份相比，广东省城乡居民收入差距仍然较大，且相比于江浙地区，农村居民收入水平提升空间较大（图8-9）。

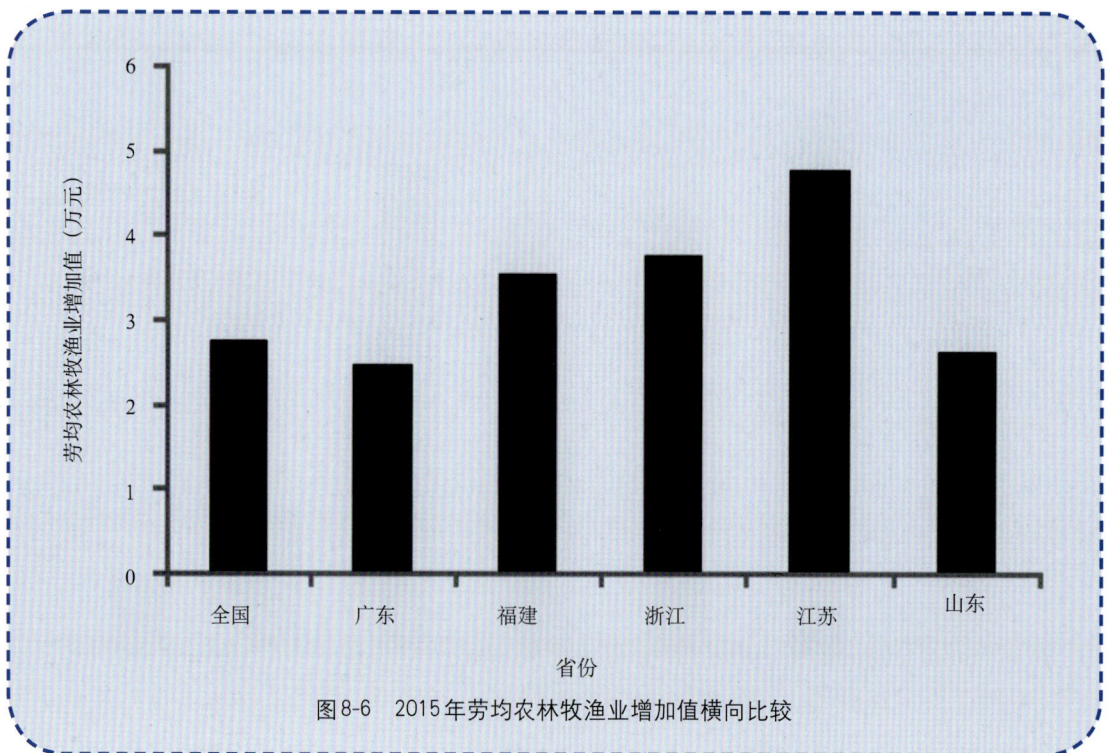

图8-6 2015年劳均农林牧渔业增加值横向比较

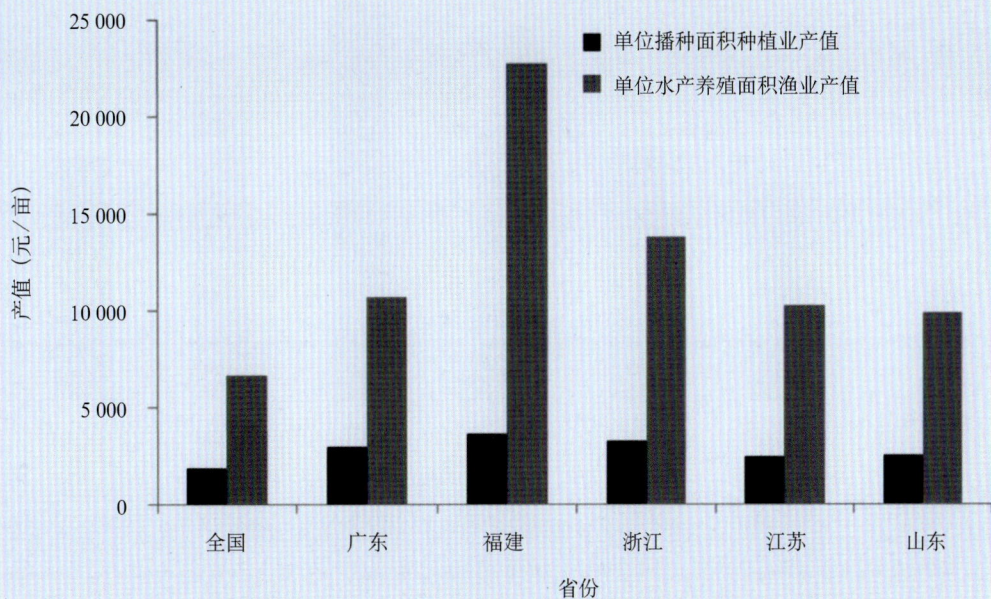

图8-7　2015年第一产业产出效率的横向比较（按2010年不变价调整）

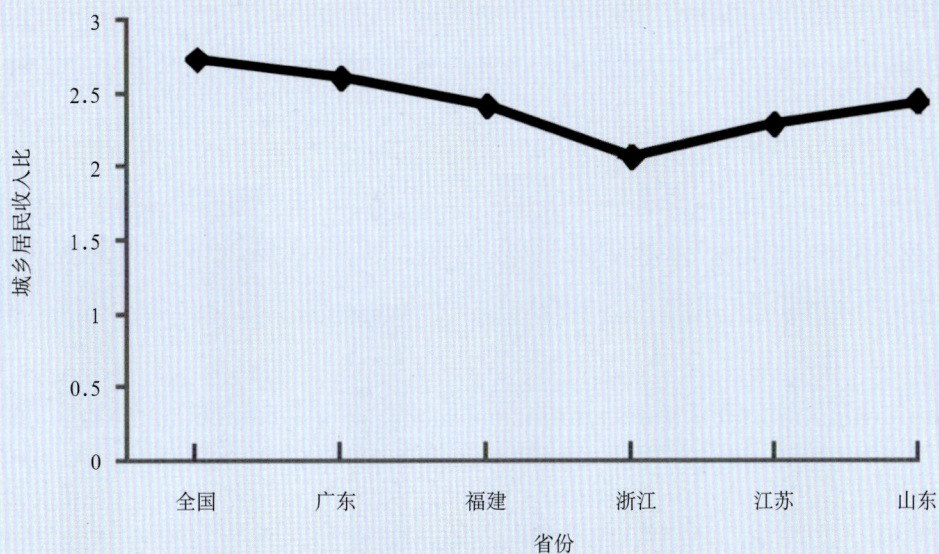

图8-8　2015年城乡居民收入比横向比较

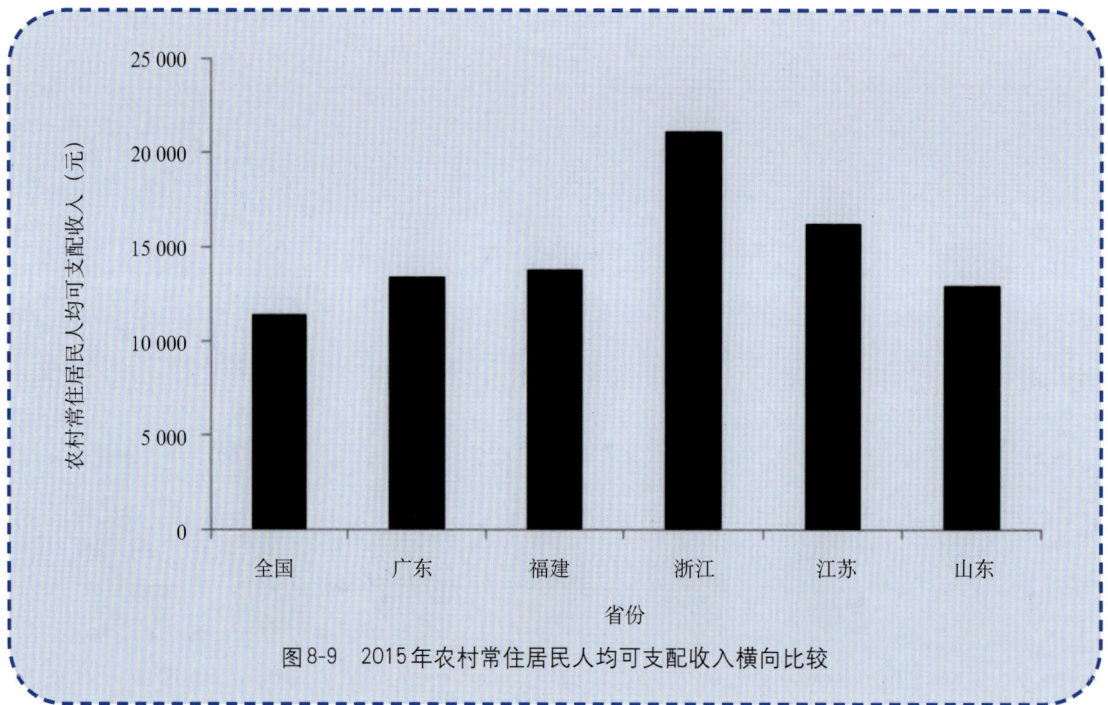

图8-9 2015年农村常住居民人均可支配收入横向比较

8.1.4 农业资源利用程度高，但农业物质装备水平中等

与全国平均水平和沿海的鲁、浙、苏、闽等主要省份相比，广东省2015年复种指数高居第1位，达到1.80，比福建、江苏、山东、浙江分别高5、8、26、58个百分点（图8-10），说明广东耕地资源利用效率非常高。

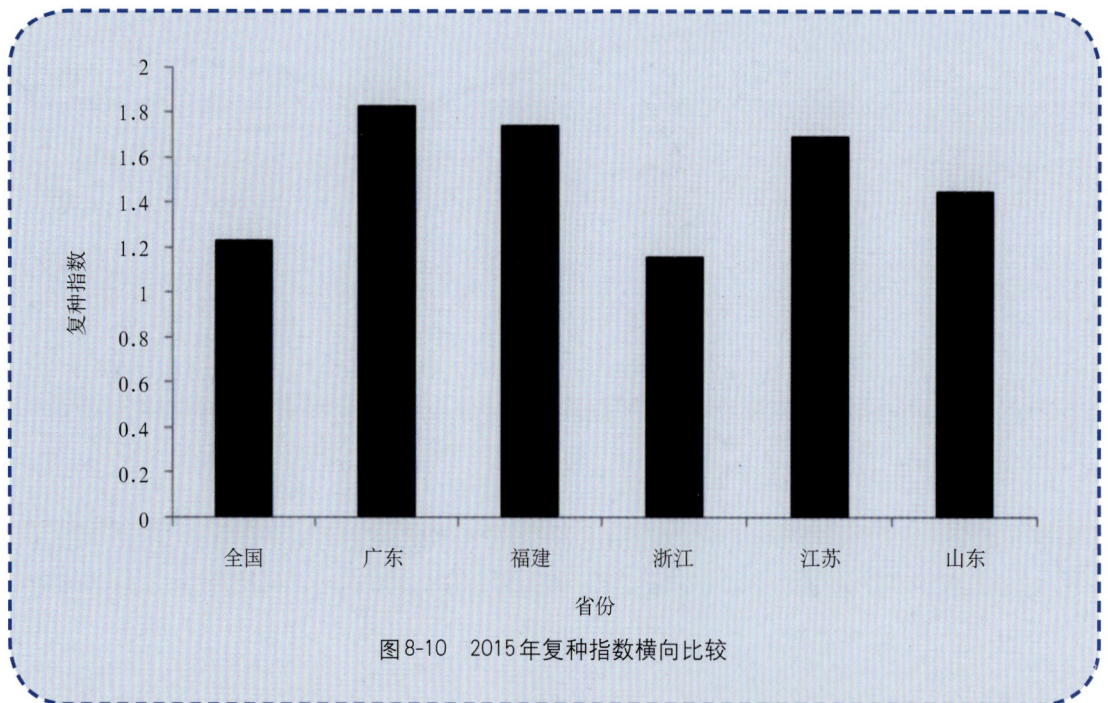

图8-10 2015年复种指数横向比较

对于农田有效灌溉面积比重，2015年广东省超过了全国平均水平，也超过了山东，但落后于浙江、福建和江苏，比最高水平的江苏省低18.68个百分点，比浙江、福建也分别低4.67、11.74个百分点（图8-11），属于下游水平。

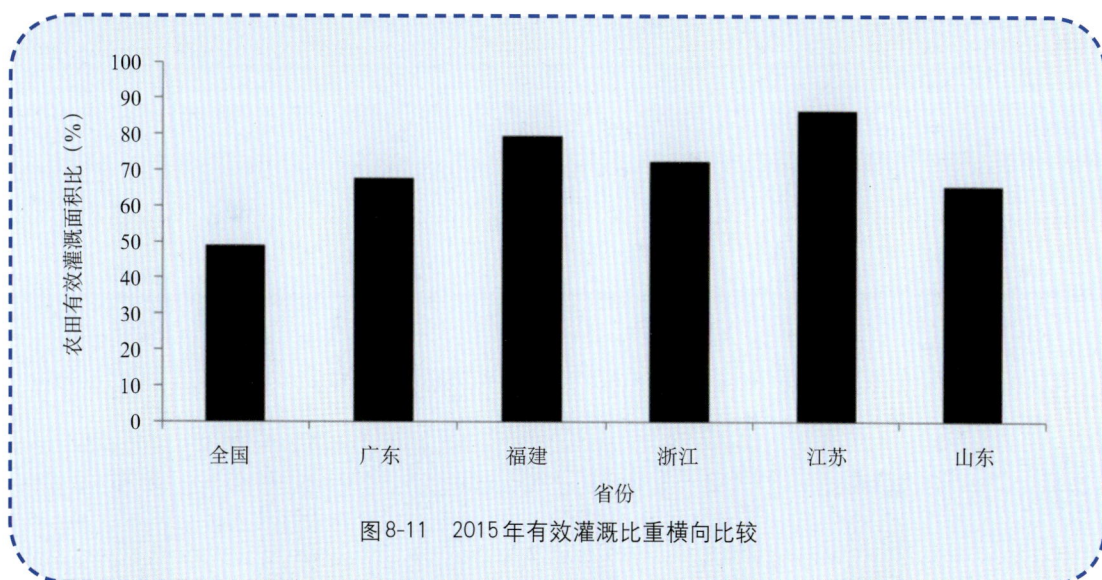

图8-11 2015年有效灌溉比重横向比较

与其他省份相比，广东省除涝面积比重同样不高。2015年全省农田除涝面积比重超过了全国平均水平，但仅仅高于福建，低于浙江、山东和江苏，比最高水平的江苏省低45.45个百分点，比浙江、山东也低6.66、17.99个百分点（图8-12），属于下游水平。

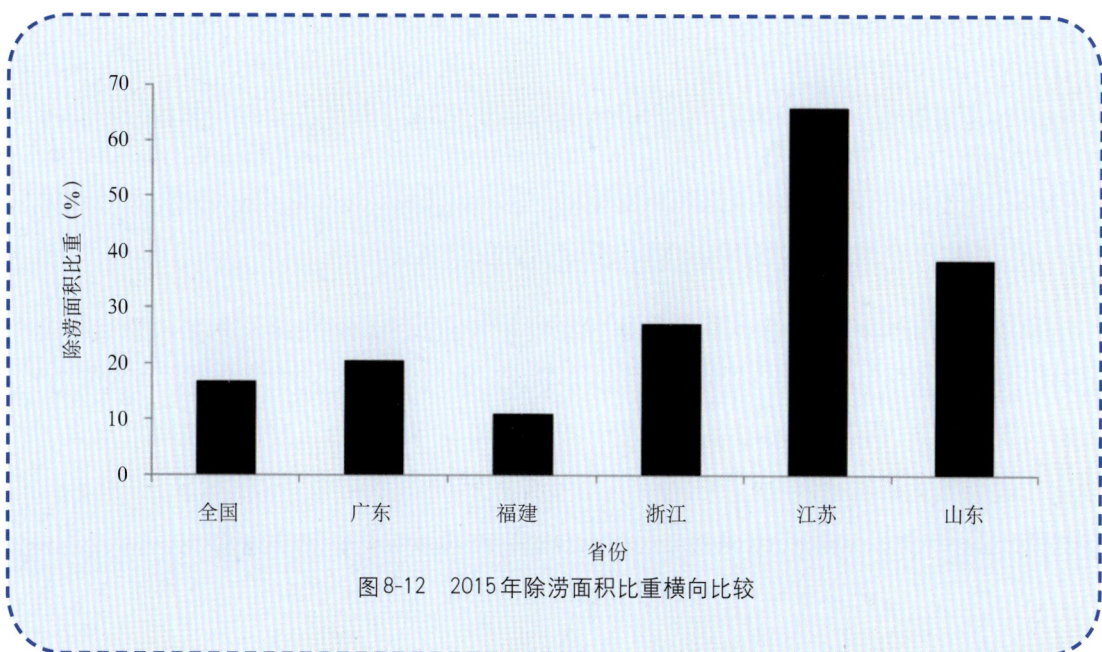

图8-12 2015年除涝面积比重横向比较

广东省农业机械化程度仍有待提高。从单位耕地面积农机总动力来看，2015年广东省单位耕地面积农机总动力在各省份中位居下游，高于全国0.55千瓦/亩的平均水平，但与最高水平的山东省相比仅是其当前水平的59%左右，与浙江省也有一定差距，但与江苏差距不大，与同是山地丘陵面积较大的福建省一样（图8-13）。

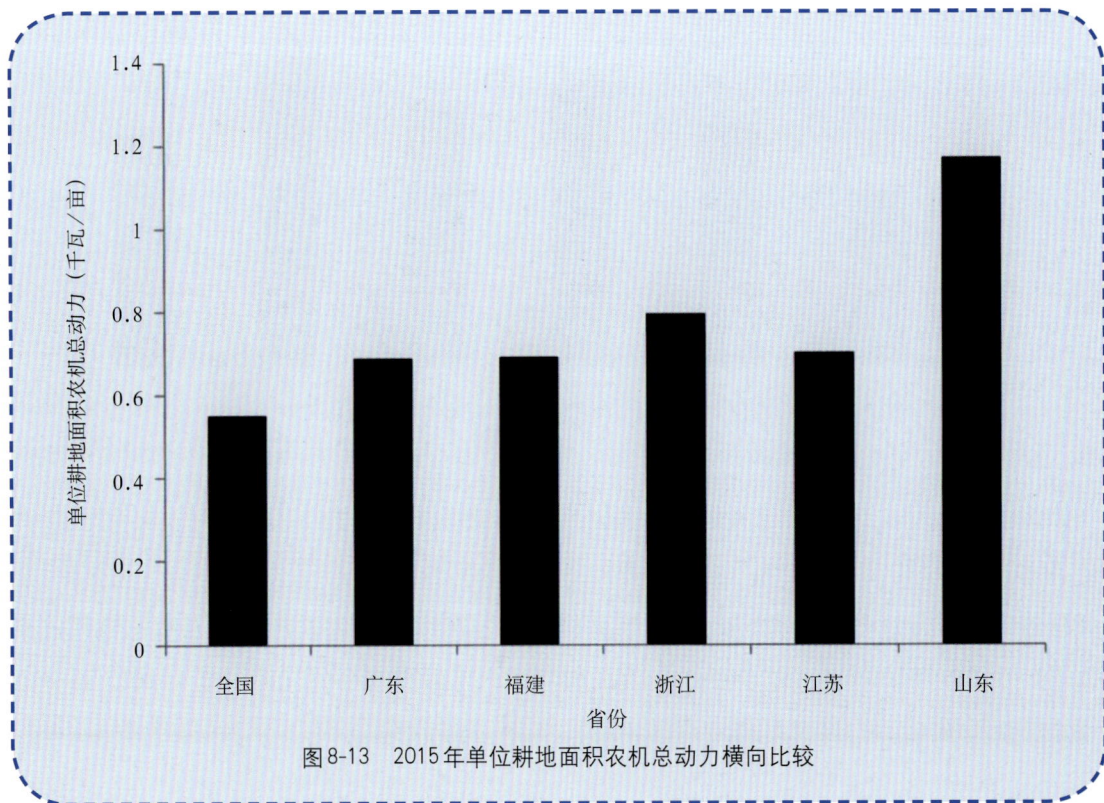

图8-13　2015年单位耕地面积农机总动力横向比较

综上所述，与全国平均水平和沿海的鲁、浙、苏、闽等主要省份相比，广东省复种指数排名第一，但有效灌溉设施、除涝设施、单位耕地面积农机总动力等农业设施与装备水平仍然与其他省份有一定差距。

8.1.5　农业生产结构地域特色明显，但畜牧业结构单一

广东省第一产业结构与全国结构差异体现在牧业与渔业上，但与沿海地区表现出基本一致的结构特征，即种植业均占据主导地位，渔业较为发达、畜牧业其次。广东省牧业与渔业占比相同，江苏、浙江、福建均是渔业占比略高于牧业，山东则相反（表8-1）。这充分说明了广东省作为沿海省份水产较为发达的特点。

表8-1　第一产业结构横向比较（占比，%）

省份	农业（种植业）	林业	牧业	渔业
全国	56.10	4.32	28.99	10.59

（续）

省份	农业（种植业）	林业	牧业	渔业
广东	52.47	5.57	20.98	20.98
福建	45.13	8.76	15.93	30.18
浙江	50.02	5.29	14.86	29.84
江苏	56.13	1.95	19.03	22.89
山东	54.07	1.53	27.67	16.72

从种植业看，广东省稻谷、薯类、油料、糖料和蔬菜的播种面积占比在沿海主要省份中居于前列。2015年广东省粮食作物播种面积占比与全国及沿海主要省份类似，都超过50%，略高于福建，低于浙江、山东、江苏。其中，在稻谷与玉米占比上，粤、苏、浙、闽比例类似，均是稻谷占主要、玉米较少，山东则相反；薯类占比上，广东仅次于福建，居5省第2位；油料与糖料作物则广东省居5省第1位，但油料作物低于全国水平；蔬菜播种面积占比仅次于福建，居5省第2位（表8-2）。对于其他沿海省份水果种植面积，2015年广东省以香蕉和柑橘为主要种植品种，其中香蕉园面积占比居5省第1位，但柑橘园面积占比处于中游（表8-3）。由于水果种植具有明显的地域特色，亚热带和热带水果种植是广东特色。

表8-2　主要农作物播种面积横向比较（占比，%）

省份	粮食作物	稻谷	玉米	豆类	薯类	油料	糖料	烟叶	蔬菜
全国	68.13	18.16	22.91	5.33	5.31	8.44	1.04	0.79	13.22
广东	52.37	39.44	3.74	1.69	7.34	7.85	3.39	0.47	28.88
福建	51.18	33.84	2.21	3.76	10.99	5.10	0.32	2.92	32.42
浙江	55.79	35.91	3.03	6.32	5.37	6.38	0.43	0.03	26.98
江苏	70.04	29.59	5.83	3.94	0.68	6.14	0.02	0.00	18.48
山东	67.95	1.05	28.78	1.38	2.06	6.88	0.00	0.22	17.13

表8-3　主要水果种植面积对比

省份	果园面积（万公顷）	种植面积占比（%）				
		香蕉	柑橘	梨	葡萄	苹果
全国	1 281.67	2.99	17.31	19.21	8.48	5.84
广东	113.66	11.41	26.99	0.75	0.00	0.00
福建	54.57	4.99	34.83	4.10	1.58	0.00
浙江	33.25	0.00	31.99	7.65	9.33	0.00
江苏	20.94	0.00	1.31	17.74	16.93	14.86
山东	65.26	0.00	0.00	7.29	6.47	47.86

广东省渔业发展较为均衡。与沿海主要省份相比，广东省2015年水产品总产量居5省第2位，处于上游水平。广东省与大多数省份一样都是以养殖为主、捕捞为辅，二者比例约为2：8，与江

苏类似（表8-4）。但养殖水域中，广东省海水与淡水水产品产量比例为54 ： 46，而浙江、福建、山东则发展海水养殖为主，比例超过八成（表8-5）。这说明广东省对海洋与内陆养殖水面均有较充分利用，发挥了各自的优势。

表8-4　水产捕捞与养殖产量对比

省份	水产品总产量(万吨)	捕捞产量占比（%）	养殖产量占比（%）
广东	836.34	20.18	79.82
福建	695.84	33.44	66.56
浙江	574.17	67.34	32.66
江苏	518.75	17.23	82.77
山东	903.74	30.70	69.30

表8-5　水产品来源对比

省份	水产品总产量(万吨)	海水产品产量占比（%）	淡水产品产量占比（%）
广东	836.34	53.88	46.12
福建	695.84	86.71	13.29
浙江	574.17	81.39	18.61
江苏	518.75	28.99	71.01
山东	903.74	82.56	17.44

广东省畜牧业以生猪和家禽为主，对比其他沿海主要省份，除山东外，均以生猪为主。广东省生猪存栏量和出栏量居5省第2位，高于江苏、福建和浙江（图8-14、图8-15）；同样，家禽出栏量也是居于前列（图8-16）。对于养殖肉类产量结构中，广东省猪肉占比超过60%，仅低于浙江，居5省第2位（表8-6）。总体来看，广东省畜牧业结构单一，与江苏、浙江、福建类似。

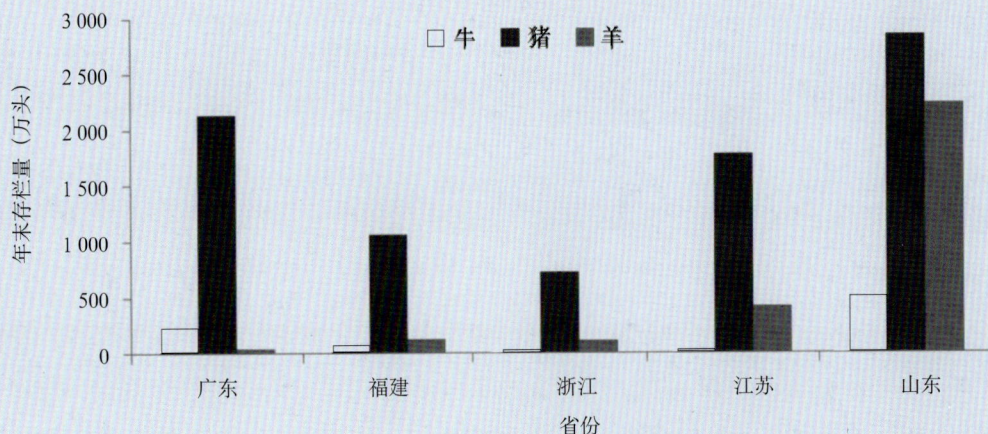

图8-14　2015年末猪牛羊存栏量横向比较

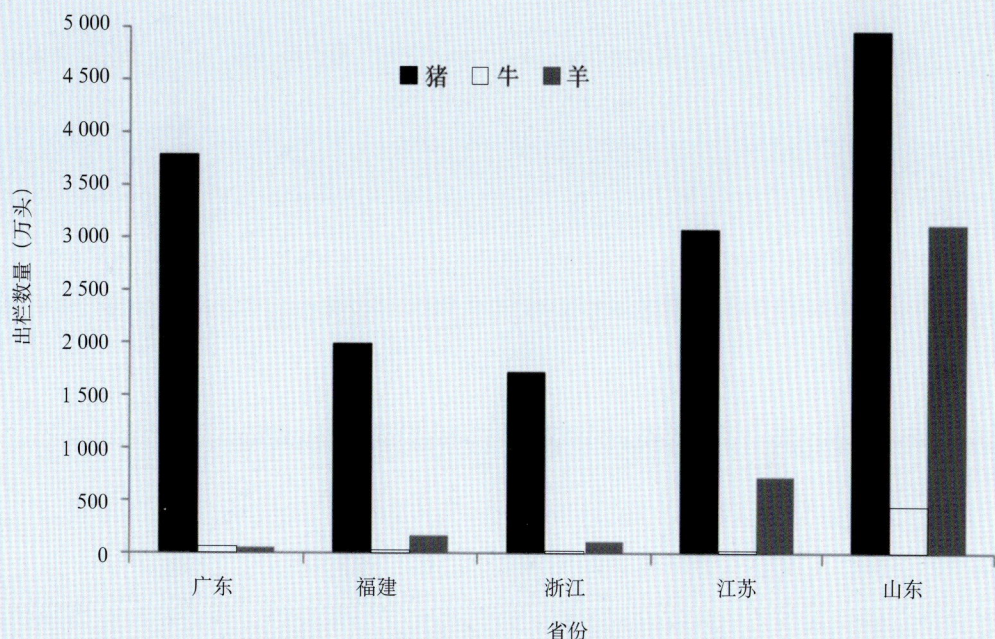

图8-15　2015年猪牛羊出栏量横向比较

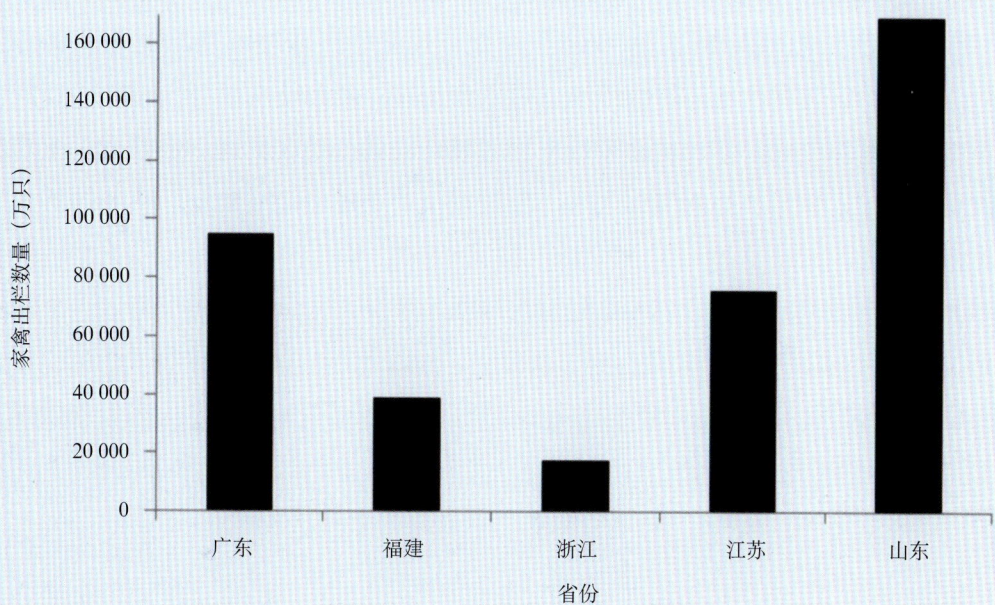

图8-16　2015年家禽出栏量横向比较

表8-6　2015年畜牧养殖肉类产量结构对比

省份	肉类产量（万吨）	猪肉产量占比（%）	牛肉产量占比（%）	羊肉产量占比（%）
全国	8 625.04	63.61	8.12	5.11
广东	424.25	64.62	1.64	0.21

（续）

省份	肉类产量（万吨）	猪肉产量占比（%）	牛肉产量占比（%）	羊肉产量占比（%）
福建	216.55	62.12	1.42	1.09
浙江	131.12	78.81	0.92	1.37
江苏	369.43	61.13	0.87	2.20
山东	774.01	51.35	8.77	4.79

综上所述，广东省农业结构中，以种植业为主、牧渔业共同发展，农作物中以稻谷、薯类、油料、糖料和蔬菜为主，播种面积位居前列。渔业发展较为均衡，但畜牧业结构较为单一。

8.1.6　农业经营及社会化服务逐步提高，位居沿海省份中游

近年来，土地流转面积呈现较快增长趋势，土地流转面积明显增加。至2015年底，广东省土地流转面积59.7万公顷，占家庭承包经营耕地面积的29.2%。福建省土地流转面积30.7万公顷，占全省农户承包耕地总面积30%。浙江省农村流转土地达到63.7万余公顷，约占耕地总面积的49.89%。江苏省土地流转面积达184.7万公顷，占家庭承包经营耕地面积的55.4%。山东省土地流转面积达到了171.3万公顷，占家庭承包经营耕地面积的27.3%，而土地经营规模化率则达到了40%以上。

广东省土地流转面积及土地流转面积占农户承包耕地总面积比重在5省之中都居中游偏下（图8-17、图8-18）。土地流转面积广东仅高于福建，远低于江苏和山东，也低于全国平均水平（30%）。总体来看，江苏省土地流转面积绝对数量和流转比例都处在前列。山东耕地流转的量很大，但是耕地面积总量也大，导致耕地流转率相对较低。各个地区具有一定差异，土地流转率较高，从在农地流转中起主导作用的主体来看，比较常见的主导者是村集体。从流转形式来看，有偿转包占比相对较高。

伴随着土地流转的迅速增长，农地的经营主体发生了巨大变化。至2015年底，广东省农业龙头企业达到3 324家，农民合作社数量达到3.71万家，经农业部门认定的家庭农场13 311家。浙江省农业龙头企业7 652家、农民专业合作社4.6万家、家庭农场2.1万家。山东省规模以上农业产业化龙头企业达到9 400家，其创造的产值达到1.5万亿元，登记注册家庭农场4.1万多家，农民合作社16.5万家（表8-7）。福建省428家省级以上重点龙头企业销售收入2 183.61亿元，带动农户356.80万户。

表8-7　2015年农业龙头企业、农民专业合作社、家庭农场数量横向比较

省份	农业龙头企业（家）	农民专业合作社（万家）	家庭农场（万户）
广东	3 324	3.71	1.33
福建	1 883	2.10	1.71
浙江	7 652	4.60	2.10

（续）

省份	农业龙头企业（家）	农民专业合作社（万家）	家庭农场（万户）
江苏	6 158	7.20	2.80
山东	9 400	16.50	4.10

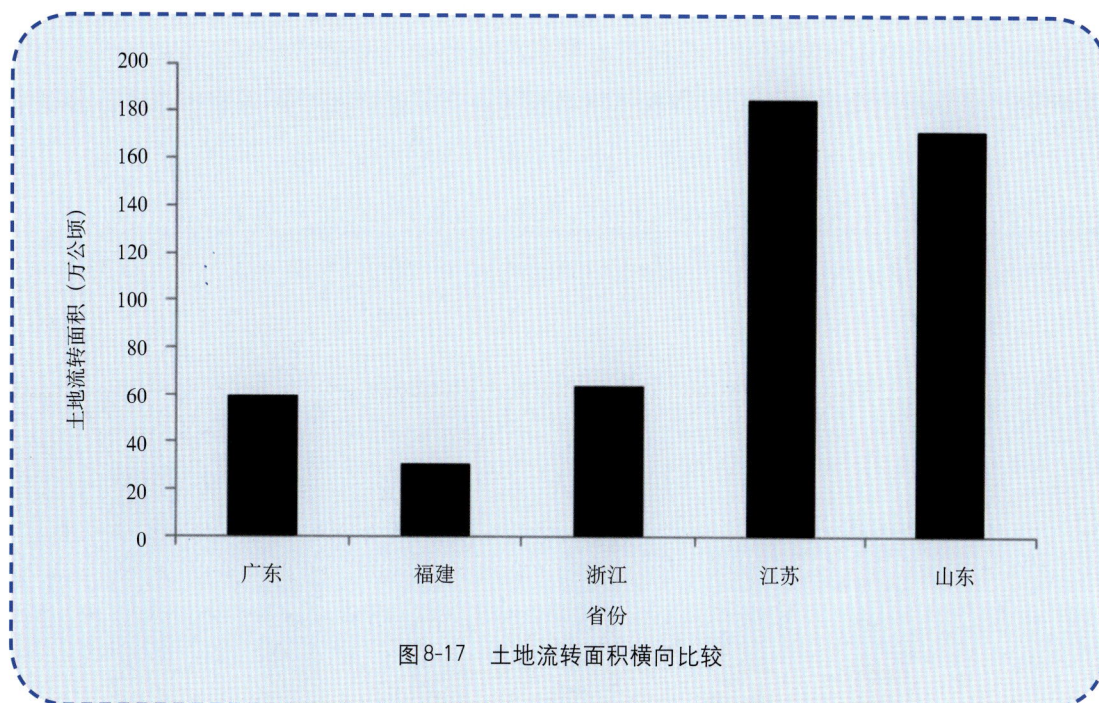

图 8-17　土地流转面积横向比较

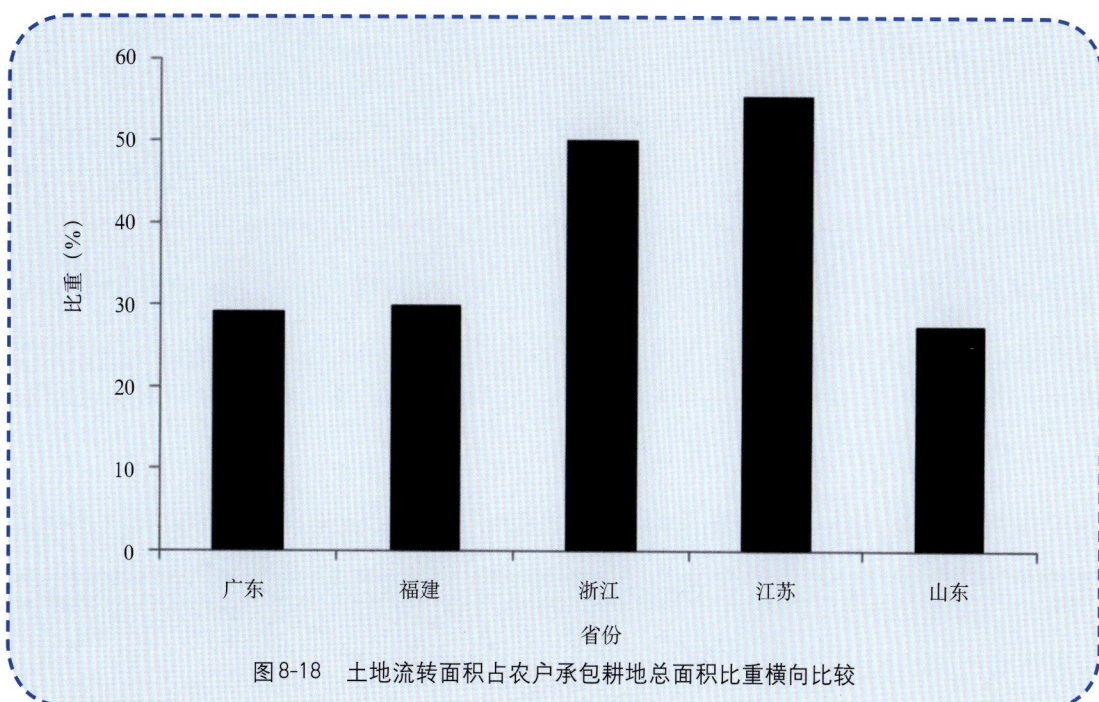

图 8-18　土地流转面积占农户承包耕地总面积比重横向比较

从整体经营格局来看，广东农业经营的显著特征是从农户单一主体向专业合作社与企业等多主体转变。农户虽然仍占居主导地位，但近年来农户的经营面积与比例都在下降。在沿海5省中，广东的经营主体在数量上远低于山东。农业融资难，制约瓶颈多。地方财政资金扶持有限，对农业经营主体缺乏专项资金，加上贷款信贷政策瓶颈难以突破，资金短缺仍是大多数经营主体发展的主要制约因素。

农业社会化服务方面，2015年，广东省农林牧渔服务业产值达到195.21亿元，占第一产业的比重达到3.4%。从绝对值来看，广东省农林牧渔服务业产值远低于江苏省和山东省，分别是这两个省份的55.1%和46.9%。从相对值来看，广东省农林牧渔服务业占第一产业比重较低，不仅与江苏省、山东省等沿海农业发达省份相比存在较大差距，也低于全国平均水平（图8-19）。

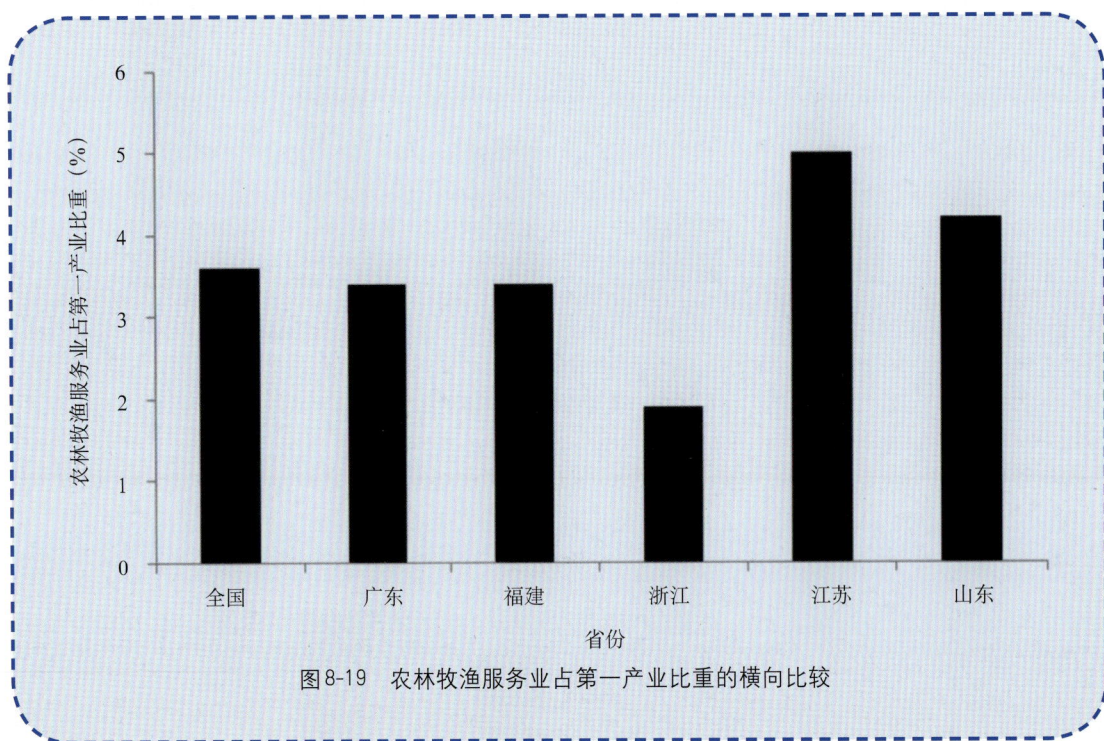

图8-19　农林牧渔服务业占第一产业比重的横向比较

整体来看，广东省较低的农林牧渔服务业比重反映出，尽管当前已经建立了较为完善的社会化服务体系，但未能充分发挥社会化服务对农业发展的带动作用，农业组织化、规模化程度偏低，对提高第一产业竞争力产生阻碍。在未来农业农村发展中，应把进一步完善农业社会化服务体系，不断提高农林牧渔服务业产值作为重要目标和方向。

8.1.7　涉农产业融合总体水平明显提升，加工业优势显著

近年来，随着农产品总量增加、品种丰富和消费升级，以粮油产品、畜产品、水产品、蔬菜、水果和特色农产品加工为主的农产品加工业步入了两位数增长的快车道。

2015年，从全国农产品加工业分布情况来看，全国农产品加工业高度集中在山东、江苏、广

东等省，规模以上农产品加工产值占全国30%以上（图8-20、图8-21）。农产品加工业相对发达的区域，不仅总体规模大，而且农产品加工转化率较高，远高于全国平均水平。

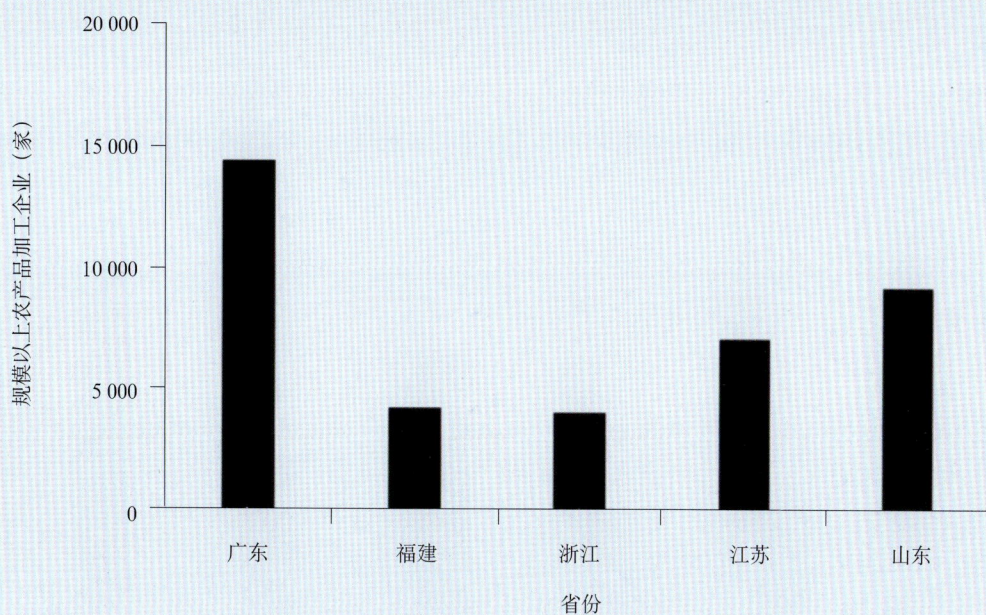

图8-20　规模以上农产品加工企业横向比较

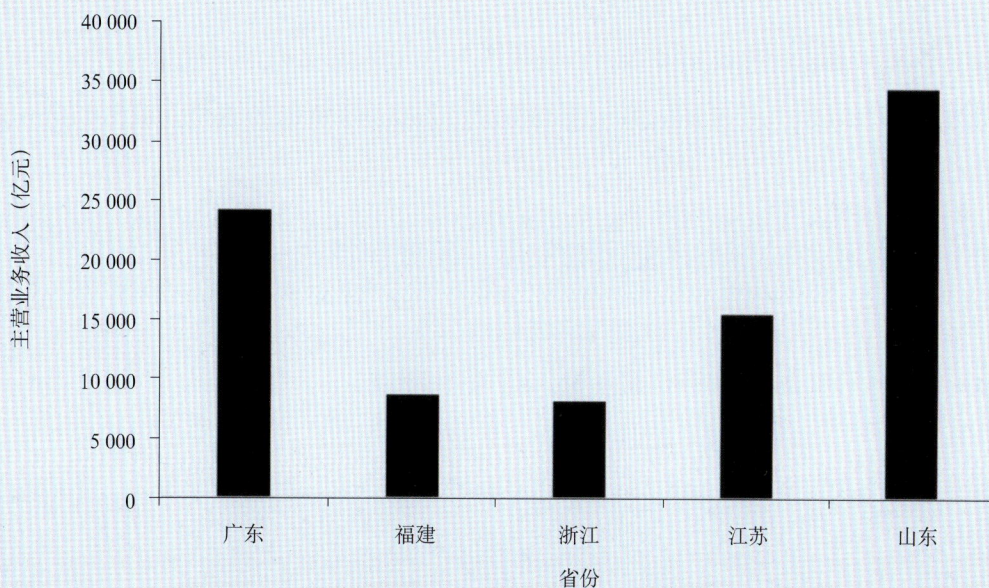

图8-21　规模以上农产品加工企业主营业务收入横向比较

2015年广东省农产品电商总交易额约150亿，在沿海省份中位居中游。2015年广东有"淘宝村"159个、"淘宝镇"22个。目前全省在淘宝平台上的农产品卖家9.5万家，居全国首位，农产品电子商务交易额超150亿元。浙江省2015年农产品电商销售额突破300亿元。浙江已率先实施"电子商务进万村工程"，共建成农村电商服务站点8 800多个，实现农产品网上销售304亿元（图8-22）。

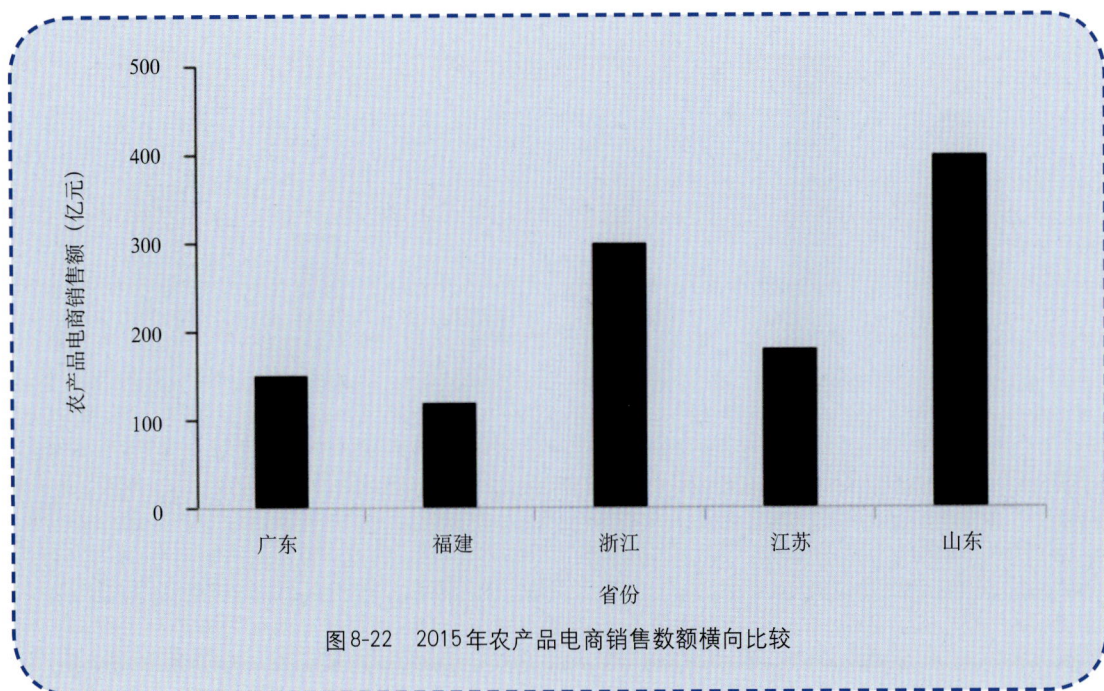

图8-22　2015年农产品电商销售数额横向比较

山东省特色农产品在线经营企业和商户达到10万多家，全年农产品电子商务交易额约400亿元，同比均增长40%以上。江苏省率先创建150个电商村、42家电商镇，全省农产品网络交易额达120亿元。

8.1.8　休闲农业及乡村旅游产业蓬勃发展，品质有待进一步提升

2015年全国休闲农业和乡村旅游接待游客超过22亿人次，营业收入超过4 400亿元，从业人员790万，其中农民从业人员630万，带动550万户农民受益。

截至2015年，广东乡村旅游示范县和示范点在数量上与浙江、江苏等难以相提并论，但休闲农业及乡村旅游收入位居前列（图8-23）。广东乡村旅游的产业政策、专项资金、土地政策、基础设施投入等方面，都不太清晰或投入不够。相比浙江省在农家乐规范、民宿规范上的诸多努力，广东在发展乡村旅游上，除了评选美丽乡村外，很难找到其他举措。但是广东地处全国改革开放的前沿地区，经济总量全国领先，城市化率全国最高，居民休闲消费需求旺盛，以短期自驾为主的休闲形式成为广东休闲农业旅游的强大驱动力。

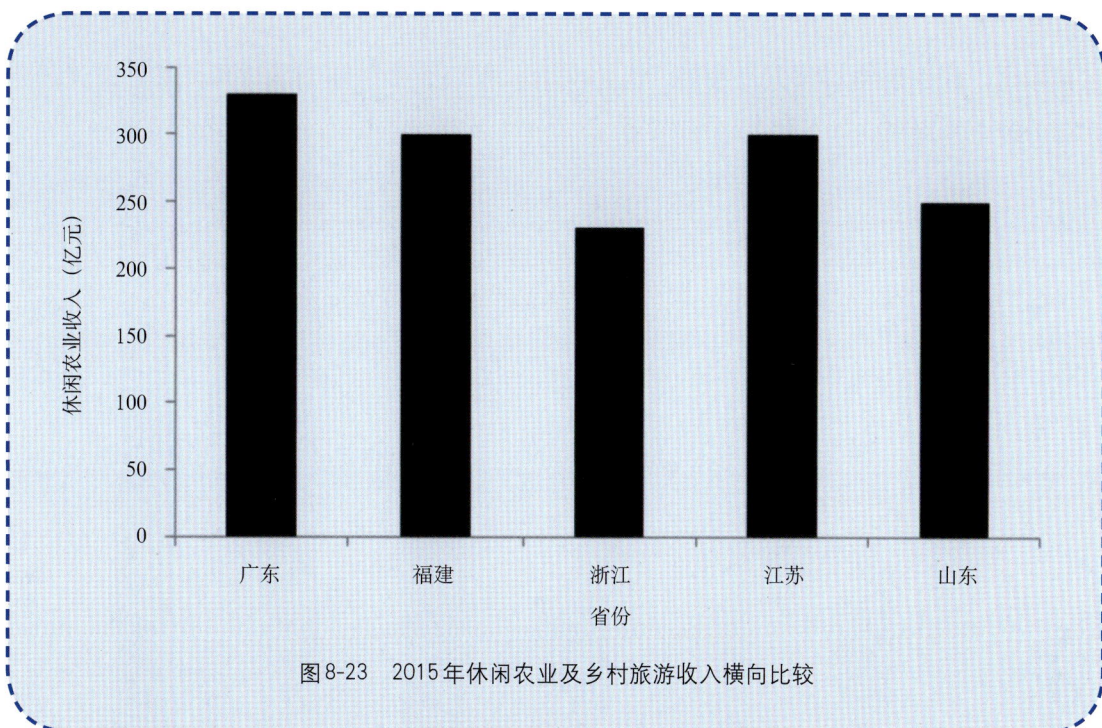

图8-23　2015年休闲农业及乡村旅游收入横向比较

8.1.9　农业科技创新水平居全国前列，现代种业加快发展

广东省农业科技创新成效显著，创新水平居全国前列。全省农业科技进步贡献率从2010年的53%提高到2015年的62.7%，比全国平均水平高6.7个百分点，居全国前列，高于浙江省、山东省和福建省，但低于江苏省（图8-24）。广东省建有161个农业科研单位，分别有41家科研教学单位和企业参与国家现代农业产业技术体系建设，居全国各省区第2位。建立了水稻、生猪、岭南水果、花卉、特色蔬菜等12个现代农业产业技术体系、20个农业科技创新团队和袁隆平院士工作站，创建了广东省农业科技创新联盟。全省农业行业累计获得国家和省科技进步奖励210项，农业部科技奖励82项，位于全国前列。

现代种业加快发展，优质水稻、鲜食玉米、生猪、家禽等育种研究处于国内先进水平。主要农作物基本实现良种全覆盖，特别是双季超级杂交稻年产量达到1 537.78千克/亩，刷新了世界纪录。以产业为主导、企业为主体、基地为依托、产学研相结合、"育繁推一体化"的现代农作物种业体系已具雏形。种业科技创新能力持续增强，农业核心竞争力不断提升。全省农业信息化建设进程加快，构建了农业信息采集监测预警、农业大数据综合应用管理、农业政务管理等信息化平台，跨入全国农业信息化先进省份行列。广东省农业科技进步贡献率较高，水稻耕种收综合机械化水平达到63%，全省主要农作物、生猪、家禽良种覆盖率分别达97%、95%、85%。江苏省农业科技进步贡献率一直居全国第1位，得益于江苏省政府大力实施农业新品种、新技术、新模式"三新"工程，围绕农业产业科技创新，组建60个现代农业产业技术创新团队，大力实施现代农业"双百双十"人才工程（引进培育100个农业科技创新团队，培养100万现代职业农民、10万现代农业技术推广人才、10万现代农业经营服务人才），打造高素质农业农村人才队伍，取得了显著成效。与其相比，广东农业科技人员编制、人才实力、专项经费总体不足，科技基础设施仍然比较薄弱，有待进一步提高。

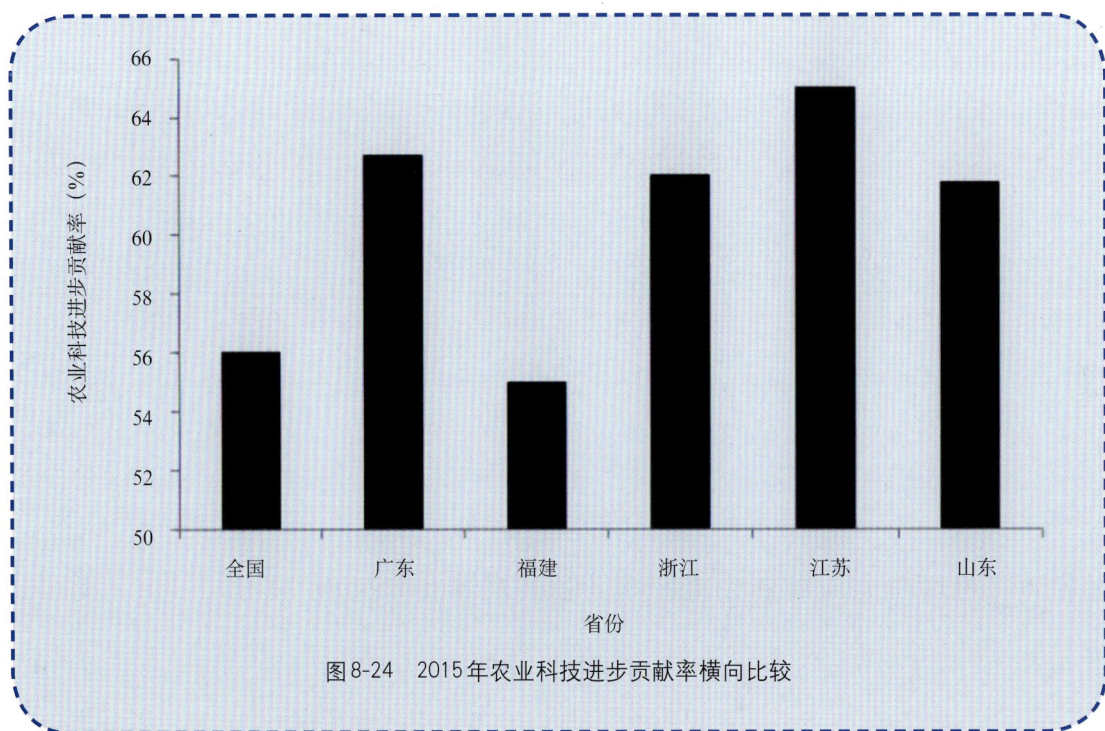

图8-24　2015年农业科技进步贡献率横向比较

8.1.10　农产品贸易额逐年增加，贸易竞争力指数偏低

广东农产品贸易总量不断增加，农产品贸易处于逆差状态。广东省农产品贸易发达，是重要的对香港、澳门农产品供给基地，以及对东南亚、日韩等国家的农产品贸易集散中心，具有典型的国际型农业特征。2015年，广东的农产品进出口贸易总额达到264.93亿美元，比2014年增加12.42亿美元，增长率4.92%。其中，出口总额和进口总额分别达到86.45亿美元、178.48亿美元。近年来，广东省农产品贸易逆差呈不断扩大趋势，2015年，贸易逆差达到92.03亿美元。近五年，贸易竞争力指数从－0.26降低到－0.35（图8-25）。

广东向来是农产品进出口大省，农产品进出口额位居全国前列（图8-26），但是低于山东省，除了农产品进口总额，农产品出口总额、农产品进出口总额都显著低于山东省，农产品出口总额只占山东省的56.47%，说明广东省农产品出口竞争力仍需加强。广东省创建了10个国家级农产品食品质量安全示范区、100家省级农产品出口示范基地，已检验检疫注册登记备案的农产品出口基地达1600多家，但是与山东省相比，仍显不足。山东省农产品出口连续16年居全国第1位，106个县（市、区）（占137个县的77%）建成出口农产品质量安全示范区，青岛、威海等13个市（占17

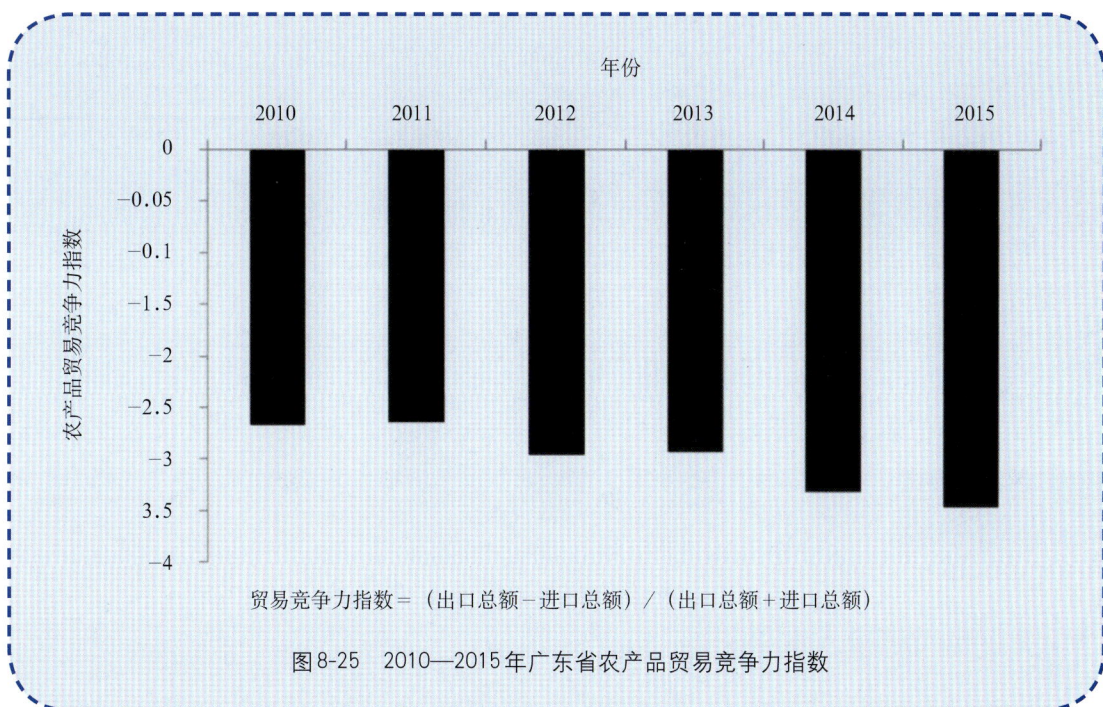

贸易竞争力指数 =（出口总额 − 进口总额）/（出口总额 + 进口总额）

图8-25　2010—2015年广东省农产品贸易竞争力指数

个市的76%）建成出口农产品质量安全示范市，目前在国家质检总局和商务部支持下，山东正全力创建全国首个"出口农产品质量安全示范省"。山东高度重视农业标准化，目前有农业标准化示范基地430个，注重农产品品牌建设，据统计，山东现有区域公用品牌达300多个，都位居全国前列，显著促进了农产品出口。从贸易竞争力的横向比较来看，沿海5省中，广东省农产品进出口总额低于山东省，高于其他3省，从农产品贸易竞争力指数来看，只有福建省为正，其他省均为负，广东低于山东、浙江，也低于全国平均水平，但高于江苏省（图8-27）。

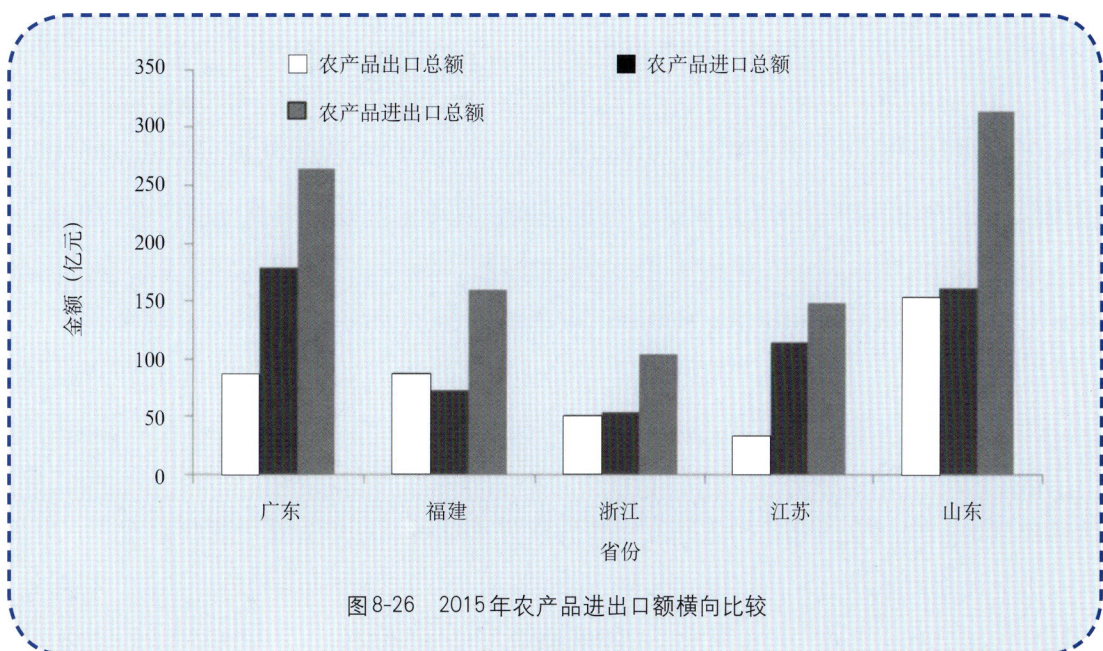

图8-26　2015年农产品进出口额横向比较

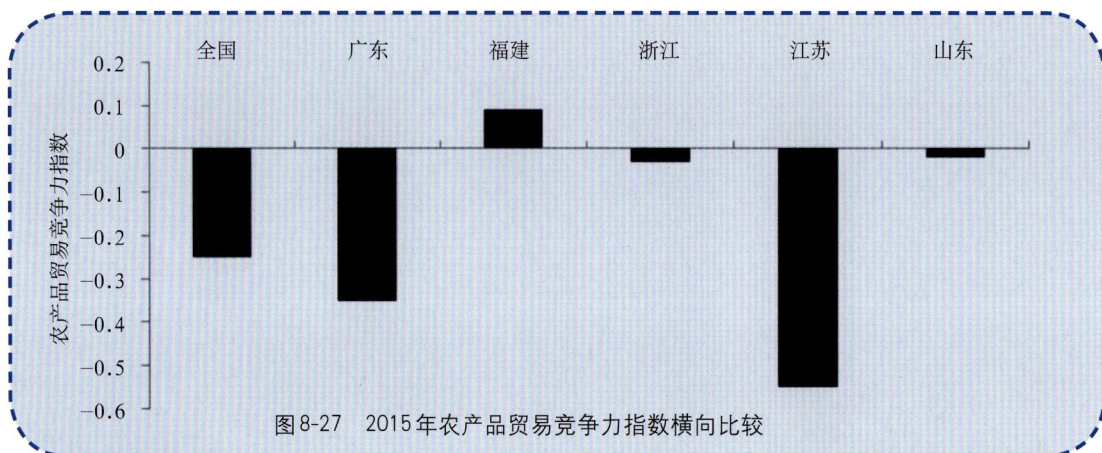

图8-27 2015年农产品贸易竞争力指数横向比较

（纵轴：农产品贸易竞争力指数；横向：全国 广东 福建 浙江 江苏 山东）

8.2 存在问题

8.2.1 农业现代化投入水平不足

广东省不断加大对农田水利、农业机械化以及农业科技支撑的投入，但投资强度仍然较低，与农业强省和经济强省的地位不相匹配。横向比较，广东省财政支农水平偏低，2015年广东财政收入居全国首位，但农林水事务支出总量和占第一产业增加值的比重都低于浙江省和江苏省，农林水事务支出总量只相当于浙江省的80%，广东省财政支农资金占第一产业增加值的比重为19.6%，低于全国平均水平，处于沿海发达省份中等水平，需要进一步加强。财政支农水平偏低导致广东省第一产业固定资产投资强度相对较低，第一产业劳均固定资产投资额低于浙江省、福建省和山东省，由于人多地少，广东省第一产业劳均固定资产投资额还不到全国平均水平一半。第一产业单位耕地面积固定资产投资额也低于浙江省和福建省。因此，广东省农业现代化投入水平偏低，需要加大资金投入，提高财政资金使用效率，提升农业现代化水平。

8.2.2 农业基础设施水平不强

虽然广东省农业基础设施建设取得了长足进展，农业生产条件得到不断改善，但是欠发达地区尤其是粤东西北的农村，农业基础设施仍较为落后。广东省农田基础设施总体滞后于全国平均水平，农田有效灌溉面积和旱涝保收面积比重仅接近全国平均水平，相比沿海省份位居下游，全省机电排灌面积占比低于全国平均水平。2015年，广东省主要农作物耕种收综合机械化水平43.4%，低于全国61%的平均水平，与沿海先进省份差距更大。广东省有效灌溉设施、除涝设施、单位耕地面积农机总动力等农业设施与装备水平仍然与其他省份有一定差距，高标准农田建设、规模化种养基地和现代农业产业园基础设施建设不强，制约了广东省农业现代化发展。另外，广东省的大部分设施大棚以小型、简易结构等低层次设施为主，调控能力差，自动化、智能化不高，农业物质装备水平不高成为广东省现代农业发展道路上的巨大短板。

8.2.3 农业产业化水平不高

广东省农业产业体系仍然不尽完善，规模化经营水平较低，经营主体培育需要进一步加强，规模大、市场竞争能力强、辐射范围广、带动能力强的大型龙头企业数量较少，广东省农业龙头企业、农民专业合作社、家庭农场数量与浙江、江苏、山东三省份相比，都比较少。生产经营总体上规模仍小、生产标准化水平仍低、抵御市场风险和自然风险的能力较弱，农户亟须全方位的生产经营服务，但目前社会化农业服务组织体系依然薄弱，农业社会化服务业发展相对滞后，广东省农林牧渔服务业产值占第一产业产值 3.5%，低于全国平均水平，全省土地流转面积和比例与沿海省份相比偏低，影响了规模化经营水平。农产品初加工多、精深加工少，产品附加值低，有重要影响的名、特、优产品较少。农业效益低，土地流转成本、用工成本和农资成本大幅增长，用地审批难，影响了农业产业化发展。因此，补齐经营方式和社会化服务落后的短板、提升产业化水平，任务艰巨。

8.3 对策建议

8.3.1 多元投入加强农业基础设施建设

一是加强财政支农投入。增加农林水事务支出总量，确保财政农林水事务支出金额年均增长率保持在一定水平，提高农林水事务支出占第一产业增加值的比重。二是激励金融机构支农积极性。通过财税政策引导金融机构加大"三农"信贷投入，创新支持方式树立财政撬动金融支农新理念。通过财政补贴与奖励、贷款贴息、税收优惠、风险补偿等方法，激励金融机构支农积极性。加大保险支持力度，完善涉农保险支持政策，扩大政策性农业保覆盖面和保障力度，优先将保障产业和优势产业纳入保险范围，加强涉农保险品种与服务创新。三是引导工商资本投向农业农村。强化财政投入的引导作用，财政资金以直接投资、补助、贴息、地方政府配套投入等多种形式，引导社会资金投资农业，逐步形成以财政投入为导向，农民自主投入、金融保险、工商资金、外资等多种投资主体共同参与的多渠道、多元化、完整的农业投入体系。从而提高农业投资强度，提升农业物质装备水平，完善农业基础设施建设。

8.3.2 多种形式提升农业规模经营水平

采取多种形式进一步提高农业适度规模经营水平，提高劳动生产率和土地产出率，培育壮大新型农业经营主体，发展多种形式适度规模经营，完善农业社会化服务体系，提高农业产业化水平。一是进一步完善土地承包经营权登记颁证制度。加快建立土地承包经营权流转服务平台，制定统一的土地流转规模经营财政支持政策，完善土地评估和价格形成机制，规范土地流转程序。深入推进农村土地"三权分置"，实现承包权和经营权分置并行，鼓励农民采取转包、转让、出租、互换、入股等形式流转土地经营权，促进农村土地规模化经营。二是多种形式提升农业适度规模经营水平。创新土地流转和规模经营方式，鼓励和引导农业经营主体采取土地股份合作社、农地托管、生产环节托管、农户开展联户经营、农民合作社联合社、订单农业等多种形式扩大生产经营面积，实现规模化生产、标准化种植（养殖）、集约化经营，扩大农业的生产规模、服务规模和产业规模。三是完善农业社会化服务体系。采取财政扶持、信贷支持等措施，或采取政府购买服务等方式，加快培育多种形式的农业经营性服务组织，健全农业社会化服务体系，促进供种供肥、农机作业、农技推广、生产管理和产品销售等生产经营的组织化和规模化水平。

8.3.3　深入推进农业供给侧结构性改革

深入推进农业供给侧结构性改革，加快培育农业农村发展新动能。一是培育壮大新型农业经营主体。完善用地、财政、金融支持政策，引导优秀人才投身农业，城市优势资源流向农村，资金、技术、信息、文化等现代要素汇聚农村，培育种养大户、家庭农场、农民专业合作社、龙头企业等新型经营主体和各类农业服务组织，壮大新型职业农民队伍，构建集约化、专业化、组织化、社会化新型经营体系，从而促进供应结构调整，生产水平提高，产业链条延伸，推动三产融合。二是创新驱动支撑产业发展。加强现代农业产业技术体系和农业科技创新联盟建设，推动协同创新，围绕广东省的农业主导产业、关键领域、重大技术进行联合的攻关，推动农业重点实验室、省级创新孵化平台、"双创"基地建设，提升科技支农水平。三是发展农业品牌，提升质量效益。围绕广东省的名、特、优、新农产品，加快农业品牌培育，推动"三品一标"农产品发展，提升品牌效应，以品牌促进绿色农业、生态农业、安全农业发展，通过标准化做大做强，提升广东农业竞争力。

参考文献

广东省政府发展研究中心课题组,冼频.农民专业合作是广东特色新型农业现代化的必由之路[J].广东经济,2016(7):13-15.

郑伟仪.十大工程 五大体系 助推广东现代农业发展[J].农村工作通讯,2016(10):56-58.

万忠,方伟,杨震宇.2015年广东现代农业产业发展现状分析[J].广东农业科学,2016,43(3):1-6.

王利云.江苏农业供给侧结构性改革的路径探究[J].经济研究导刊,2016(24):25-26.

傅晨,项美娟,宋慧敏.广东农业结构变迁[J].南方农村,2016,32(5):4-10.

杜华章,赵桂平,严桂珠.江苏农业科技推广体系建设探索与创新[J].山西农业科学,2016,44(1):85-91.

盛芳,李医心,康维波.城乡一体化背景下山东农业产业化推进问题的思考[J].安徽农学通报,2016,22(18):13-15.

李业玲.山东省农产品加工企业寿命研究[D].泰安:山东农业大学,2016.

卢昌彩.加快浙江农业供给侧结构性改革研究[J].决策咨询,2016(6):64-69.

庄芳玲,曾芳芳.休闲农业视野下福建农业与文化产业融合发展研究[J].农村经济与科技,2015,26(12):74-75.

刘亚琼,刘序,周灿芳,等.广东农业科技发展现状与对策研究[J].湖北农业科学,2017,56(2):393-396.

宋华明,肖雅.江苏农业科技拔尖创新人才培养的问题及对策[J].中国农业教育,2016(1):38-43.

王锡跃.粤鲁农产品出口影响农业经济增长的比较研究[J].农业部管理干部学院学报,2016(1):65-71.